# 地质勘查中的地质构造解析

董　瀚　丁书宏　张志平　主编

吉林科学技术出版社

图书在版编目（CIP）数据

地质勘查中的地质构造解析 / 董瀚，丁书宏，张志平主编 . -- 长春 : 吉林科学技术出版社，2024.5
ISBN 978-7-5744-1298-9

Ⅰ . ①地… Ⅱ . ①董… ②丁… ③张… Ⅲ . ①地质勘探—地质构造—研究 Ⅳ . ① P624 ② P54

中国国家版本馆 CIP 数据核字 (2024) 第 089385 号

## 地质勘查中的地质构造解析

主　　编　董　瀚　　丁书宏　　张志平
出 版 人　宛　霞
责任编辑　宋　超
封面设计　刘梦杏
制　　版　刘梦杏
幅面尺寸　185mm×260mm
开　　本　16
字　　数　270 千字
印　　张　14.5
印　　数　1~1500 册
版　　次　2024 年 5 月第 1 版
印　　次　2024 年 10 月第 1 次印刷

出　　版　吉林科学技术出版社
发　　行　吉林科学技术出版社
地　　址　长春市福祉大路5788 号出版大厦A 座
邮　　编　130118
发行部电话/传真　0431-81629529 81629530 81629531
　　　　　　　　　81629532 81629533 81629534
储运部电话　0431-86059116
编辑部电话　0431-81629510
印　　刷　廊坊市印艺阁数字科技有限公司

书　　号　ISBN 978-7-5744-1298-9
定　　价　88.00元

# 前　言

随着地质力学工作的深入开展，各级构造形式对矿化带和矿田的控制作用（包括大、小矿带的分布规律），岩层、岩体内流体（包括油、气、水等）运动的一般规律，岩浆、矿液和汽化物质的通道，各种成因类型矿床在构造体系中的生成内在联系及其找矿意义，含矿变质岩相带与构造形式的关系，以及和某些沉积矿床有关的海进海退的规程等方面，已经积累了一些资料，揭示了一些规律。但还应当广泛而深入地开展相关方面的研究工作。这是地质力学基础理论的重要组成部分，也是应用于实践的重大研究课题，对国民经济的发展具有极其重要的意义。

众所周知，对于成矿规律问题，国内外许多地质工作者进行过悉心研究。李四光曾经指出，地壳中的矿产是受成矿条件与分布规律的双重控制的。成矿条件主要决定于岩性和有关岩体成生时的环境以及它们之间的相互关系，这也就是通常所谓的物质来源和元素的地球化学特性；分布规律，一部分和生成的条件有关，但主要决定于构造体系，可以说，构造体系有时也影响成生的条件。这可以从矿化分布总是与某些具体构造要素有关来予以理解；而具体的构造要素总是属于这一个或那一个构造体系的。一个构造体系，有它自己的发展过程，每一成矿区或成矿带也有其自己的成矿历史。而成矿作用总是与构造体系发展的一定阶段相联系，这就构成同成矿构造体系的概念。一定的矿区、矿带总是受一定的构造体系所控制。而构造体系之间又有复合与联合的关系，这就必然造成矿产分布的特殊规律。同时，某一类型矿带、矿田和矿床乃至矿体或矿脉常分别受不同等级的构造体系或两个及以上的构造体系的控制，这就构成了分级控制的现象。若再解剖一个构造体系，显然不同力学性质、不同级序的结构要素，特别是构造体系本身所具有的某些规律性特点，对成矿也往往有不同的控制作用，等等。这些不同情况所显示的构造体系对矿产分布的控制作用，构成了我们研究矿产分布规律的基础。当然，还有许多其他控制因素也应该结合起来加以分析。例如，成岩成矿的物理化学条件或环境，特别是成矿元素的地球化学行为等。

因此，从探讨大的区域性构造对矿产分布的控制作用开始，逐步进行矿区或矿田构造控制的研究，并把它们联系起来作为一个整体看待，我们就可以看到一个地区或地带，大、中、小互相联系的统一的构造体系控制矿产分布规律的生动图画。

构造体系控矿规律问题，是地质力学基础理论和实际应用的重要问题之一。它涉及的问题较多，研究内容相当广泛。例如，在构造动力作用下岩石矿物形变、相变与元素聚散关系的研究，成矿构造应力场的模拟及控矿规律的研究，以及地质力学理论和方法对石油、煤田和金属矿产的勘查和预测的指导作用，等等。

本书主要介绍了构造地质与矿产勘查成矿构造方面的基本知识，包括矿产地质勘查、矿产勘查部署与勘查取样、地质勘查与地质构造、岩层及其产状和地层的接触关系、地质体的基本产状及沉积岩层构造、不同构造环境下的地质构造组合、矿产资源的成因分类与成矿构造、褶皱构造与成矿、断裂构造与成矿等内容。本书在写作时突出基本概念与基本原理，同时注重理论与实践结合，希望可以向广大相关从业者提供借鉴或帮助。

本书得到了甘肃省金矿资源勘查利用技术创新中心的支持，由甘肃省地质矿产勘查开发局第三地质矿产勘查院的部分职工共同编写完成，共九章，其中第一主编董瀚负责第三章、第七章至第九章内容编写，计12.5万字；第二主编丁书宏负责第一章、第二章、第四章、第六章内容编写，计12.2万字；第三主编张志平负责第五章内容编写，计2.3万字。

由于作者水平有限，书中的不当及错误之处，恳请读者批评指正。

# 目 录

第一章 矿产地质勘查 ........................................................ 1

    第一节 矿产勘查的目的和性质 ........................................ 1

    第二节 矿产勘查工作的主要内容 ...................................... 14

    第三节 矿产勘查模型的种类 .......................................... 17

    第四节 矿产勘查中的问题 ............................................ 18

    第五节 成矿地质规律分析 ............................................ 20

第二章 矿产勘查部署与勘查取样 .............................................. 34

    第一节 勘查工程的总体部署 .......................................... 34

    第二节 勘查工程地质设计 ............................................ 41

    第三节 矿产勘查取样 ................................................ 46

第三章 地质勘查与地质构造 .................................................. 65

    第一节 矿产勘查中高精度构造和地层建模新技术 ........................ 65

    第二节 三维地震勘探技术在矿区构造勘探中的应用 ...................... 67

    第三节 三维地质构造综合调查方法在矿产勘查中的应用 .................. 72

    第四节 隐伏断裂在深部找矿中的意义与寻找方法 ........................ 74

第四章 岩层及其产状和地层的接触关系 ........................................ 78

    第一节 成层构造 .................................................... 78

    第二节 岩层的产状、厚度及出露特征 .................................. 82

    第三节 地层的接触关系 .............................................. 86

第五章 地质体的基本产状及沉积岩层构造 ...................................... 94

    第一节 面状构造和线状构造的产状 .................................... 94

    第二节 沉积岩层的原生构造 .......................................... 96

    第三节 软沉积变形 .................................................. 102

第四节 水平岩层 ............................................................ 109

第五节 倾斜岩层 ............................................................ 110

第六章 不同构造环境下的地质构造组合 ........................ 113

第一节 伸展构造背景下褶皱作用和挤压构造组合 ............ 113

第二节 挤压构造背景下的伸展构造与断层相关褶皱理论 .... 121

第三节 扭动构造背景下的地质构造组合 ........................ 124

第七章 矿产资源的成因分类与成矿构造 ........................ 128

第一节 沉积矿床 ............................................................ 128

第二节 岩浆与岩浆期后热液矿床 .................................. 145

第三节 变质矿床 ............................................................ 154

第四节 层控矿床及其典型矿床剖析 .............................. 166

第八章 褶皱构造与成矿 ................................................ 171

第一节 褶皱构造的主要类型及其形成的力学机制 ............ 171

第二节 叠加褶皱与成矿 ................................................ 186

第三节 叠加褶皱的室内—野外判析与厘定 .................... 191

第九章 断裂构造与成矿 ................................................ 193

第一节 断裂(层)构造的主要分类及其变形的力学机制 .... 193

第二节 断裂力学性质的综合识别信息与标志 ................ 195

第三节 断裂构造的复合叠加变形与成矿 ........................ 199

第四节 断裂构造的导矿、布矿、容矿与成矿作用 ............ 206

第五节 推覆构造与成矿 ................................................ 211

第六节 控岩、控矿构造系统的综合识别信息与标志 ........ 217

参考文献 ........................................................................ 221

# 第一章 矿产地质勘查

## 第一节 矿产勘查的目的和性质

### 一、矿产勘查的目的

矿产资源是人类的宝贵财富，具有难以发现和不可再生的性质。矿产勘查是为发现和获得这些矿产资源而进行的科学调查活动。它是在区域地质调查的基础上，根据国民经济和社会发展的需要，综合运用地质科学理论及多种勘查技术手段和方法对工作区的地质特征和矿产资源进行的系统研究。

矿产勘查包括寻找、发现、证实和评价矿床。矿产勘查的主要目的是合理地使用资金和时间、运用有效的技术手段去成功地发现和探明矿床。

### 二、矿产勘查成功的定义

矿产勘查中的成功可以从两个主要方面进行定义：科学和技术意义上的成功及经济意义上的成功。

#### (一) 科学和技术意义上的成功

科学和技术意义上的成功表现为发现了值得进一步查明其经济潜力（品位和吨位）的矿化富集体或者圈出了重要的矿化异常。在此基础上，进一步的勘查验证将有三种可能的结果。

（1）非经济的成功，即在可预见的未来，所发现的矿化体如果开采是不能盈利的。

（2）次经济的成功，即在当前经济技术条件下所发现的矿化体暂时不能开采利用，但随着技术的进步或经济环境的改善，次经济的资源可能成为经济上可利用的资源。

（3）经济上的成功，即所发现的矿化体能满足当前经济技术条件下进行营利开采所需要的全部条件，这类矿体（床）通常称为工业矿体（床）。

#### (二) 经济意义上的成功

经济意义上的成功依赖于另一个关键要素——矿床的经济价值；其意义是使科

学技术上的成功转化为经济上的成功。矿床经济价值仅部分取决于矿化体的自然状态，即矿化强度和范围，同时，它还包括许多其他因素，如地理因素、经济因素、财政因素及政策和法律法规因素等。

如果考察近年来重要矿床的发现，不难看出矿产勘查的成功主要来自两方面的因素。

（1）地质人员在以前没有人勘查过的地区找矿。这可能是由于历史原因，以前这一地区交通不便，然而，更主要的原因可能是以前没有人意识到这个地区的找矿潜力。

（2）地质人员认识了难以识别或者非典型的矿化标志。主要的原因可能是前人已经观测到这些矿化特征但否定了它们的价值。

①逻辑思维在矿产勘查中固然十分重要，但促使矿产勘查取得成功的关键要素往往是横向思维。在矿产勘查中，所谓横向思维指的是这样一种思维意识能力：采用新的视角理解所熟悉的岩石和地质环境。

②质疑所有的假设（尤其是自己提出的假设）和已被接受的观点。

③知道什么时候追随预感。

### 三、矿产勘查原则

勘查原则是矿床勘查工作规律的抽象与概括，是指导各类矿床勘查工作的共同基础。勘查原则取决于勘查工作的性质和对勘探工作规律的认识程度。准确地确定勘探原则不仅在勘探科学理论上，而且还在实际工作中具有重大的意义。

根据对勘查工作的性质与特点的分析及国内外矿床勘查的实践经验，矿床勘查工作必须以地质科学技术为基础，以国民经济需要为前提，多快好省查明和评价矿床，以满足国民经济建设对矿产资源和地质、技术经济资料的需要。这是勘查工作的根本指导思想，也是勘查工作必须遵循的总的指导原则。

勘查工作的具体原则有以下五个。

#### （一）因地制宜原则

这个原则是勘查工作最基本和最重要的原则，是由矿床复杂多变的地质特点所决定的。大量勘查实践的经验证明，只有从矿床实际情况出发，按照实际需要决定勘查的各项工作，才能取得比较符合矿床实际的地质经济效果。如果脱离矿床实际，主观臆断地进行工作，勘查工作必将陷入困境。因此，必须加强对矿床各方面特点的观察研究，同时又要加强地质、设计和建设单位的结合，使勘查工作既符合矿床地质实际，又能满足矿山建设实际的需要。

### (二) 循序渐进原则

对矿床的认识过程不可能一次完成，而是随着勘查工作的逐步开展，资料的不断累积而不断深化。所以，勘探必须依照由粗到细、由表及里、由浅入深、由已知到未知，先普查后详查，再勘探这一个循序渐进的原则进行。在矿床勘查的每个阶段，都要先设计，再根据设计进行施工，由设计指导施工。在施工程序上，一般应遵守由表及里、由浅而深、由稀而密，先行控制，后加密，重点深入的顺序进行布置。

循序渐进的目的是提高矿床勘查工作的成效，避免在资料依据不足或任务不明的情况下，进行盲目勘查和施工。但是，循序渐进原则不是消极地一件事跟着一件事的工作顺序，而应客观地、科学地促使对矿床的认识过程加速进行。因此，在有条件的情况下，各阶段、各工程的合理的平行交叉作业不是不可行的，而且有时是必要的。

### (三) 全面研究原则

这个原则是由矿产勘查的目的决定的，它反映了对矿床进行地质、技术和经济全面工业评价的要求。其实质是避免勘查工作的片面性，要求必须对矿床地质条件、矿体外部形态与内部的结构和构造、矿石质量与数量、选冶加工技术条件、矿床开采技术条件和水文地质条件等进行全面的调查研究，以便全面地阐明矿床的工业价值。

必须指出，全面研究原则是一个从矿床实际情况和矿山建设的实际需要出发而得出的相对概念。因此，在具体矿床勘查工作中，要根据矿床地质的实际情况与矿山建设的实际需要，既要全面研究矿床、矿体、矿石的各个方面的特点，又要区别主次、急缓，抓住主要矛盾，有重点地进行研究。

### (四) 综合评价原则

这个原则是建立在自然界中的矿床几乎没有单矿物矿石存在，以及过去经验教训基础上的。大部分的黑色及有色金属矿床和部分非金属矿床都含有多种有益组分，其中包括极为重要的稀有及分散元素。另外，在某种矿产的矿床范围内，会有其他矿产与其共生或伴生。它们或紧密相连，或赋存于围岩内而单独自成矿体。如果不对这些伴生有益组分和共生或伴生矿产进行综合勘查、综合研究与评价，势必导致对矿床全面评价的错误，将影响到矿床的综合开发、综合利用，造成伴生有益组分和共生的矿产资源的损失与浪费；另外，伴生和共生矿产的存在，也会影响到矿床中主要矿产的选冶效果及产品质量与数量。如果不对伴生组分或共生或伴生矿产进行综合研究与评价，事后再进行补充勘查或重新采集样品，不仅拖延了勘查时间，增加了勘查费用，而且也将严重影响矿山建设和生产。

因此，在勘查工作中，对矿床的主要矿产进行研究和评价的同时，必须对伴生有益组分和共生或伴生矿产进行综合研究、综合评价。实行综合评价，不仅可以提高矿产勘查成效，避免重复工作，而且可以提高矿床的工业价值，使单一开发的矿床变为综合开发利用的综合矿床，甚至会使原来认为无工业价值的贫矿变为可供综合开发利用的工业矿床。

### （五）经济合理原则

矿产勘查工作是一项涉及地质、技术、经济的综合性工作，它必然受国民经济规律所制约。因此，在矿产勘查中必须讲究经济效益，切实贯彻经济合理原则。

经济合理原则的基本要求如下。

（1）研究市场的供求情况和国家近期或远期的建设规划，国际市场的动态，以及产品在工业利用方面的趋势。

（2）加强对矿床开发利用技术经济的分析，合理地确定工业指标，做好矿床的经济评价。

（3）重视勘查技术经济效果分析，保证必要的、合理的勘查程序。

（4）勘查主要矿产时，要注意所需要的辅助矿产的勘查，以求资源的配套。

（5）采取合理措施，加强经济管理与技术管理，提高各项工作效率，降低勘查工程单位成本，降低探明单位储量的投资费用等。

总之，要在保证必要的勘查程度的前提下，力求用最合理的方法，以最少的人、财、物的消耗，在最短的时间里，取得最多、最好的地质成果和最大的经济效益。

上述几个勘查原则，相互之间既有区别又有紧密联系，既有相互矛盾的一面又有彼此统一的一面。只有正确认识它们之间的相互矛盾和相互联系，全面贯彻这几个原则，才能保证最合理地进行矿产勘查工作，达到勘查速度快、质量高、投资少、效益大的效果。

## 四、矿产勘查阶段划分

矿产勘查工作是一个由粗到细、由面到点、由表及里、由浅入深、由已知到未知，通过逐步缩小勘查靶区，最后找到矿床并对其进行工业评价的过程。

矿产勘查过程中一般需要遵守这种循序渐进原则，但不应作为教条。在有些情况下，由于认识上的飞跃，勘查目标被迅速定位，则可以跨阶段进行勘查；反之，如果认识不足，则可能会返回到上一个工作阶段进行补充勘查。

矿产勘查阶段的划分是由勘查对象的性质、特点和勘查实践需要决定的，或者说是由矿产勘查的认识规律和经济规律决定的。阶段划分的合理与否，将影响矿产勘查和矿山设计以及矿山建设的效率与效果。

**(一) 勘查阶段划分**

按联合国推荐的矿产资源量 / 储量分类框架中提出的勘查阶段划分如下。

1. 预查

预查是依据区域地质和 (或) 物化探异常研究结果、初步野外观测、极少量工程验证结果，与地质特征相似的已知矿床类比、预测，提出可供普查的矿化潜力较大地区。有足够依据时可估算出预测的资源量，属于潜在矿产资源。

2. 普查

普查是对可供普查的矿化潜力较大地区、物化探异常区，采用露头检查、地质填图、数量有限的取样工程及物化探方法，大致查明普查区内地质、构造概况；大致掌握矿体 (层) 的形态、产状、质量特征；大致了解矿床开采技术条件；矿产的加工选冶性能已进行了类比研究。最终应提出是否有进一步详查的价值，或圈定出详查区范围。

3. 详查

详查是对普查圈出的详查区通过大比例尺地质填图及各种勘查方法和手段，比普查阶段密的系统取样，基本查明地质、构造、主要矿体形态、产状、大小和矿石质量；基本确定矿体的连续性；基本查明矿床开采技术条件；对矿石的加工选冶性能进行类比或实验室流程试验研究，作出是否具有工业价值的评价。必要时，圈出勘探范围，并可供预可行性研究、矿山总体规划和做矿山项目建议书使用。对直接提供开发利用的矿区，其加工选冶性能试验程度，应达到可供矿山建设设计的要求。

4. 勘探

勘探是对已知具有工业价值的矿床或经详查圈出的勘探区，通过加密各种采样工程，其间距足以肯定矿体 (层) 的连续性，详细查明矿床地质特征，确定矿体的形态、产状、大小、空间位置和矿石质量特征，详细查明矿床开采技术条件，对矿产的加工选冶性能进行实验室流程试验或实验室扩大连续试验，必要时应进行半工业试验，为可行性研究或矿山建设设计提供依据。

**(二) 矿产预查阶段**

矿产预查阶段相当于过去的区域成矿预测阶段。预查工作比例尺随勘查工作要求不同而不同，可以在 1 : 100 万 ~ 1 : 5 万之间变化。预查工作采用的勘查方法主要包括遥感图像的处理和解译、区域地质及地球物理与地球化学资料的处理，以及野外踏勘等。

预查阶段分为区域矿产资源远景评价和成矿远景区矿产资源评价两种类型。

1. 区域矿产资源远景评价

区域矿产资源远景评价是指对工作程度较低地区，在系统收集和综合分析已有资料的基础上进行的野外踏勘、地球物理勘查、地球化学勘查、三级异常查证，圈定可供进一步工作的成矿远景区的预查工作。条件具备时，估算经济意义未定的预测资源量。其工作内容包括：

(1) 全面收集预查区内各类地质资料，编制综合性基础图件；

(2) 全面开展区域地质踏勘工作，测制区域性地质构造剖面，了解成矿地质条件；

(3) 全面开展区域矿产踏勘工作，实地了解矿化特征，并开展区域类比工作；

(4) 择优开展物探、化探异常三级查证工作；

(5) 运用 GIS 技术开展综合研究工作，对区域矿产资源远景进行预测和总体评估，圈定成矿远景区；

(6) 条件具备时估算矿化地段资源量；

(7) 编制区域和矿化地段的各类图件。

2. 成矿远景区矿产资源评价

成矿远景区矿产资源评价是指对工作程度具有一定基础的地区或工作程度较高地区，运用新理论、新思路、新方法，在系统收集和综合分析已有资料基础上，对成矿远景区所进行的野外地质调查、地球物理和地球化学勘查、三级至二级异常查证、重点地段的工程揭露，圈出可供普查的矿化潜力较大地区的预查工作。条件具备时，估算经济意义未定的预测资源量。其工作内容包括：

(1) 全面收集成矿远景区内的各类资料，开展预测工作，初步提出成矿远景地段；

(2) 全面开展野外踏勘工作，实际调查已知矿点、矿化线索、蚀变带以及物探、化探异常区，了解矿化特征、成矿地质背景，进行分析对比并对成矿远景区资源潜力进行总体评价；

(3) 在全面开展野外踏勘工作的基础上，择优对物探、化探异常进行三级至二级查证工作，择优对矿化线索开展探矿工程揭露；

(4) 提出成矿远景区资源潜力的总体评价结论；

(5) 提出新发现的矿产地或可供普查的矿产地；

(6) 估算矿产地、预测资源量；

(7) 编制远景区及矿产地各类图件。

3. 预查工作要求

本阶段的勘查程度要求为：搜集并分析区内地质、矿产、物探、化探和遥感地质资料；对预查区内的找矿有利地段、物探和化探异常、矿点、矿化点进行野外调查工作；对有价值的异常和矿化蚀变体要选用极少量工程加以揭露；如发现矿体，应大致了解矿体长度、矿石有用矿物成分及品位、矿体厚度、产状等；大致了解矿石结构构造和自然类型，为进一步开展普查工作提供依据，并圈出矿化潜力较大的普查区范围。如有足够依据，可估算预测资源量。

（1）有关资料收集与综合分析工作。

①全面收集工作区内地质、物探、化探、遥感、矿产、专题研究等各类资料，编制研究程度图。对以往工作中存在的问题进行分析。

②对区域地质资料进行综合分析工作，根据不同矿产类型，编制区域岩相建造图、区域构造岩浆图、区域火山岩性岩相图等各类基础图件。

③对区域物探资料进行重磁场数据处理工作，推断地质构造图件及异常分布图件。

④对区域化探资料进行数据分析工作，编制数理统计图件以及异常分布图件，开展地球化学块体谱系分析、编制地球化学块体分析图件。

⑤对区域遥感资料进行影像数据处理，编制地质构造推断解释图件。

⑥对矿产资料进行全面分析，编制矿产卡片以及区域矿产图件。

⑦运用 GIS 技术，对上述资料进行综合归纳，编制综合地质矿产图，作为部署野外调查工作的基础图件。

（2）野外调查工作。固体矿产预查工作，必须以野外调查工作为主，野外调查和室内研究相结合。野外调查工作包括区域地质踏勘工作、区域矿产踏勘工作、地球物理与地球化学勘查、物探与化探异常查证、矿点检查工作；室内研究包括已有地质资料分析、综合图件编制、成矿远景区圈定、预测资源量估算等工作。

①区域地质踏勘工作：区域地质踏勘工作是预查工作的重要基础工作，无论是否已经完成区调工作都要精心组织落实，一般情况下，部署一批能全面控制区内区域地质条件的剖面进行踏勘工作，踏勘时应进行详细的路线观察编录，并绘制路线剖面图，对重要地质体布置专题路线观察。通过区域地质踏勘工作，实地了解主要地质构造特征、成矿地质背景条件。

②区域矿产踏勘工作：区域矿产踏勘工作是预查工作的关键基础工作，一般情况下，工作区内都有一定数量的矿化线索、矿化点、矿点、物探与化探异常区，因此必须全面开展踏勘工作，对不同类型的矿化线索，都必须进行现场踏勘。对有较多工作程度较高矿产地的地区，应经过分类，对不同类型的代表性矿产地进行全面踏勘，详细了解矿化特征、成矿地质背景、工作程度、以往评价存在问题等情况，修订原有的矿产卡片。

对已有成型矿床远景区，必须开展典型矿床野外专题调查工作，通过实地观察，详细了解矿床成矿地质条件、矿化特征、找矿标志等资料，以便指导远景区总体评价工作。

③地球物理与地球化学勘查工作：一般情况下，区域矿产资源远景评价工作应当在已完成1：20万～1：50万地球物理（包括航空或地面）、地球化学勘查工作的基础上进行，如尚未开展1：20万～1：50万地球物理及地球化学勘查工作的地区，则应单独立项开展1：20万～1：50万地球物理及地球化学勘查工作。

一般情况下，成矿远景区矿产资源评价工作应当在已完成1：5万地球化学勘查工作的基础上进行，如尚未开展1：5万地球化学勘查工作的地区，则应单独立项开展1：5万地球化学勘查工作，必要时应单独立项开展1：5万地球物理勘查工作。

对重要矿化地段，重要物探、化探异常区，以及开展物探、化探异常二级查证的地区应部署大比例尺（一般为1：2.5万～1：1万）地球物理、地球化学勘查工作。

对部署钻探工程的地区，必须做地球物理精测剖面、地球化学加密剖面。在条件适宜的情况下，应对钻探工程开展井中物探工作。

地球物理和地球化学勘查方法应根据具体地质条件，选择有效方法。

④遥感地质调查工作：遥感地质调查工作应贯穿预查工作的全过程，收集资料及综合分析工作阶段，应选用合适的遥感影像数据，进行图像处理，制作同比例尺遥感影像地质解释图件。野外踏勘阶段，必须对遥感解释进行对照修正，最大限度地通过野外踏勘，提取地层、岩石、构造、矿产等与成矿有关的信息以及确定矿产远景地段。室内综合研究阶段，应利用遥感资料提供成矿远景区，优化普查区，提供矿化蚀变地段。

⑤矿产地检查和物探与化探异常查证工作：通过收集资料、综合分析、区域地质踏勘、区域矿产踏勘、物探、化探、遥感等资料综合分析及数据处理工作，对具有成矿远景的矿产地或矿化线索以及有意义的物探、化探异常开展检查工作，主要内容包括草测大比例尺地质矿产图件，开展大比例尺物探、化探工作，布置少量探矿工程，了解远景地段的矿化特征，提出可供普查的矿化潜力较大地区，或者提出可供普查的矿产地。

对物探、化探异常查证工作，按照异常查证有关规定执行。

⑥探矿工程：预查阶段的探矿工程布置，要求达到揭露重要地质现象和矿化体的目的。槽井探、坑探和钻探等取样工程应布置在矿化条件好、致矿异常大，或追索重要地质界线的地段。探矿工程布置需有实测或草测剖面，用钻探手段查证异常时，孔位的确定要有实际依据。一旦物性前提存在，要用物探勘查方法的精测剖面反演成果确定孔位、孔斜和孔深；在围岩地层和矿层中的岩矿心采取率要符合有关规范、规定的要求。

⑦采样和化验工作：预查工作必须采集足够的与矿产资源潜力评价相关的各类

分析样品，各类采样、化验工作技术要求参照有关规范、规定执行。

### (三) 矿产普查阶段

矿产普查的工作比例尺一般在 1：10 万~1：1 万，主要采用的方法包括相应比例尺的地球物理、地球化学、地质填图、稀疏的勘查工程等。

1. 矿产普查的目的、任务与工作程序

(1) 矿产普查的目的。矿产普查的目的是对预查阶段提出的可供普查的矿化潜力较大地区和地球物理、地球化学异常区，通过开展面上的普查工作，已发现主要矿体 (点) 的稀疏工程控制，主要地球物理、地球化学异常及推断的含矿部位的工程验证，对普查区的地质特征、含矿性和矿体 (点) 作出评价，提出是否进一步详查的建议及依据。

(2) 矿产普查的任务。在综合分析、系统研究普查区内已有各种资料的基础上，进行地质填图、露头检查，大致查明地质、构造概况，圈出矿化地段；对主要矿化地段采用有效的地球物理、地球化学勘查技术方法，用数量有限的取样工程揭露，大致控制矿点或矿体的规模、形态、产状，大致查明矿石质量和加工利用可能性，顺便了解开采技术条件，进行概略研究，估算推断的内蕴经济资源量等。必要时圈出详查区范围。

(3) 矿产普查的工作程序。普查勘查遵循立项、设计编审、野外施工、野外验收、普查报告编写、评审验收、资料汇交等程序。

2. 矿产普查技术方法

(1) 测量工作：必须按规定的质量要求提供测量成果。工程点、线的定位鼓励利用 GPS 技术，提高测量工作质量和效率。

(2) 地质填图：地质填图尽可能使用符合质量要求的地形图，其比例尺应大于或等于地质图比例尺，无相应地形图时可使用简测地形图。地质填图方法要充分考虑区内地形、地貌、地质的综合特征及已知矿产展布特征，对成矿有利地段要有所侧重。对已有的不能满足普查工作要求的地质图，可根据普查目的要求进行修测或搜集资料进行修编。

(3) 遥感地质：要充分运用各种遥感资料，对区内的地层、构造、岩体、地形、地貌、矿化、蚀变等进行解释，以求获得找矿信息，提高普查工作效率和地质填图质量。

(4) 重砂测量：对于适宜运用重砂测量方法找矿的矿种，应开展重砂测量工作，测量比例尺要与地质填图比例尺相适应。对圈定的重砂异常，根据需要择优进行检查验证，作出评价。

(5) 地球物理、地球化学勘查：应配合地质调查先行部署，用于发现找矿信息，为工程布置、资源量估算提供依据，根据普查区的具体条件，本着高效经济的原则合理确定其主要方法和辅助方法。比例尺应与地质图一致，对发现的异常区应适当加密点、线，以确定异常是否存在和大致形态。

对有找矿意义的地球物理、地球化学异常，结合地质资料进行综合研究和筛选，择优进行大比例尺的地球物理和（或）地球化学勘查工作，进行二级至一级异常的查证。当利用物探资料进行资源量估算时，应进行定量计算。验证钻孔和普查钻孔应根据具体地球物理条件，进行井中物探测量，以发现或圈定井旁盲矿。

（6）探矿工程：根据已知矿体（点）的信息和地形、地貌条件，各类异常性质、形态、地质解释特征以及技术、经济等因素合理选用。

探矿工程布设应选择矿体和含矿构造及异常的最有利部位，钻探、坑道工程应在实测综合剖面的基础上布置。

（7）样品采集、加工：样品的采集要有明确的目的和足够的代表性。

普查阶段主要采集光谱样、基本分析样、岩矿鉴定样、重砂样、化探样及物性样等，有远景的矿体（点）还应采取组合分析样、小体重样等，必要时采集少量全分析样。

（8）编录：各种探矿工程都必须进行编录，探槽、浅井、钻孔、坑道要分别按规定的比例尺编制，有特殊意义的地质现象，可另外放大表示，文图要一致，并应采集具有代表性的实物标本等。

地质编录必须认真细致，如实反映客观地质现象的细微变化，必须随施工进展在现场及时进行。应以有关规范、规程为依据，做到标准化、规范化。

（9）资料整理和综合研究：该工作要贯穿普查工作的全过程，对获得的第一性资料数据应利用计算机技术和GIS技术进行科学的处理，对获得的各类资料和取得的各种成果应及时进行综合分析研究，结合区内或邻区已知矿床的成矿特征，总结区内成矿地质条件和控矿因素，进行成矿预测，指导普查工作。

普查工作中使用的各种方法和手段，其质量必须符合现行规范、规定的要求，没有规范、规定的，应在设计时或施工前提出质量要求，经项目委托单位同意后执行。各项工作的自检、互检、抽查、野外验收的记录、资料要齐全，检查结论要准确。为保证分析质量，普查工作中要由项目组按规定送内、外检样品到有资质的单位进行分析、检查。

3. 普查阶段可行性评价工作要求

矿产普查阶段可行性评价工作要求为开展概略研究，一般由承担普查工作的勘查单位完成。概略研究，是对普查区推断的内蕴经济资源量提出矿产勘查开发的可行性及经济意义的初步评价。目的是研究有无投资机会，矿床能否转入详查等，从技术经济方面提供决策依据。

概略研究采用的矿床规模、矿石质量、矿石加工选冶性能、开采技术条件等指标可以是普查阶段实测的或有依据推测的；技术经济指标也可采用同类矿山的经验数据。

矿山建设外部条件、国内及地区内对该矿产资源供求情况，以及矿山建设规模、开采方式、产品方案、产品流向等，可根据我国同类矿山企业的经验数据及调研结果确定。

概略研究可采用类比方法或扩大指标，进行静态的经济分析。其指标包括总利润、投资利润率、投资偿还期等几项。

4. 普查估算资源量的要求

矿产普查阶段探求的资源量属于推断的内蕴经济资源量，其估算参数一般应为实测的和有依据推测的参数，部分技术经济参数可采用常规数据或同类矿床类比的参数。当有预测的资源量需要估算时，其估算参数是有依据推测的参数。

矿体（矿点或矿化异常）的延展规模，应依据成矿地质背景、矿床成因特征和被验证为矿体的异常解释推断意见、矿体产状及有限工程控制的实际资料推断。

### （四）矿产详查阶段

矿产预查阶段发现的异常和矿点（或矿化区）并非都具有工业价值。经普查阶段的勘查工作后，其中大部分异常和矿点（或矿化区）由于成矿地质条件差、工业远景不大而被否定，只有少数矿点或矿化区被认为成矿远景良好，值得进一步研究。也只有通过揭露研究，肯定了所勘查的靶区具有工业远景后，才能转入勘探。因此，勘探之前针对普查中发现的少数具有成矿远景的异常、矿点或矿化区进行得比较充分的地表工程揭露及一定程度的深部揭露，并配合一定程度的可行性研究的勘查工作阶段，称为详查。

详查阶段的工作比例尺一般在 1：2 万～1：1000，其目的是确认工作区内矿化的工业价值、圈定矿床范围。

1. 详查工作的基本原则

详查阶段在矿床勘查过程中所处的地位决定了它在勘查工作上具有普查和勘探的双重性质，即在此阶段既要继续深入地进行普查找矿，尤其是深部找矿，又要按勘探工作的技术要求部署各项工作。在工作过程中应遵循如下原则。

（1）详查区的选择。在选择详查区时，目标矿床应为高质量矿床，即要选矿石品位高、矿体埋藏浅、易开采和加工、距离主要交通线近的矿点作为详查靶区。

详查区可以是经过普查工作圈定的成矿地质条件良好的异常区或矿化区，也可以是在已知矿区外围或深部，经大比例尺成矿预测圈出的可能赋存隐伏矿体的成矿远景地段，值得进行深部揭露。具体选区和部署工程时，可参考下面两种情况。

①经浅部工程揭露，矿石平均品位大于边界品位，已控制矿化带连续长度大于50m且成矿地质条件有利、矿化带在走向上有继续延伸、倾向上有变厚和变富趋势的地段。

②规模大的高异常区，且根据地质、地球物理、地球化学综合分析认为成矿条件很好的地区，有必要进行深部工程验证。

（2）由点到面、点面结合，由浅入深、深浅结合。这里的点是指详查揭露部位，一般范围不大，但所需揭露的部位并不是孤立的，其形成和分布与周围地质环境有着紧密的联系。因此，在详查工作中必须把点与周围的面结合起来，由点入手，利用从点上获得成矿规律的深入认识和勘查工作经验，指导面上的勘查研究工作，同时又要根据面上的研究成果，促进点上详查工作的深入发展。另外，详查工作应先充分进行地表和浅部揭露，然后利用地表和浅部工作所获得的认识指导深部工程的探索和研究。

采用地表与地下相结合、点上与外围相结合、宏观与微观相结合、地质与地球物理以及地球化学方法相结合的研究方式，形成一个完整的综合研究系统，各方面的研究成果互相补充、互相印证。

2. 详查工作要求

（1）通过1∶1万～1∶2000地质填图，基本查明成矿地质条件，描述矿床地质特征。

（2）通过系统的取样工程、有效的地球物理和地球化学勘查工作、控制矿体的总体分布范围，基本控制主矿体的矿体特征、空间分布，基本确定矿体的连续性；基本查明矿石的物质成分、矿石质量；对可供综合利用的共生和伴生矿产进行了综合评价。

（3）对矿床开采可能影响的地区（矿山疏排水位下降区、地面变形破坏区、矿山废弃物堆放场及其可能的污染区），开展详细的水文地质、工程地质、环境地质调查，基本查明矿床的开采技术条件。选择代表性地段对矿床充水的主要含水层及矿体围岩的物理力学性质进行试验研究，初步确定矿床充水的主（次）要含水层及其水文地质参数、矿体围岩岩体质量和主要不良层位，估算矿坑涌水量，指出影响矿床开采的主要水文地质、工程地质以及环境地质问题；对矿床开采技术条件的复杂性作出评价。

（4）对矿石的加工选冶性能进行试验和研究，易选的矿石可与同类矿石进行类比，一般矿石进行可选性试验或实验室流程试验，难选矿石还应做实验室扩大连续试验。饰面石材还应有代表性的试采资料。直接提供开发利用时，试验程度应达到可供设计的要求。

（5）在详查区内，依据系统工程取样资料，有效的物探、化探资料以及实测的各种参数，用一般工业指标圈定矿体，选择合适的方法估算相应类型的资源量，或经预可行性研究，分别估算相应类型的储量、基础储量、资源量。为是否进行勘探决策、矿山总体设计、矿山建设项目建议书的编制提供依据。

### （五）矿产勘探阶段

勘探是对已知具有工业价值的矿床或经详查圈出的勘探区，通过加密各种采样工程（其间距足以肯定工业矿化的连续性），详细查明矿体的形态、产状、大小、空间位置和矿石质量特征；详细查明矿床开采技术条件，对矿石的加工选（冶）性能进行实验室流程试验或实验室扩大连续试验；为可行性研究和矿权转让以及矿山设计和建设提交地质勘探报告。

1. 矿床勘探工作基本要求

通过 1∶5000～1∶1000（必要时可采用 1∶500）比例尺地质填图，加密各种取样工程及相应的工作，详细查明成矿地质条件及内在规律，建立矿床的地质模型。

详细控制主要矿体的特征、空间分布；详细查明矿石物质组成、赋存状态、矿石类型、质量及其分布规律；对破坏矿体或划分井田等有较大影响的断层、破碎带，应有工程控制其产状及断距；对首采地段主矿体上、下盘具工业价值的小矿体应一并勘探，以便同时开采；对可供综合利用的共、伴生矿产应进行综合评价，共生矿产的勘查程度应视矿种的特征而定，即异体共生的应单独圈定矿体；同体共生的需要分采分选时也应分别圈定矿体或矿石类型。

对影响矿床开采的水文地质、工程地质、环境地质问题要详细查明。通过试验获取计算参数，结合矿山工程计算首采区、煤田第一开采水平的矿坑涌水量，预测下一水平的涌水量；预测不良工程地段和问题；对矿山排水、开采区地面变形破坏、矿山废水排放与矿渣堆放可能引起的环境地质问题作出评价；未开发过的新区，应对原生地质环境作出评价；老矿区则应针对已出现的环境地质问题（如放射性、有害气体、各种不良自然地质现象的展布及危害性）进行调研，找出产生和形成条件，预测其发展趋势，提出治理措施。

在矿区范围内，针对不同的矿石类型，采集具有代表性的样品，进行加工选冶性能试验。可类比的易选矿石应进行实验室流程试验；一般矿石在实验室流程试验基础上，进行实验室扩大连续试验；难选矿石和新类型矿石应进行实验室扩大连续试验，必要时进行半工业试验。

勘探时未进行可行性研究的，可依据系统工程及加密工程的取样资料，有效的物、化探资料及各种实测的参数，用一般工业指标圈定矿体，并选择合适的方法，详细估算相应类型的资源量。进行了预可行性研究或可行性研究的勘探，可根据当时的市场价格论证后所确定的、由地质矿产主管部门下达的正式工业指标圈定矿体，详细估算相应类型的储量、基础储量以及资源量，为矿山初步设计和矿山建设提供依据。探明的可采储量应满足矿山返本付息的需要。

2. 矿床勘探类型划分及勘查工程布置的原则

正确划分矿床勘探类型是合理选择勘查方法和布置工程的重要依据，应在充分研究以往矿床地质构造特征和地质勘查工作经验的基础上，根据矿体规模、矿体形态复杂程度、内部结构复杂程度、矿石有用组分分布均匀程度、构造复杂程度等主要地质因素加以确定。

勘查工程布置原则应根据矿床地质特征和矿山建设的需要具体确定。一般应在地质综合研究的基础上，参考同类型矿床勘探工程布置的经验和典型实例，采取先行控制，由稀到密、稀密结合，由浅到深、深浅结合，典型解剖、区别对待的原则进行布置。为了便于计算储量和综合研究，勘查工程尽可能布置在勘查线上。

一般情况下，地表应以槽井探为主，浅钻工程为辅，深部应配合有效的地球物理和地球化学方法，以岩心钻探为主；在地质条件复杂，钻探不能满足地质要求时，应尽量采用部分坑道探矿，以便加深对矿体赋存规律和矿山开采技术条件的了解，坑道一般布置在矿体的浅部；当采集选矿大样时，也可动用坑探工程；对管条状和形态极复杂的矿体应以坑探为主。

加强综合研究掌握地质规律，是合理布置勘查工程、正确圈定矿体的重要依据。地质勘查程度的高低不仅取决于工程控制的多少，还取决于地质规律的综合研究程度。因此要充分发挥地质综合研究的作用，防止单纯依靠工程的倾向，努力做到正确反映矿床地质实际情况。各种金属矿床的勘查类型和勘查工程间距，应在总结过去矿床勘查经验的基础上加以研究确定。

## 第二节  矿产勘查工作的主要内容

矿产勘查最终的目的是为矿山建设设计提供矿产资源量／储量和开采技术条件等必需的地质资料，以减少开发风险和获得最大的经济效益。

### 一、勘查区地质研究内容

勘查区地质研究内容包括收集、研究与成矿有关的地层、构造、岩浆岩、变质岩、围岩蚀变等区域地质和矿区地质资料。

(1) 地层：应划分地层层序、岩性组合、岩相分带，确定含矿层位。对沉积矿产应研究含矿层的岩性组合、物质组成以及沉积环境与成矿关系等。

(2) 构造：应对控制或破坏矿床的主要构造进行研究，了解其空间分布、发育程度、先后次序及分布规律等。

（3）岩浆岩：对与成矿有关的岩浆岩应了解或查明其岩类、岩相、岩性、演化特点及其与成矿的关系等。

（4）变质岩：对变质矿床应了解或研究变质作用的性质、强度、影响因素、相带分布特点及其对矿床形成或改造的影响。

（5）围岩蚀变：应了解或研究矿床的围岩蚀变种类、规模、强度、矿物组成、分带性及其与成矿的关系。

对砂矿床研究内容还包括第四纪地质及地貌特征。

## 二、矿体地质研究内容

### （一）矿体特征

应研究或控制矿体分布范围、数量、规模、产状、空间位置及形态、相互间关系及氧化带（风化带）的范围等；研究围岩、夹石的岩性、产状、形态等；研究成矿后断层对矿体的破坏情况、找出矿体的对比标志，使其合理地、有依据地连接。

### （二）矿石特征

矿石包括矿石物质组成和矿石质量特征。

（1）矿石物质组成包括矿物组成及主要矿物含量、结构、构造、共生关系、嵌布粒度及其变化和分布特征；应划分矿石自然类型，矿石的蚀变和泥化特征，并研究各类型的性质、分布、所占比例及对加工、选冶性能试验的影响。

（2）矿石质量特征包括矿石的化学成分、有用组分、有益和有害组分含量、可回收组分含量、赋存状态、变化及分布特征；依据矿石的工艺性质及当前生产技术条件，划分矿石工业类型和品级，不同矿石类型的变化规律和所占比例。非金属矿产及固体燃料矿产，可根据用途要求选择测定项目，用以确定该矿产的类型和品级。

### （三）开采技术条件研究

（1）水文地质条件：调查矿区地下水的补给、径流、排泄条件，确定其汇水边界；查明含（隔）水层的分布、含水性质、构造破坏与含水层间的水力联系情况，主要构造破碎带、岩溶发育带与风化带的分布及其导水性，主要充水含水层的含水性及储水性、与矿体（层）的相对位置、连通其他含水层及地表水体和老窿水的情况；地下水的水头高度、水力坡度、径流场特征与动态变化；地表水体的分布、水文特征、连通主要充水含水层的可能途径及其对矿床开采的影响；确定矿床主要充水因素、充水方式和途径，建立水文地质模型，结合矿床可能的开采方案，估算矿坑开拓水平的正常涌水量和最大涌水量以及矿区总涌水量。调查矿区及其相邻地区的供水水源条件，结合矿山排水对矿山供水问题及排供结合的可能性进行综合评价，指出矿山供水水源方向；对于缺水地区，应对矿坑涌水的利用价值进行评价。

（2）工程地质条件研究：研究矿床开采区矿体及围岩的物理力学性质、岩体结构及其结构面发育程度和组合关系，评价岩体质量；调查影响矿床开采的不良工程地质岩组（风化层、软弱层、构造破碎带）的性质、产状与分布特征，结合矿山工程需要，对露天采矿场边坡的稳定性或井巷围岩的稳固性作出初步评价，指出可能发生工程地质问题的地质体或不良地段。

（3）环境地质研究：研究区域稳定性，矿区内历次地震活动强度及所在地区的地震烈度；老窿的分布范围及充填情况，在可能的情况下，圈定老窿（采空区）界限；查明矿区内崩塌、滑坡、泥石流、山洪、地热等自然地质作用的分布、活动性及其对矿床开采的影响；调查矿区存在的有毒（砷、汞等）、有害（热、瓦斯、游离二氧化硅等）及放射性物质的背景值；对矿床开采可能造成的危害作出评价。

预测矿床疏干排水范围，对区内的生产、居民生活可能造成的影响和对生态环境、风景名胜区可能构成的危害作出评价，提出防治意见。

结合采矿工程，对矿床开采可能引起的地面变形破坏（地面沉降、开裂、塌陷、泥石流等）范围、采选矿废水排放对附近水体的污染进行预测和评价，对采矿废石的堆放和处置以及利用提出建议。

适于水溶、热熔、酸浸、碱浸、气化开采的矿床以及多年冻土矿床，应针对其勘查的特殊性要求开展工作。具体要求可参见相应矿产的勘查规范。

**（四）矿石加工选冶技术性能试验**

根据试验的目的、要求、程度及其成果在生产实践中的可靠性，矿石加工选冶试验可分为可选（冶）性试验、实验室流程试验、实验室扩大连续试验、半工业试验、工业试验五类。试验工作应根据勘查阶段，由浅入深，循序渐进。具体要求按有关规范执行。

**（五）综合评价**

在勘查主矿产的同时，对于达到一般工业指标要求又具有一定规模的共生矿产或伴生的其他矿产，应进行综合评价。对同体共生矿，应综合考虑，整体勘查，运用综合指标圈定矿体；对异体共生矿，应利用勘查主矿产的工程进行控制，其控制程度，视具体情况确定。

### （六）放射性检查

一般矿产应做放射性检查，对于放射性矿产，在各勘查阶段均应按规范要求开展放射性测量工作。

# 第三节　矿产勘查模型的种类

## 一、地质—地球物理—地球化学勘查模型

在地球物理勘查过程中，常常需要根据地质—地球物理勘查模型开展工作；在地球化学勘查过程中，一般也都要求建立地质—地球化学勘查模型。在矿产勘查工作中，更多的是要求建立地质—地球物理—地球化学勘查模型，这类模型又称综合地学勘查模型。这类勘查模型不仅是对矿产勘查工作具有理论指导意义的理论模型，而且是能为矿产勘查制定最佳战略的实用模型。

## 二、预测普查组合模型

预测普查组合模型实际上就是针对某一矿床类型，在成矿建造分析和矿床成因模型基础上，按循序渐进原则，将所采用的勘查方法、所要查明的矿化标志和预测普查对象结合起来，进行矿产勘查的一整套做法。根据不同层次的成矿单元，预测普查组合模型可分为两类：矿田和矿床的预测—普查模型及矿床的参数预测—普查和普查模型。

### （一）矿田和矿床的预测—普查模型

这类模型反映的是一套在给定工作阶段（给定的比例尺）可以查明的矿化要素（标志）。预测和普查对象（矿田和矿床）的模型被视为相应区域地质构造及其深部构造的一部分。在矿区范围内划分能够决定矿田在矿区构造、含矿构造—建造组合及其要素中位置的要素总体。

采用平面图和剖面图的方式，系统地表现最关键要素的相互关系。模型要素的等级取决于所预测的成矿单元。在这方面，这类模型图与上述的地质—地球物理—地球化学勘查模型相似。

在模型化的基础上，根据数据样本可以评估矿化受剥蚀程度。这些数据样本（各种矿化标志）是通过地球物理、地球化学以及地质学方法获取的。综合不同性质的原始资料可以查明矿田和矿床预测—普查模型中各要素之间的功能关系（用图解对比法凭经验确定）以及模型要素特征由于矿体侵蚀截面水平不同而发生的变化。

借助该类模型建立预测和普查准则以及标志体系，并在此基础上确定一套勘查方法，利用这套方法或者可以发现具体地质—成矿环境和景观—地理环境中一定的地质—工业类型的矿床，或者可以论证没有相应的矿床存在。

**（二）矿床的参数预测—普查和普查模型**

该类模型由含矿空间要素组成，这些含矿空间要素具有定量表达式或可做定量描述。在建立这种模型时要利用矿床主要地质要素的线性规模以及标志矿体和近矿空间不同部位的地球物理和地球化学异常的规模和强度。在局部预测和普查中，利用参数模型可以估算在近矿空间可能存在的矿体距离随意观测点的远近，还可优化勘查网度。

在建立参数模型时利用如下近矿要素：含矿空间、含矿侧部空间；矿上空间、矿上侧部空间、矿上边缘空间；矿下空间、矿下侧部空间和矿下边缘空间。这些要素将在定性的预测—普查模型中描述。

参数模型采用专门的图解形式表示，图解中包括地质、矿物、地球化学、地球物理等标志，以及定量特征和参数指标。

在资料积累的过程中，要把参数模型的知识库以含矿空间不同部位的可靠且结构化的地质信息形式输入矿床预测、普查和评价信息分析系统数据库中。知识库利用数据库的全部标志，同时可以通过其可能组合的办法得到补充标志。在此基础上估计该观测点在近矿空间中的位置，并确定该观测点距离可能含矿空间或矿体的远近。

在估算勘查网度时，钻孔沿走向和倾向的间距可以通过要找的对象（含矿空间）的规模确定。这样得到的参数（当勘查网的间距不到相应值的 0.5 倍时）可以保证至少两次穿过要找的对象。勘查面积取决于平均线性参数，而勘查深度取决于参数模型相应轴在空间的位置和长度。

# 第四节　矿产勘查中的问题

## 一、如何对待勘查活动长期未能取得重大突破的地区

一个分布着众多小矿山或矿点（常常数十个甚至数百个）的地区有时被形容为"只见星星，不见月亮"，显然，这类地区对矿产勘查具有很大的吸引力。然而，矿产勘查工作往往在这类地区几经上下，消耗了勘查队伍大量宝贵的时间和资金，寻找矿床却未能取得重大突破。这种重复勘查而又重复失望的地区使勘查人员颇感棘手。

如果是由于勘查区内矿化本来就很弱或者缺失形成重要矿床的基本条件，那么

重要的是做出符合客观实际的结论，避免类似的勘查工作重复进行。

另一种情况是，这种勘查区内的确存在重要矿床，只是令人一时捉摸不透，需要勘查人员提出新的设想和通过丰富的想象力，创造性地应用勘查模型，坚持不懈，才可能取得重大突破。下列几点要求或许对于这类地区的勘查工作具有一定的指导意义。

（1）准确和无偏见地进行野外和室内观测；

（2）批判地利用前人资料，创造性地类比相似地区；

（3）认真汲取前人的工作经验，特别是不要忽视失败的教训，因为失败往往是成功的先导，有助于我们清醒头脑，避免走弯路；

（4）准确定义问题，在确立勘查项目时就要斟酌什么样的问题值得解决，什么样的问题应暂且不顾；

（5）对于与自己设想的勘查模型有矛盾或不相干的资料不应抛弃，而应仔细地推敲；

（6）如果勘查进程缓慢，则应修改或放弃原定勘查模型，以确立新的模型指导勘查；

（7）如果所获得的大部分资料都支持自己原来的设想，坚持下去就能取得成功；

（8）善于接受各种意想不到的勘查结果；

（9）各学科人员经常交流讨论工作，统一认识，集思广益。

在矿产勘查工作的进行过程中，需要尽快地否定非重点靶区，以减少靶区数量，从而降低直接勘查成本以及集中力量于最有利的靶区。因为选择过程不可能做到万无一失，有利的勘查靶区有时也难免会被否决掉。

然而，有些实例表明，后来的重复勘查是在对前人工作完全不了解或虽有所了解但比较粗糙的情况下进行的，以至于所获得的结果是重复和无效的，造成时间和费用的浪费。因而，要在一定范围内改变措施，使矿产勘查情报尽可能充分利用，避免无谓地重复勘查。

## 二、相信科学的勘查模型

矿床及其成矿环境和控矿因素是一个系统。系统是相互作用的诸要素共存有序的集合体。辨认一个系统主要就是辨认它的信息特征。勘查模型是在科学理论的指导下，综合分析现代技术手段所获取的各种资料的基础上建立起来的，它的核心内容包括了某类矿床系统的信息特征以及为辨别这些特征，所应采取的相应的勘查手段。因此，科学的勘查模型可鼓励我们去勘查，指出我们应当勘查什么和到哪儿去勘查以及怎样勘查，有利于我们在各种资料中看到前人可能没有看到的东西，想到前人没有想到的问题，并激励我们去做前人不敢做的事情。

在工作中，要力避盲目性，我们的盲目性往往表现在疏忽了但并未意识到。所以，我们应当牢记 L.G. 萨克斯关于 6 个盲人摸象的寓言，避免工作中的主观性和片面性，因为片面性和主观性会使我们陷入盲目性。

创造性地运用勘查模型既是一门科学，又是一门艺术。因为模型从一定意义上来说，只是矿产勘查的提纲，是运用已知去探索未知，探索未知既需要科学技术，也需要敏感、信心和果断，所以从事矿产勘查的人员必须自觉接受各种锻炼，提高素质，这样就会在科学的勘查模型的指导下，去实现既定的目的。

# 第五节　成矿地质规律分析

## 一、成矿规律分析

### (一) 成矿规律分析中的几个基本概念

1. 成矿规律

成矿规律的研究，强调矿床在空间上和时间上与各种地质特征的关系。地壳中成矿物质的非均匀分布是自然界中的一种客观规律，研究成矿规律就是要探讨成矿物质在地壳非均匀性分布背景下的富集 (具有经济价值的矿床的分布) 情况，其目的在于确定在哪个地质时期、在什么构造部位产生了成矿物质的富集，从而圈定出成矿远景区，指导勘查工作决策。

2. 成矿预测

成矿预测是为了提高矿产勘查的成效和预见性而进行的一项综合研究工作。其主要过程是根据工作地区内已有的各种地质、矿产、地球物理和地球化学等方面的实际资料，全面分析研究区内的地质特点和已发现的各种矿产的类型、规模及其在时间、空间上与地质构造的关系，阐明其成矿规律，进而预测区内可能发现矿产的有利地段及控制条件，指出需要进一步工作的方向、顺序和内容等，为下一阶段的勘查工作提供依据。

成矿预测的重点是圈定成矿远景区，然后估算远景区内的资源量，即说明矿化规模。

3. 成矿控制

成矿控制指对一种或多种成矿元素在地壳内或地表富集过程中起重要控制作用的任何地质或地球化学特征。

4. 成矿远景区

成矿远景区指根据矿产勘查初步研究圈定的潜在含矿区域或成矿有利地段，又称成矿靶区。

成矿远景区是三维的，远景区内可能出露有矿化现象、老矿山或者具有与某类矿床形成环境有关的异常特征（一般是借助遥感技术、地球物理及地球化学的观测结果识别）。远景区是勘查地质人员工作的基本单元，勘查地质人员的工作是确定新的远景区，然后对其进行勘查，其目的是查明远景区内可能存在的矿床。

5. 成矿潜力

成矿潜力指未发现矿床存在的概率。某个地区成矿潜力是在矿产资源评价阶段得出的结论，其精确性取决于当前的科学技术水平和该区的勘查工作程度，以及所获得的地学资料的数量和质量。如果该区在地质和矿床类型研究方面取得重要的进展或者获得新的资料，则其成矿潜力应该重新进行评价。

6. 矿点

矿点是勘查程度很低或未作品位和吨位估计的潜在矿床的赋存部位，包括矿化点和非经济矿点。

**(二) 成矿规律分析**

成矿规律分析是指查明地壳中矿产分布规律的各种方法的总和。其特点是，把一个个地质现象作为统一整体的各个部分来加以研究，并同时对所获得成果（结论）进行综合。

矿产勘查是一项风险性很大的事业，成功的概率通常被估计为千分之一，即1000个异常中才可能找到1个工业矿床。在高风险条件下，必须使勘查成本最低，才能集中资金进一步工作，这就要求在每个勘查阶段的最终结果中可供选择验证的最有成矿潜力的靶区要尽可能的少，而其他所有靶区都要否决掉。对非重点靶区很快加以确定或否决，才有可能降低直接的勘查成本。而成矿规律分析就是在矿产勘查过程中充分利用不同地质科学的最新成就和理论来达到上述目的的最有效途径。

地球上不存在完全相同的矿床，然而，深入研究表明，根据矿床的共性可以把全球的所有矿床划分成少数几种类型，如果我们掌握了某个特殊矿床类型的全部特征，包括矿床形成和定位的地质环境以及矿床本身的地质特征，那么我们就能够根据实际观测资料分析和预测远景区的成矿潜力。

矿产勘查的第一步是要确定工作区，即勘查靶区。所谓勘查靶区是指依据充分收集的地质、构造、蚀变及矿化（点）资料，开展矿床类型和找矿标识研究，对区内物探、化探、遥感等异常进行分析解释，以及野外踏勘或投入极少量工程预测的成矿地质条件较有利的地段。确定为勘查靶区的条件是靶区内发现矿床的概率高于其他地区。

矿床的形成及定位是多种地质过程综合作用的结果。矿床分布最重要的普遍规律之一是在全球范围内一定矿床组合与一定类型的构造有关，换句话说，一定的地质环境孕育着一定类型的矿床，这是我们进行成矿规律分析的基础。成矿规律分析的主要目的是查明矿床在空间上和时间上的分布规律，并利用这些规律组织和进行矿产勘查工作。

区域性成矿规律分析的成果通常是确定出成矿省、矿区，或矿田的远景区分布，局部性的成矿规律分析结果则是圈定出目标矿床或矿体的靶区；尤其是利用地质科学和技术的最新成就，在最有利于开发的地理经济环境中发现新矿区具有重要意义。

## 二、矿床的空间展布特征

矿床在地质空间上的分布不是随机的，而是不均匀地群集在某些部位。矿化的这种非均匀性聚集是在不同尺度的空间范围内都存在的普遍规律，这种规律虽然是以大量经验、实际资料为基础总结出来的，但实质上是展示出矿化的发育受到全球性、区域性以及局部性地质环境的约束。

### (一) 成矿单元

1. 成矿单元的概念

金属在地壳内的分布具有"成群分布、成带集中"的非均匀性特征。地质学家试图不断应用其技术能力来认识这种特征，以便确定某个地区可作为有利勘查靶区的特殊金属富集区。从矿化的空间分布规律和时间分布规律理解，一定的空间域对应着一定的时间域，而且不同的空间—时间域内成矿规律的研究和成矿分析的目标是不同的。因此，实际工作中，我们需要从不同层次或不同等级的成矿空间—时间域来研究其成矿规律和进行成矿预测。这种按不同层次划分的空间—时间域统称为成矿单元，它是指含有一组同期的而且具有内在成因联系的矿床或者是有利于这类矿床形成的地质单元。按照这一定义，成矿单元是具有发现矿床潜力的预测区。

朱裕生等认为，成矿单元是一个成矿作用和经济的概念，成矿作用是地质意义上的地质单元；"经济"是指矿床。在划分成矿单元时，以前者为主，同时考虑后者。

2. 成矿单元的划分

苏联学者强调以地质构造单元为基础划分成矿单元。一般分为以下几个层次。

(1) 全球性成矿带：大致与全球性构造带相当，如环太平洋成矿带、古特提斯成矿带等。

(2) 成矿省：长期的观测已确立了这样一个事实存在，即同种金属常常在不同的地质时期、由不同的地质作用重复地在同一区域内集中。这虽然是一种经验方式，但它导致了成矿省的概念，即以某一特殊矿物组合或者以一种或多种特殊矿化类型为特征的矿床集中区。张秋生等（1982）把这一层次的成矿单元称为矿化集中区。成矿省的存在表明，成矿过程受区域地质格局控制，这种区域性成矿控制是成矿省研究的重点；区域性矿床分布的研究，强调矿床的内在联系，有利于深入了解导致矿化局部富集的区域地质环境。因此，成矿省的概念不仅能够提供金属组合及金属矿床的区域分布、成因等方面的信息，而且也可提供发现新矿床的机会。

成矿省可以被看作地理定义上的整体，在该整体内所有矿床都具有"血缘"关系。成矿省的圈定，通常是根据含相同金属或地球化学行为相似的金属，成因相同的矿床及其远景区的分布。成矿省的规模虽然难以给定具体的尺度界限，但一般认为至少是区域性的。例如，美国内华达州北部的金矿成矿省，葡萄牙与西班牙两国间的伊比利亚火山成因块状硫化物矿床成矿省，我国华南钨、锡成矿省等。

（3）矿带：是指具有共同地质构造特征和成因联系的矿床或矿床组合的分布地带。它可以分为以下三种类型：①与一定构造岩相带吻合的矿带，如我国祁连山地区与细碧角斑岩带吻合的黄铁矿型铜矿带；②与一定区域构造断裂带吻合的矿带，如我国湘西黔东的汞矿带；③与一定大地构造单元边界吻合的矿带，如湘西钨—锑—金矿带。与矿带一致的地质构造单元往往是三级或四级单元。在一些文献中有时把这一层次的成矿单元称为成矿区。

（4）矿结：是矿带或成矿区中矿床较为集中的一部分。

（5）矿田：由一系列在空间上、时间上、成因上紧密联系的矿床组合而成的含矿地区。矿田是矿带中矿床、矿点和物化探异常最集中的地区。

（6）矿床和矿体：它们是具有经济含义的成矿单元。

成矿单元的划分至今没有完全统一。前三个高级别的含矿系统，按其规模属于全球性和区域性系统，其含矿性取决于岩石圈各层的关系、成分和构造；第四和第五级别的系统，其含矿性取决于地壳各层的发育、构造和成分；而矿床和矿体则取决于地壳浅部层位的发育特征。

3. 我国成矿预测工作中划分成矿单元的原则

在区域成矿条件分析基础上遵循下列原则进行成矿单元的划分。

（1）在同一地质构造单元内，采用成矿系列的原则分析不同矿床类型在其发展演化过程中是否有成因联系（是否同期或有物质来源联系）。

（2）确定按矿种还是按矿组来划分。如果一个地区分布着某矿种的不同类型的矿床，彼此之间又有成因联系，那么就按矿种来划分成矿单元；如果彼此之间不存在成因联系，就应分别按矿床类型来划分；如果一个地区的几个矿种，彼此之间都有成因联系，则按成矿系列来划分。

（3）成矿单元分级。成矿单元分为五个等级：全球成矿单元为Ⅰ级；跨越数省的成矿单元为Ⅱ级；控矿地质条件相同并有较大展布范围的成矿单元为Ⅲ级；由同一成矿作用形成的成矿单元为Ⅳ级；受局部有利构造、岩体、层位控制的成矿单元为

Ⅴ级。

（4）成矿单元的命名。近于等轴状的成矿单元称成矿区，长度与宽度相差悬殊的成矿单元称成矿带。成矿单元的命名采用地理（省、地区、山岳等）名称或大地构造单元＋成矿时代＋矿种（或矿组）＋成矿区（带）。例如，长江中下游中生代铜金铁铅锌硫成矿带、四川盆地中生代油气盐类矿产成矿区等，诸如此类。

4. 研究成矿单元的比例尺

一般来说，研究Ⅱ、Ⅲ级成矿单元可采用1∶100万～1∶25万比例尺；Ⅳ级成矿单元可采用1∶25万～1∶10万；Ⅴ级可采用1∶5万～1∶2.5万。

实际上，我们只能根据目前对成矿规律的认识、现有的成矿概念或理论，以及要求区划所解决的问题来划分成矿单元。因此，随着认识的深化以及创新概念和对区划质量要求的提高，原来划分的成矿单元的时空域将会有所变化，而且更趋于合理。

5. 成矿系统

从系统论的观点来分析，成矿单元可以作为一个成矿系统来研究。成矿系统是指在一定空间—时间域中，控制矿床形成和保存的全部地质要素和成矿动力学过程，以及所形成的矿床系列、异常系列构成的整体，是构成成矿功能的一个自然系统。根据这一定义，成矿系统研究中包括了控矿要素、成矿作用过程、形成的矿床系列和异常系列，以及成矿后变化和保存四个方面的基本内容，体现了与成矿作用有关的物质、运动、时间、空间、形成、演化的统一性、整体性和历史观。

成矿系统是由相互作用和相互依存的若干要素结合成的有机整体；系统中各要素的相互关联和相互作用即成为成矿系统的结构。一个成矿系统的内部结构通常包括四个部分：①控矿因素；②成矿要素，包括矿源、流体、能量、空间和时间等；③成矿作用的完整过程，包括成矿作用发生、持续、终结及成矿后的变化和保存等；④成矿产物，包括成矿系列和异常系列。

### （二）矿化空间分带性

矿化空间分带性是指一系列有成因联系的成矿元素或矿物组合、矿物类型、围岩蚀变等矿化特征在空间上表现出规律性的分布。研究这种规律性分布有助于阐明成矿元素在成矿作用中的演化，提供有关矿化类型、矿石质量以及矿体延深等方面的重要信息，对矿产勘查具有重要意义。矿化分带既可展现为区域性带状分布，也可表现为局部性带状构造。

1. 矿化的区域性分带

矿化的区域性分带可以表述为相同或相似类型的矿床在空间上呈现区域规模的线状或带状展布，而且在横向上，这种线状延伸的矿带常常被具有不同矿化特点的另一个矿带所替代。区域性矿化分带又可分为全球性矿化分带和地域性矿化分带。

2. 矿化的局部分带性

矿化的局部分带性是指矿田、矿床或矿体范围内展现出的分带性。前述的矿化区域性分带主要表现为矿床类型在空间上的交替分带；局部分带性则主要是由矿石矿物或脉石矿物的矿物学特征方面的变化、金属含量方面的变化，或者一定元素之间的比值乃至同一种元素中的同位素比值在不同矿化部位的变化来确定的。此外，局部分带还具有三维的特点（区域性分带也同样具有三维的特点，只是我们在区域成矿分析研究中更多地注意矿床在平面上分布的特点）。几乎所有类型的矿床都可能存在分带性，一些类型的带状分布可能直达矿体（直达矿化中心或矿体根部），只要能够识别出这种分带模型，建立起矿化在三维空间的图像，我们就能够比较准确地对矿体进行定位预测。

### 三、板块构造环境与成矿的关系

金属在地壳内的富集过程与其地球化学行为有关。从描述性的角度来看，金属在地壳中的非均匀性分布可以用成矿省的概念来解释，但从更基本的意义上讲，可以把各种矿床成因模型与地壳演化和地球动力学的现代理论结合起来解释。下面将讨论和描述板块构造是如何与几类金属矿床的成因和分布联系起来的，这种相关性对于矿床成因的研究及矿产勘查是有用的。

#### (一) 板块构造理论的基本概念

板块构造理论是基于一个简单的地球模型。在该模型中，一个 $50 \sim 150km$ 厚的刚性外壳——岩石圈是由大陆壳和大洋壳以及上地幔的上部组成，岩石圈被认为是位于一个较热、较弱、半塑性的软流圈上；软流圈（低速带）从岩石圈的底部向下延深至大约700km的深处。脆性岩石圈破裂成为镶嵌状的板块，这些板块在地质时期内互相之间以 $1 \sim 12cm/a$ 的速度相对运动，从而使大陆和大洋的位置发生改变。板块之间的边界有三种主要类型：增生型（扩张型）边界、消减型（聚敛型）边界以及转换断层（走滑断层）边界。

板块边界构造环境的特征对于成矿具有重要意义。板块运动过程（高温、高压以及部分熔融作用等）促使金属元素沿着板块边界释放和富集，导致板块边界与许多类型的矿床成因有关。

#### (二) 板块边界成矿环境

1. 增生性板块边界

上涌的软流圈对流把地幔物质带到接近地壳表面的部位，该部位的岩石圈受到拉张，导致该处岩石圈裂开成互相背离运动的两个板块。热地幔物质的上升、水的加入以及与地壳拉张有关的压力释放等因素结合，导致地幔对流柱的部分熔融，形成镁铁质岩浆（地幔分异产物）。如果大陆板块经过扩张，其扩张边缘的地表表现为裂谷，如东非裂谷和我国的攀西裂谷；而当大洋地壳遭受扩张时，则表现为洋中脊和有关的海底火山及火山岛屿链。

由于镁铁质岩浆的侵入和喷出作用，扩张板块的边界在多数情况下将成为形成新大洋壳的场所。这种新的地壳在扩张中心定位，然后又被裂开，依次形成更年轻的大洋地壳。对成矿具有重要意义：这些扩张中心作为地壳显著的热异常部位，形成了大规模热液对流系统。

在扩张中心环境可能形成三种基本的矿床类型。第一种类型是贱金属块状硫化物矿床，起因于地幔上涌带上部的地壳高热流，这种热驱动了大规模海水通过大洋壳对流，形成壮观的海底热泉活动，即所谓的"黑烟囱"和"白烟囱"。当海水在玄武质岩石内运移时，其化学成分将发生变化，释放出钠和镁，吸取岩石中的钙和钾；而且过热的卤水还能萃取岩石中的铜、锌、铁、银和金等。这种过饱和的含矿流体冒出海底时迅速冷却，其所携带的金属呈黑色的烟灰状物质释放在热泉喷口附近沉淀聚集，形成块状硫化物矿体，这种成因类型的矿床又称为沉积喷流型矿床。由于硫化物在海水中易于溶解，必须有火山喷出物迅速把它们埋藏才能形成矿床。如果这种含矿流体在枕状熔岩内立刻与下渗的冷海水混合，则会导致热液中所含金属在围岩中沉淀形成脉状或网脉状矿体，从而使冒出海底的热水形成温度较低的白烟囱。

蛇绿岩中还赋存着与扩张有关的第二类型矿床，即铬铁矿床和铜—镍—铂矿床。铬铁矿体主要呈豆荚状存在于纯橄岩或橄榄岩体内，典型矿床如古巴的莫亚矿床、我国西藏北部的东巧以及南部的罗布莎矿床等。在菲律宾吕宋岛阿柯耶矿床中，靠近含铬铁矿橄榄岩体底部，含铜的镍、铂硫化物已达到工业品位。

在稳定大陆壳内的初期裂谷阶段，地壳变薄和拉伸作用也能发生类似的热泉活动，导致沉积喷流型热液金属矿化作用。现代的实例有红海海底坳陷内形成的富金属热卤水和加利福尼亚索尔顿海地区的地下热卤水。这类环境也有利于化学沉积作用，可能形成条带状含铁建造和含锰建造；其发育的碳酸盐岩建造有可能最终成为密西西比河谷型铅锌矿床的主岩。

在稳定大陆内部与扩张板块环境有关的第三种类型矿床是派生于非造山期岩浆作用的矿床，由于构造环境相对比较稳定，有利于来自地幔的岩浆高度演化和分异作用，形成层状镁铁—超镁铁杂岩体及其相关的矿床（铬铁矿矿床、铜镍硫化物矿床及铂族元素矿床），最著名的是南非布什维尔德杂岩体；或者形成超碱性（超钾）岩浆岩（金伯利岩和钾镁煌斑岩）及其相关的矿床（金刚石矿床）；或者形成碳酸岩浆及其相应矿床，如我国四川冕宁牦牛坪碳酸岩中的稀土矿床；还可能形成碱性花岗岩及其相关矿床，如尼日利亚约斯高原碱性花岗岩中的锡和锯矿床。

## 2. 消减（聚敛）型板块边界

随着板块背离扩张中心运动，它们最终必定会与背离其他扩张中心运动的板块碰撞。在这类碰撞边界，其中一个板块被牵引至另一个板块之下进入软流圈，形成消减带。随着地壳被牵引至软流圈，将会发生两个过程。第一个过程是消减的板块被加热，伴随着水的加入，导致了大洋壳的部分熔融，沿消减板块产生的中性至酸性成分的岩浆底部向上运移，到达消减带后部的地壳表面时喷发形成火山岛弧。第二个过程包括消减板块的断块在叠置板块上的构造定位，这种被仰冲抬升的断块如果定位于被动大陆边缘，称为蛇绿岩；若在主动大陆边缘定位则形成极其复杂的块体，称为混杂岩。这些岩石中赋存着许多矿床，其成因前已述及。

岛弧后部发生后弧扩张是由相当复杂的因素构成的，也是很常见的。它可形成具有明显大洋特征的边缘盆地，这些盆地的沉积来源于靠近大陆或岛弧的沉积物。

岛弧环境中形成的块状硫化物矿床可分为两类：一类矿床是以日本别子矿床命名的别子型矿床，它是赋存在海底镁铁质火山岩尤其是玄武岩以及厚层杂砂岩中的块状铜和铜、锌硫化物矿床，在日本、挪威、古巴等地的岛弧中都有分布，这类矿床的形成方式与塞浦路斯型矿床类似。另一类矿床是以日本黑矿命名的黑矿型矿床，赋存在海底长英质或中性火山岩中，在加拿大、澳大利亚、西班牙等地都有分布。

在消减型板块边界环境中形成的第二类特殊矿床是斑岩型矿床，其主岩通常是花岗质浅层侵入岩体，并被认为是含矿流体的热驱动源和金属源。这类矿床与消减带有关，含矿岩体是由消减板块的部分熔融产生。

## 3. 转换型板块边界

这种边界无新地壳的补充和现有地壳的消亡，目前尚未发现与这种板块边界有关的矿床。

## 4. 板内环境

在岩石圈板块内部存在许多类型的矿床，由于错综复杂的地质事件或者地质演化期间大地构造机理的变化，其中一些矿床可能与地史早期的板块构造方式有关，且这些板块构造方式很难与现代板块边界联系起来。例如，太古代绿岩带中的金矿床具有确定的岛弧亲缘关系，然而，绿岩带的成因至今仍悬而未决。板内环境中其他一些重要矿床，如密西西比型铅锌矿床和一些岩盆状超镁铁岩的成矿环境并不受板块构造状态的控制。

板块构造有利于矿产勘查的拓宽，加深我们对大地构造环境的认识。如在这些大地构造环境中发生的许多与成矿有关的岩性组合，根据板块构造理论我们就能够深入了解其相对的空间位置。例如，如果我们识别出某个特殊的大地构造环境（或许该环境由于变质变形作用而变得模糊难辨），那么我们就能加深对该环境内存在的各种潜在的成矿环境的了解，从而使矿产勘查能够有针对性地开展寻找一些专门矿床类型。

上述例子是简单概括的，而实际问题却要复杂得多。除板块构造成矿理论，还有其他多种研究途径，这些途径或者从地球动力学的角度分析构造环境与成矿的关系，或者分析岩性组合与地质过程之间复杂的相互作用及其可能导致的成矿事件。而尤其值得关注的是"玻璃地球"的新思维，这是澳大利亚国家科学和工业研究组织下属的矿产勘查和采矿处领导并正在付诸实施的一个长期的国家级创新工程计划，该项工程的目的是要使得澳大利亚大陆地下 1km 深度范围内发生的地质过程"透明化"，从而导致新一轮特大型矿床的发现。了解和掌握这些研究思路对于启迪我们的智慧和确定勘查战略都是大有裨益的。

### 四、控矿因素分析

前已述及，矿床形成于特定的地质环境，其形成和分布规律受一定的地质因素控制。在矿产勘查中，这些控制矿床形成和分布的各种地质因素称为控矿地质因素，主要包括构造、岩浆岩、地层、岩相古地理、岩性、变质作用、地球化学、风化作用等。本节我们将简要论述这些因素对成矿作用的具体控制，控矿因素分析的结果是圈定靶区的重要依据。

#### （一）构造控矿分析

矿床的形成在很大程度上受构造作用的制约，构造不仅为成矿流体的运移提供了通道，也为成矿物质提供了沉淀富集的场所。在矿产勘查过程中查明构造与矿化的关系，尤其是分析构造的扩容部位，对靶区圈定和矿床评价都具有重要的意义。一般来说，大地构造和区域性构造控制着成矿省、成矿带和矿田的分布，局部构造控制着矿床和矿体的分布。

1. 构造与矿化在时间上的关系

根据构造与矿化的时间关系可分为成矿前构造、成矿期构造和成矿后构造。成矿前构造是指成矿作用前即已存在的构造，这类构造提供了成矿流体运移的通道并且为矿质的沉淀富集提供了场所；成矿期构造指成矿过程中发生的构造变动，研究成矿期构造对于了解矿体内部的复杂结构、富矿体产出的部位，以及矿体分带性等都是十分重要的；成矿后构造是指发生在成矿作用以后的构造，这类构造可能破坏矿体的完整性，从而使矿床勘查和开发的难度增大。

由于成矿流体在化学性质上是很活泼的，在压力和温度梯度作用下沿着构造通道运移的途中与围岩反应必然会生成各种各样的矿物（尤其是石英）充填在岩石孔隙中，围岩渗透性降低。显然，在分析成矿前构造时要注意其成矿期的活动性，成矿前构造在成矿过程中的再活化尤其对于高质量热液矿床的形成是必要和充分条件之一。

实际工作中，查明成矿后断层的性质对于寻找矿体被错失的部分具有十分重要的意义，美国克拉玛祖斑岩铜矿床的发现就是一个典型的例子。

2. 构造与矿化在空间上的关系

（1）构造等距性控矿。前面我们论述了矿化在空间的群聚性特征，这种群聚性规律实质上是构造控制的表现。此外，矿化在空间上有时也呈现出等距性分布的特点，表现为矿带、矿田、矿床或矿体在空间分布上大致以相等的距离有规律地出现，这种等距性可以表现为直线式或斜列式等距，有时还呈菱形格子等距、弧形等距或其他形式的等距性分布。这是由于矿化受某些间隔距离彼此近于相等的断裂或褶皱构造控制。

（2）控矿构造的空间组合。引导含矿岩浆或含矿热液上升的通道称为导矿构造。一些深大断裂是最有利的导矿构造，在遭受强烈褶皱的地区，某些陡斜的有利于成矿流体循环的岩层或岩系也是有利的导矿构造。

含矿流体在沿着导矿构造上升的途中，成矿物质会选择在适合的物理化学环境中富集成矿，这种有利的成矿部位称为容矿构造。导矿构造本身的局部环境可能成为容矿构造，但成矿流体更有可能发育于导矿构造附近的派生或伴生构造环境中，尤其是导矿断裂带的上盘滞留于那些有利于容矿的构造部位。但是，如果上盘断块渗透性较差，则会导致成矿物质在下盘富集，美国内华达地区卡林金矿带就是一个典型的案例。

就力学性质而言，导矿构造常常是压性或压扭性断裂，容矿构造常常是张性或张扭性断裂构造。但有些矿产的形成，如金刚石矿产，则需要压性或压扭性的构造环境。构造应力最集中的部位是构造扩容区，也是最有利的容矿部位，一般发育在构造不规则的部位，如褶皱的转折端和倾伏端（背斜）或扬起端（向斜）以及断层产状变化的部位。

（3）断裂构造部位与成矿的关系。不同性质和规模的断裂构造，往往是岩浆和成矿流体的通道及聚集场所，起着控岩控矿的作用。断裂构造控矿分析应从构造控矿机理方面着手研究，查明有利于成矿的构造部位。

①不同方向断裂交叉处及主干断裂与次级断裂的交叉处。

②断裂产状变化部位：平面上断层走向发生变化扭曲的转弯处；剖面上张扭性断裂倾角由缓变陡、压扭性断裂由陡变缓的部位。这些部位都属于扩容部位。

③断裂构造与有利岩层的交汇处或与其他构造的交切处。

④成矿后断层性质的分析对于寻找错失的矿体具有十分重要的意义。

（4）褶皱构造部位与成矿关系分析。各种褶皱构造对矿床都有明显的控制作用，成矿前和成矿过程中形成的褶皱及与其有关的伴生和派生构造（断层、节理、劈理等) 均可成为内、外生矿床的有利成矿空间。对于内生矿床而言，应重视成矿前的褶皱，褶皱构造中最有利的成矿部位是褶皱轴部、倾伏端 (背斜) 或扬起端 (向斜)、倒转褶皱的翼部，以及褶皱过程中派生的断裂和破碎带部位等。

查明研究区构造格局及其分布规律，研究各类构造的性质、产状及其变化，构造的复合以及构造与有利岩性的交集，识别成矿前构造、成矿期构造和成矿后构造等是成矿分析中最重要的研究内容之一。

**(二) 岩浆岩与成矿的关系分析**

岩浆岩与成矿作用在成因机理、空间以及时间方面都存在比较复杂的关系，可以表现在成岩和成矿作用都受相同的构造控制，具有相近的形成深度，它们在微量元素、副矿物和同位素成分方面的紧密相关性，以及不同类型矿床围绕侵入体的规律性分布等诸多方面。因此，在分析各种岩浆活动对矿化的控制作用时，应注意从多方面进行考察。

1. 岩浆岩成分特征与成矿的关系

一定类型的矿床专属于一定成分和类型的岩浆岩，这种现象称为成矿专属性。例如，铜—镍—(铂族元素)硫化物矿床主要产于层状镁铁—超镁铁杂岩体内；金刚石矿床主要赋存在金伯利岩中；阿尔卑斯型铬铁矿床主要产于蛇绿岩杂岩体的超镁铁岩石单元内，而在蛇绿岩杂岩体的枕状熔岩中则可能产出塞浦路斯型块状硫化物矿床；主要与碳酸岩岩浆作用有关的稀土矿床以及与中酸性岩浆作用有关的钨、锡、钼、铋、铜、铅、锌、金、银、铁、铀等热液型和矽卡岩型矿床，在空间上既可赋存在岩体内部，也可能形成于岩体与围岩的接触带部位及其附近，还有的矿床可能分布在远离岩体数百米甚至数千米的距离，但它们仍具有成因联系。

镁铁和超镁铁质岩浆中富含成矿元素 (包括铜、镍、铬、铂族元素等) 但挥发分不足，因而在成岩过程中一般不可能派生出有挥发分参与的成矿作用，主要是通过熔离作用及结晶分异作用富集成矿。中酸性岩浆中常常含有足够的成矿元素 (包括锡、钨、钼、铅、锌、铜、汞等)，并且含有足够多的气体组分 (包括氟、硼、氯、硫、砷等)，这些气体组分与成矿组分化合形成丰富的挥发性组分，通过与围岩发生交代作用形成矽卡岩矿床和各种热液矿床，也有可能沿着某些构造岩性通道到达远离岩体的部位。

2. 岩浆的定位深度及岩体的剥蚀深度与成矿的关系

岩浆定位深度不同，其成岩成矿的物理化学条件也不一样，从而直接影响岩浆分异作用的程度及成矿作用。例如，在深部岩浆房定位的中酸性或酸性岩浆在成岩过程中可能派生出伟晶岩型矿床，而矽卡岩型矿床和热液型矿床 (包括斑岩型矿床) 则主要与中浅成和浅成中酸性或酸性侵入体有关。

岩体的剥蚀程度意味着与其相关矿床的出露和保存程度。剥蚀程度较浅的地区，是寻找产于中浅成和浅成中酸性或酸性侵入体顶部及其附近围岩中的热液矿床和矽卡岩矿床的有利地区；如果研究区内中酸性或酸性岩体呈岛状分布且主要出露边缘相，说明剥蚀程度中等，刚达到岩体顶部，仍然是寻找热液矿床和矽卡岩矿床的有利地区；如果中酸性或酸性侵入体的中心相大面积出露，说明岩体剥蚀程度已经很深，与岩体边缘及外围相关的矿床可能已经被剥蚀。

3. 岩浆分异作用与成矿作用的关系

一般来说，岩浆分异演化作用进行得越完全，越有利于岩浆矿床的形成和富集；而且高温含矿气液是母岩浆完全分异作用的产物。可以利用岩脉的发育情况指示岩浆分异作用进行的程度：如果研究区内发育二分脉岩（基性和酸性岩脉），说明岩浆仅经历了半完全分异作用；如果发育各种成分的脉岩，则表明岩浆分异作用进行得很完全。岩脉和矿体之间的关系可以比喻为既可能成为兄弟关系（形成时间的先后），又可能成为宾主关系（空间上相伴生），后一种关系的存在很有可能是因为岩脉的侵入为后续的成矿流体创造了流通条件。

岩浆的分异程度还可以从岩体本身的形态、岩相的演化分布，以及微量元素的地球化学行为等方面进行判断。

4. 岩体的形态、产状与成矿的关系

岩体的形态和产状对成矿物质的富集有重要的影响。例如，早期岩浆矿床中的成矿物质由于重力分异作用往往聚集在盆状岩浆房底部形成底部矿体；岩浆气—液成矿作用通常发育在岩体的顶部和旁侧凹陷部位；在成岩作用晚期阶段，如果残余岩浆特别富含挥发分，则可能由于沸腾作用而导致在岩体上部产生隐爆角砾岩；中酸性岩体的形态越复杂越有利于矽卡岩型矿床的形成。

**（三）地层、岩相古地理因素与成矿关系的分析**

地层、岩相和古地理环境因素制约着外生矿床的形成和分布。

地层是在一定地质时期内形成的具有一定岩相特征的层状沉积物，地层控矿具体表现为层位控矿，即成矿作用受有利岩性的沉积层控制。例如，在世界范围内，重要的煤矿床、沉积型铜矿床、沉积型铁矿床、黄铁矿（硫）矿床、磷矿床、铝土矿矿床、锰矿床，以及各种类型的砂矿床的成矿作用等都明显地被约束在几个时代确定的地层层位中。所以，地层控矿分析的首要任务是确定研究区内是否发育有利于某类沉积矿床成矿的层位。

岩相是指在一定沉积环境中由于沉积分异作用而形成的产物。岩相建造与地层在成矿控制方面既有区别又有联系，地层控矿主要表现为时控（层位），而岩相及其相应的建造则是地层在一定沉积环境下的具体表现。大多数沉积矿床都是产在一定的岩相和一定建造中，同一矿种表现为相变的矿床分带（如沉积铁矿床或锰矿床的相变分带），不同矿种间则表现为成矿序列（如铁—锰—磷序列）。因此，在成矿分析时应注重沉积岩相和建造与矿床类型之间的关系。

古地理是指某个地质时期的海、陆、水系分布以及地势和气候等自然地理状况。古地理的分析是以岩相研究为基础的，从不同的岩相分布和变化来分析当时的海陆分布、海水深浅变化、海水进退方向、海水含盐度、古气候的变化，以及沉积物的来源等。分析古地理与沉积矿床的关系主要从研究区某个时期所在的古地理单元、古气候以及海陆变迁等方面着手。

### （四）岩性与成矿作用的关系

沉积矿床的成分在成因上总是与围岩有紧密的联系，因而，根据上下地层的岩性特征可以推断成矿潜力。例如，鲕状锰矿床通常下伏于诸如泥灰质砂岩、海绵岩或含放射虫的碧玉岩之类的硅质沉积物之下。

对于内生成矿作用而言，具有下列三方面性质的岩石有利于成矿。

（1）渗透性（砂岩、砾岩、孔隙度较高的熔岩，以及裂隙发育的岩石具有良好的渗透性）。

（2）化学活泼性（容易与含矿热液发生反应，从而导致矿质沉淀富集，具有化学活泼性的岩石如碳酸盐类岩石）。

（3）脆性（脆性好的岩石如火成岩、石英岩、白云岩等）。酸性或中性岩浆浸入于碳酸盐类岩石中的环境最有利于形成多金属铜、锡、钨、钼、锑等接触交代矿床（矽卡岩型矿床）和热液矿床。

经验表明，含碱性长石的岩石（如酸性喷出岩和侵入岩、长石砂岩、长石石英砂岩等）、含镁和钙质的碳酸盐岩有利于成矿；页岩、千枚岩、云母片岩不利于成矿；不纯的碳酸盐岩石比纯的碳酸盐岩石更有利于成矿。另外，在一些矿床中，渗透性差的页岩起着阻隔或者限制成矿热液向上运移的作用，促使矿质的沉淀富集。

### （五）变质作用与成矿作用的关系

区域变质作用期间，元素的活化和富集导致变质矿床形成，因而在变质岩区寻找变质矿床时变质相是一个重要的控矿条件。例如，沸石相中可能赋存自然铜矿床；绿片岩相中可能赋存金矿床；铁矿床、蓝晶石矿床、夕线石矿床、红柱石矿床、刚玉矿床、结晶石墨矿床，以及钛铁矿矿床等与角闪岩相有关；角闪石矿床、辉石矿床、磁铁矿石英岩矿床、石榴子石矿床以及金红石矿床等与麻粒岩相有关；榴辉岩相中可能赋存红柱石矿床。在变质矿床中，原岩的物质成分及其含矿性是影响矿化类型的主要因素。

需要指出的是，上述控矿因素分析只是一般的指南，不同类型的矿床控矿因素所起的作用不同，建议读者通过对典型矿床的研究，提高自己的综合分析能力。同时，在进行控矿因素分析时，还应注意结合找矿标志。所谓找矿标志是指能够直接或间接指示矿化的信息。由于比矿体本身分布范围广而且易于发现，所以通过对这些信息的研究，有利于评价区域的含矿性，能够有效而迅速地发现矿床，同时为合理选择和应用勘查方法提供地质依据。找矿标志的种类很多，常见的找矿标志包括矿体露头（原生露头和氧化露头）、围岩蚀变、矿物共生组合和矿物标型特征、地球物理和地球化学异常、古采矿遗址、特殊地形与地名，以及特殊植物等。

# 第二章 矿产勘查部署与勘查取样

## 第一节 勘查工程的总体部署

矿床勘查的过程实质上就是对矿床及其矿体的追索和圈定的过程。而追索和圈定的最基本方法就是编制矿床的勘查剖面。因为只有通过矿床各方向上的剖面才能建立矿床的三维图像，从而才能正确地反映矿体的形态、产状及其空间赋存状态、有用和有害组分的变化、矿石自然类型和工业品级的分布，以及资源量/储量估算所需要的各种参数。所以，为了获取矿床的完整概念，在考虑勘查项目设计思路和采用的技术路线时，必须充分考虑到各种用于揭露矿体的勘查工程手段的相互配合，并且要求勘查工程按照一定距离有规律地布置，从而构成最佳的勘查工程体系。

### 一、矿体基本形态类型与勘查剖面

自然界的矿体形态是变化多端的，但根据其几何形态标志，可以划分三个基本形态类型。

（1）一个方向（厚度）短，两个方向（走向及倾向）长的矿体，这一类矿体包括水平的、缓倾斜的，以及陡倾斜的薄层状、似层状、脉状及扁豆状矿体等。这种矿体在自然界出现得较多。这种形态的矿体，变化最大的是厚度方向，因此，在多数情况下勘查剖面布置在垂直矿体走向的方向上。

（2）无走向的等轴状或块状矿体，这类矿体包括那些体积巨大的、没有明显走向及倾向的细脉浸染状或块状矿体，如各种斑岩型铜、钼矿床和块状硫化物矿床等。这种矿体形状在三度空间的变化可视为均质状态，因而勘查剖面的方向是影响不大的，但从技术施工和研究角度出发，一般均应用两组互相垂直或成一定角度相交的勘查剖面构成勘查网控制。

（3）一个方向（延深）长，两个方向（走向及倾向）短的矿体，这一类矿体主要是向深部延伸较大的筒状矿体或产状陡厚度较大的层状矿体等。这种矿体最重要的方法是通过水平断面图来反映矿体的地质特征。也即用水平断面在不同的标高截断矿体，然后综合各水平的断面中的矿体特征，得出矿体的完整概念。

## 二、勘查工程的选择

各种勘查工程都可用于勘查揭露矿体，但它们的技术特点、适用条件及所提供的研究条件不尽相同，因而其地质勘查效果和经济效果也不相同。合理选择勘查工程可以从以下四方面加以考虑。

(1) 根据勘查任务选择勘查工程：在预查、普查阶段一般以地质、地球物理和地球化学方法为主，配合槽探或浅井进行地表揭露，采用少量钻探工程追索深部矿化或控矿构造；而在详查和勘探阶段，往往以钻探和坑探工程为主，采用地球物理和地球化学配合方法。

(2) 根据地质条件选择勘查工程：矿体规模大、形态简单、有用组分分布均匀，且矿床构造简单的情况下，采用钻探工程即可正确圈定矿体；如果矿体形态复杂、有用组分分布不均匀且规模较小，则需要采用钻探与坑探相结合的方式或者采用坑探工程才能圈定矿体。

(3) 根据地形条件选择勘查工程：地形切割强烈的地区有利于采用平硐勘查；而地形平缓地区则有利于采用钻探工程，如果矿体形态比较复杂、矿化不均匀，而且对勘查要求很高，则可采用竖井或斜井工程。

(4) 根据勘查区的自然地理条件：如高山区搬运钻机比较困难，可利用坑探工程，严重缺水时也只好采用坑探；地下水涌水量很大的地区只能采用钻探工程。

一般情况下，地表应以槽井探为主，浅钻工程为辅，配合有效的地球物理和地球化学方法，深部应以岩心钻探为主；当地形有利或矿体形态复杂、物质组分变化大时，应以坑探为主；当采集选矿试验大样时，也须动用坑探工程；对管状或筒状矿体以及形态极为复杂的矿体应以坑探为主。若钻探所获地质成果与坑探验证成果相近，则不强求一定要投入较多的坑探工程，可以钻探为主，坑探配合。坑探应以脉内沿脉为主，如果沿脉坑道不能揭露矿体全厚时，应以相应间距的穿脉配合进行。

## 三、勘查工程的布设原则

采用勘查工程的目的是追索和圈定矿体，查明其形态和产状、矿石的质量和数量以及开采技术条件等。显然，只有采用系统的工程揭露才能够达到上述目的，要使每个勘查工程都能获得最佳的地质和经济效果，在布设勘查工程时需要遵循下述原则。

(1) 勘查工程必须按一定的间距，由浅入深、由已知到未知、由稀而密地布设，并尽可能地使各工程之间互相联系、互相印证，以便获得各种参数和准确绘制勘查剖面图。

(2) 应尽量垂直矿体或矿化带走向布置勘查工程，以保证勘查工程能够沿厚度方向揭穿整个矿体或矿化带。

（3）设计勘查工程时要充分利用原有勘查工程，以节约勘查经费和时间。

（4）采用平硐或竖井等坑探工程时，设计过程中应充分考虑这些坑道能够为将来矿山开采时所利用。

（5）在勘查工程部署时应根据勘查区不同地段和不同深度区别对待，要有浅有深，深浅结合；有疏有密，疏密结合。既要实现对勘查区的全面控制，又要达到对重点地段的深入解剖。

## 四、勘查工程的总体布置形式

勘查工程的总体部署是指在勘查工程布设原则指导下，将所选择的勘查工程按一定方式在勘查区内进行布置的形式。勘查工程的总体布置形式实际上是由一系列相互平行的剖面构成的勘查系统，目的是要展示矿体的三维形态和产状，满足矿山建设的需要。其基本形式有如下三种。

### （一）勘查线形式

勘查工程布置在一组与矿体走向基本垂直的勘查剖面内，从而在地表构成一组相互平行（有时也不平行）的直线形式，称为勘查线形式。这是矿产勘查中最常用的一种工程总体布置形式，一般适用于有明显走向和倾斜的层状、似层状、透镜状以及脉状矿体。勘查线布设应考虑到下述要求。

（1）决定对一个矿体或含矿带采用勘查线进行勘查时，则最先的几排勘查线应布置在矿体或矿化带的中部，经全面详细的地表地质研究之后，并已确定为最有远景的地段，然后再逐渐向外扩展勘查线。

（2）勘查线布设需垂直于矿体走向，当矿体延长较大且沿走向产状变化较大时，可布设几组不同方向的勘查线。具体来说，矿体走向与总体勘查线方向不垂直，夹角小于75°（层状与脉状矿体），或夹角小于60°（其他类型矿体）可改变局部地段的勘查线方向。

（3）勘查线布设前应在其垂直方向设置1~2条基线，基线间距不大于500m。同时计算勘查线与基线交点的平面坐标及各勘查线端点坐标，按计算结果将勘查线展绘在地质平面图上，并对照现场与地质条件加以检查。

（4）勘查线应编号并按顺序排列，勘查线方向采用方位角表示。勘查线按勘探阶段最密的间隔等距离编号。中央为0线，两侧分别为奇数号和偶数号。在预查普查阶段，可以预留那些暂不布置工程的勘查线。

（5）勘查线布设应延续利用前期矿产勘查布置的勘查线，加密工程勘查线应布设在前期勘查线之间。

（6）勘查工程应布置在勘查线上，因故偏离勘查线距离不宜超过相邻两勘查线间距的5%。在勘查剖面上可以是同一类勘查工程，如全部为钻孔，或全部为坑道，而在多数情况下是各种勘查工程手段综合应用。但是，不论勘查工程是单一或是多种的，都必须保证各种工程在同一个勘查线剖面之内。

（7）对零星小矿体、构造，以及矿体边缘的控制性工程布设，可不受勘查线及其方向的控制。

### （二）勘查网形式

勘查工程布置在两组不同方向勘查线的交点上，构成网状的工程布置形式，称为勘查网形式。其特点是可以依据工程的资料，编制2~4组不同方向的勘查剖面，以便从各个方向了解矿体的特点和变化情况。勘查网布设时应注意以下三点。

（1）勘查网布置工程的方式，一般适用于矿区地形起伏不大，无明显走向和倾向的等向延长的矿体，产状呈水平或缓倾斜的层状、似层状以及无明显边界的大型网脉状矿体。

（2）勘查网与勘查线的区别在于各种勘查工程必须是垂直的，勘查手段也只限于钻探工程和浅井，并严格要求勘查工程布置在网格交点上，使各种工程之间在不同方向上互相联系。而勘查线则不受这种限制，且有较大的灵活性，在勘查线剖面上可以应用各种勘查工程（水平的、倾斜的、垂直的）。

（3）勘查网有以下几种网形：正方形网、长方形网、菱形网及三角形网。一般正方形网和长方形网在实际工作中最常用，后两者应用较少。

正方形网用于在平面上近于等向，而矿体又无明显边界的矿床（如斑岩型矿床）、产状平缓或近于水平的沉积矿床、似层状内生矿床及风化壳型矿床等。这些矿床无论矿体形态、厚度、矿石品位的空间变化，常具有各向同性的特点。正方形网的第一条线应通过矿体中部的某一基线的中点，然后沿两个垂直方向按相等距离从中部向四周扩展，以构成正方形网去追索和圈定矿体。正方形网的特点在于能够用以编制几组精度较高的剖面，一般两组剖面；同时还可以编制沿对角线方向的精度稍低的辅助剖面。

长方形网是正方形网的变形。勘查工程布置在两组互相垂直但边长不等的勘查线交点上，组成沿一个方向勘查工程较密，而另一方向上工程较稀的长方形网。在平面上沿一定方向延伸的矿体，或矿化强度及品位变化明显地沿一个方向延伸较大而另一方向较小的矿体或矿带，适宜用长方形网布置工程。长方形的短边，也即工程较密的一边，应与矿床变化最大的方向相一致。

菱形网也是正方形网的一个变形。垂直的勘查工程布置于两组斜交的菱形网格的交点上。菱形网的特点在于沿矿体长轴方向或垂直长轴方向每组勘查工程相间地控制矿体，而节省一半勘查工程。对那些矿体规模很大，而沿某一方向变化较小的矿床适于用菱形网。

菱形网在其一条对角线方向加上勘查线便变成三角形网。三角形网，特别是正三角形网可能是一种较好的工程布置形式，用相同的工程量可能比其他布置形式取得较好的地质效果。尽管一些学者在理论上证明了正三角形网的优越性，但在实际工作中应用甚为少见，可能还是出于地质上的考虑，因为自然界的矿体有产状要素的是绝大多数，应用正方形网对了解走向和倾向方向矿体的变化比正三角形网方便得多。

总之，勘查网形的选择，要全面研究矿区的地形、地质特点和各种施工条件，使选定的网型既能满足勘查工作的要求，又能方便施工。

### (三) 水平勘查

主要用水平勘查坑道 (有时也配合应用钻探) 沿不同深度的平面揭露和圈定矿体，构成若干层不同标高的水平勘查剖面。这种勘查工程的总体布置形式，称为水平勘查。

水平勘查主要适用于陡倾斜的层状、脉状、透镜状、筒状或柱状矿体。当平行的水平坑道与钻探配合，在铅垂方向也构成成组的勘查剖面时，则成为水平勘查与勘查线相结合的工程布置形式。以水平勘查布置坑道时，其位置、中段高度、底板坡度等，均应考虑到开采时利用这些坑道的要求。水平勘查坑道的布置应随地形而异。当勘查区地形比较平缓时，通常在矿体下盘开拓竖井，然后按不同中段开拓石门、沿脉、穿脉等坑道。当地形陡峭时可利用山坡一定的中段高度开拓平硐，在平硐中再开拓沿脉和穿脉等坑道以揭露和圈定矿体。

应用水平勘查这种布置形式，可编制矿体水平断面图。

### 五、勘查工程间距及其确定方法

勘查工程间距是指最相邻勘查工程控制矿体的实际距离。工程间距也可以理解为每个穿透矿体的勘查工程所控制的矿体面积，以工程沿矿体或矿化带走向的距离与沿倾斜的距离来表示。例如，勘查工程间距为 100m×50m，意思是勘查工程沿矿体走向的距离为 100m，沿矿体倾斜方向的距离为 50m。在勘查网形式中，勘查工程间距是指沿矿体走向和倾向方向两相邻工程间的距离，因而勘查工程间距又称为勘查网度；在勘查线形式中，勘查工程沿矿体走向的间距是指勘查线之间的距离，沿倾斜的间距是指穿过矿体底板 (或顶板，对于薄矿体而言) 的两相邻工程间的斜距或矿体中心线 (对于厚矿体而言) 工程间的斜距；在水平勘查形式中，沿倾斜的间距系指某标高中段的上下两相邻水平坑道底板之间的垂直距离，又称中段高或中段间距。

勘查总面积一定时，勘查工程数量的多少反映了勘查工程密度的大小；勘查工程密度大则说明勘查工程间距小，工程密度小则说明工程间距大。因而勘查工程间距又称为勘查工程密度。

按一定间距布置工程，实际上是一种系统取样方法。勘查工程间距的大小直接影响勘查的地质效果和经济效果：工程间距过大则难以控制矿床地质构造及矿体的变化性，其勘查结果的地质可靠程度较低；工程间距过小虽然提高了地质可靠程度，但勘查工作量显著增加，可能造成勘查资金的积压和浪费，并拖延勘查项目的完成时间。因此，合理确定勘查工程间距是工程总体部署和勘查过程中都需要考虑的重大问题之一。

### （一）影响勘查工程间距确定的因素

影响勘查工程间距确定的因素比较多，主要包括以下几方面。

（1）地质因素。包括矿床地质构造复杂程度、矿体规模大小、形状和产状以及厚度的稳定性、有用组分分布的连续性和均匀程度等。要使勘查结果达到同等地质可靠程度，地质构造越复杂、矿体各标志变化程度越大的矿床，所要求的勘查工程间距越小。

（2）勘查阶段。不同勘查阶段所探求的资源量／储量级别不同，这种差别主要反映了对勘查程度的要求。勘查程度要求越高，工程间距越小。

（3）勘查技术手段。相对于钻探而言，坑探工程所获得的资料地质可靠程度更高，因而同一勘查区若采用坑道，其工程间距可考虑比钻探大一些。

（4）工程地质和水文地质条件。勘查区工程地质和水文地质条件越复杂，所要求的勘查工程间距越小。

需要指出的是，在确定工程间距时，要充分考虑勘查区的地质特点，尽可能不漏掉具有工业价值的矿体，同时也要足以使相邻勘查工程或相邻勘查剖面能够互相比对。同一勘查区的重点勘查地段与一般概略了解地段应考虑采用不同的工程间距进行控制。不同地质可靠程度、不同勘查类型的勘查工程间距，应视实际情况而定，不限于加密或放稀一倍。当矿体沿走向和倾向的变化不一致时，工程间距要适应其变化；矿体出露地表时，地表工程间距应比深部工程间距适当加密。选择工程间距的原则，是依据矿床的地质复杂程度和所要求的勘查程度。目的是满足不同勘查程度对矿体连续性的要求。由于矿床形成的复杂性、多样性，决定了勘查工程间距的多样性。每个矿体的勘查工程间距不是一成不变的，不能简单套用规范附录中的参考工程间距，应由矿产勘查项目的技术责任人员自行研究确定。论证资料应在设计和／或报告中反映。

### (二) 确定勘查工程间距的主要方法

#### 1. 类比法

类比法确定勘查工程间距，是根据对勘查区内控矿地质条件和矿床地质特征的分析研究，与现有规范中划分的勘查类型进行比对，确定所勘查矿床的勘查类型，然后参照规范中总结的该类矿床的工程间距进行确定。如果两者之间存在某些差别，可根据具体情况做适当修正。如果是在已知矿区外围或已进行过详细勘查的勘查区外围勘查同类型矿床，则可参考已知矿区或勘查区所采用的工程间距。

类比法易于操作，常用于勘查初级阶段。由于它是一种经验性推理方法，是否符合所勘查矿床的实际，还需要根据勘查过程中新获得的资料进行验证并对所确定的工程间距进行修正，切忌生搬硬套。

#### 2. 稀空法和加密法

按照一定规则放稀工程间距 (或取样间距)，分析、对比放稀前后的勘查资料结果，从中选择合理勘查工程间距 (或取样间距) 的方法，称为稀空法。这种方法实质上也是类比法的具体应用，所获得的结果一般只作为同一勘查区其他地段或特点类似的矿床在确定工程间距或取样间距时的参考，常用于勘探阶段。

该方法的具体操作过程概括为：首先选择矿床中有代表性的地段，以较密的间距进行勘查或采样，根据所获得的全部资料圈定矿体、估算资源储量等；然后将工程密度放稀到 $1/2$、$1/3$、$1/4$……再分别圈定矿体和估算资源储量等，通过分析对比不同间距所确定的矿体边界、估算出的平均品位或资源储量以及它们之间的误差大小，从中选择误差不超过矿山设计要求的合理的工程间距，再将此间距推广应用至所勘查矿区的其他地段。

加密法与稀空法原理相似，但在具体操作上有所不同。加密法是在勘查区内有代表性的地段加密工程，根据加密前后的勘查成果分别绘制图件和估算资源储量；经对比如果前后圈定的矿体形态变化不大、资源储量误差也未超出允许范围，即可说明原定勘查网度是合理的，反之则表明原定网度太稀，应相应加密。

#### 3. 统计学方法

最佳工程间距 (勘查网度) 的目的是要以一个合理的精度水平提供需要控制矿体规模和品位工程数或样本大小。毫无疑问，探明的资源储量比控制的和推断的工程间距更小。

如果地质边界已经确定而且如果资源储量估算中每个样品的影响范围与实际影响范围吻合，那么最佳化就容易实现。影响范围在几何学上常常与相邻样品有关，可是，如果两相邻样品在某个可接受的信度水平上不相关，在两者之间的范围内没有一个事实上可以预期的实际和可度量的影响，它们甚至可能不属于同一个矿体。

显然，如果相邻样品表现出显著的相关性，说明工程控制达到了目的，影响范围可以确定，进一步加密工程将是浪费。

确定工程或样品影响范围及适合工程或样品间距的方法有多种。例如，除前面提到的稀空法和加密法，还有相关系数、均方逐次差检验、区间估计等统计学方法。

利用相关系数估计样品的影响范围，其基本思路是，如果工程品位值序列的相关系数接近于1.0，说明品位之间具有显著的相关性，工程之间没有必要再加密。如果工程位于影响范围之外，则它们的品位值表现出显著的不相关，即品位相关系数接近于0。

均方逐次差检验方法与上面提到的稀空法以及即将涉及的地质统计学方法的原理具有一定的相似性，即按照不同的间距将工程的品位数据分组，检验每个组与相邻组数据之间的独立性；不相关组之间的间距表明品位最大影响范围。

# 第二节　勘查工程地质设计

## 一、勘查深度

勘查深度是指勘查工作所查明矿产资源量/储量(主要是指能提供矿山建设做依据的经济储量)的分布深度。例如，勘查深度300m，是指被查明的经济的储量分布在矿体露头或盲矿体的顶界至地下垂深300m的范围之内。目前矿床的勘查深度多在400~600m，矿体规模越大、矿石品质越好，其勘查深度可适当加大，反之则宜浅。同一矿体或同一矿区的勘查深度应控制在大致相同的水平标高，以便合理地确定开采标高。

合理的勘查深度取决于国家对该类矿产的需要程度、当前的开采技术和经济水平、未来矿山建设生产的规模、服务年限和逐年开采的下降深度以及矿床的地质特征等。一般来说，对矿体延深不大的矿床最好一次勘查完毕；矿体延深很大的矿床，其勘查深度应与未来矿山的首期开采深度一致，在此深度以下，可施工少量深孔控制其远景，为矿山总体规划提供资料。

## 二、控制程度

矿产勘查首先应控制勘查范围内矿体的总体分布范围、相互关系。对出露地表的矿体边界应用工程控制；对基底起伏较大的矿体、无矿带、破坏矿体及影响开采的构造、岩脉、岩溶、盐溶、泥垄、老窿、划分井田的构造等的产状和规模要有控制；对与主矿体能同时开采的周围小矿体应适当加密控制；对拟地下开采的矿床，要重点控制主要矿体的两端、上下界面和延伸情况；对拟露天开采的矿床要注意系统控制矿体四周的边界和采场底部矿体的边界；对主要盲矿体应注意控制其顶部边界；对矿石质量稳定、埋藏较浅的沉积矿产，应以地表取样工程为主，深部施工少量工程以验证矿石质量。

相应勘查阶段所要求达到的地质研究程度、对矿体的控制程度、对矿床开采技术条件的勘查程度和对矿石的加工试验研究程度称为勘查程度。勘查程度分为以下三个层次。

### (一) 大致查明、大致控制

大致查明、大致控制是指在矿化潜力较大地区有效的物化探工作基础上，进行了中、大比例尺的地质简测或草测，开展了有效的物化探工作；对地质、构造的查明程度达到相应比例尺的精度要求；投入的勘查工程量有限，发现的矿体只有稀疏工程控制；矿体的连接是据已知地质规律，结合稀疏工程中有限样品的分析成果，以及物化探异常特征推断的，尚未经证实，矿体连续性是推断的；矿石的加工选冶技术性能是据同类型矿床的相同类型矿石的试验结果类比所得或只做了可选(冶)性试验；开采技术条件只是顺便收集了相关资料；据有限的样品分析成果了解了有可能的共伴生组分或矿产。

### (二) 基本查明、基本控制

填制了大比例尺地质图及相应的有效物化探工作，充分收集资料，加强地质研究，主要控矿因素及成矿地质条件已经查明；投入了系统的勘查工程，矿体的总体分布范围已经基本圈定，主矿体的形态产状、规模、空间位置、受构造影响或破坏的情况、主要构造，总体上得到较好的系统控制，小构造的分布规律和范围已经研究，矿体连续性是基本确定的；矿石的质量特征已经大量样品所证实，矿石的物质组成和矿石的加工选冶技术性能，对易选矿石已有同类型矿石的类比，新类型矿石和难选矿石至少应有实验室流程试验的成果；开采技术条件的查明程度应达到相应规范的要求，对与主矿种共伴生的有益组分开展了相应的综合评价，且符合规范要求；对确定的物化探有效异常，在地质、物探、化探综合研讨的基础上，通过正反演计算，选择最佳部位对异常进行了查证及解释。

### (三) 详细查明、详细控制

在已有大比例尺地质、物探、化探成果基础上，依据日常收集的资料，不断补充、完善地质图及相应的成果；加强地质研究，控矿因素、矿化规律已经查明；对矿体连接存在多解性的地段，通过加密工程予以解决，使主矿体的矿体连续性达到确定的程度。与开采有关的主要矿体四周的边界、矿体沿走向的两端，露采时矿坑的底界、对矿山建设有影响的主要构造，都得到了必要的加密工程控制；邻近主矿体上下的小矿体，在开采主矿体时能一并采出者，应适当加密工程控制；矿石的质量特征及物质组成、含量、结构构造、赋存规律、嵌布粒径大小等已查明；矿石加工选冶技术性能试验，达到了实验室流程试验或实验室扩大连续试验的程度，满足提交报告的需要，难选矿石必要时须做半工业试验；开采技术条件应满足规范的要求，大水矿床应增加专门水文地质工作的工程量，结合矿山工程计算首采区、第一开采水平的矿坑涌水量，预测下一个水平的涌水量及其他影响矿山开采的工程地质和环境地质问题并提出建议，指出供水方向；对可供综合利用的共伴生组分或矿产，应在矿石加工选冶技术试验时，了解其走向和富集特征。在加工选冶工艺流程中不知去向的组分或矿产，无法认定其资源量的数量。

### 三、地质设计

在确定了勘查工程种类、总体布置形式、工程间距以及勘查深度等，勘查项目设计内容中还应进行单项工程设计，然后才能进行施工。工程设计包括地质设计和技术设计两部分，勘查地质人员主要承担地质设计的任务，技术设计一般由生产部门完成。

勘查工程的地质设计是从地质角度出发，根据成矿地质条件、矿床勘查类型、工程布置原则等，确定勘查工程的种类、空间位置以及有关技术问题。在充分研究勘查区内成矿地质条件和矿床地质特征的基础上，合理有效地选择勘查方法，使勘查工程的地质设计有充分的地质依据，各项工作部署得当、工程之间密切配合，相得益彰。这里主要论述钻探工程和坑道工程设计。

#### （一）钻探工程地质设计

钻孔地质设计必须借助勘查区地形地质图，在勘查设计（预想）剖面图上进行。设计之前，应根据地表地质和矿化资料以及已有的深部工程资料对矿体的形态、产状、倾伏和侧伏以及埋藏深度等特征进行分析研究，充分论证所设计钻孔的目的和必要性。

钻探工程地质设计包括编制勘查线设计剖面图、选择钻孔类型、确定钻孔戳穿矿体的部位、开孔位置、终孔位置、孔深，以及钻孔的技术要求和钻孔预想柱状图的编制。

1. 编制勘查线设计剖面图

勘查线设计剖面图是反映钻探及重型坑探工程设计的目的和依据的图件，一般是在勘查区地形地质图上沿勘查线切制而成，其比例尺为 1:2000~1:500。图的内容包括勘查线切过的地表地形剖面线、勘查基线、坐标网（X、Y、Z 坐标线）、矿体露头及其产状、重要的地质特征（地层、火成岩体、地质构造等）在地表的出露界线及其产状、剖面上已施工的勘查工程及其取样分析结果等。图上应尽可能根据已有资料对矿体或矿化体进行圈定。在勘查线设计剖面图上进行钻孔的设计与布置，设计钻孔轴线通常用虚线表示，已施工的工程则用实线绘制。

2. 选择钻孔类型

钻孔类型按其倾角（钻孔轴线与铅垂线的夹角）大小可分为直孔、斜孔以及水平钻孔。主要根据矿体或含矿构造的产状和钻探技术水平进行选定。

3. 钻孔戳穿矿体部位的确定

在勘查线设计剖面图上，每个钻孔戳穿矿体的部位需要根据整个勘查系统的要求来确定。当采用勘查线型式布置钻孔时，通常是在勘查线剖面图上，以地表矿体出露位置或已实施的勘查工程戳穿矿体的位置为起点，沿矿体倾斜方向按确定的工程间距，根据矿体倾角大小，以水平距离（或斜距）沿矿体底板（或矿体中心线）定出第一个钻孔将戳穿矿体的位置，然后顺次确定出后续钻孔的位置。缓倾斜矿体（倾角小于30°）上一般采用水平间距布置勘查工程；中等倾斜矿体（倾角30°~60°），勘查工程间距为斜距；矿体倾角大于60°时，工程间距按戳穿矿体中心线或底板的铅垂距离计算。

若矿体成群分布，钻孔穿过矿体的位置则以含矿带的底板边界为准；若有数个彼此平行、大小不等的矿体时则以其中主要矿体为依据；若为盲矿体，则以第一个见矿钻孔位置为起点，按所选定的工程间距沿矿体的上下两端定出钻孔戳穿矿体的位置。

采用勘查网形式时，钻孔戳穿矿体的位置根据勘查网格结点的坐标来确定。采用坑钻联合勘查时，钻孔戳穿矿体的标高应与坑道中段标高一致。

4. 钻孔的孔口位置、终孔位置及孔深的确定

（1）钻孔的孔口位置（孔位）：一般根据勘查工程间距及钻孔戳穿矿体的位置在勘查线设计剖面图上按所定钻孔类型，向上延伸钻孔轴线加以确定，钻孔设计轴线与地形剖面线的交点即为该孔在地表的孔位。如果钻孔设计为直孔，从钻孔所定的戳穿矿体的位置向上引铅垂线；若是斜孔或定向孔，从所定截矿位置向上引斜线，在掌握了钻孔自然弯曲规律的地区，斜孔孔位可按自然弯曲度向地表引曲线确定（按每50~100m天顶角向上减少几度反推而成）。

对于斜孔还必须考虑其倾向，即斜孔的方位（直孔不存在倾斜方位）。钻孔的倾斜方位一般与勘查线方位一致并且与矿体倾向相反。由于地层产状及岩性的变化，钻孔在钻进过程中常常会沿地层走向发生方位偏斜。根据实践经验，地层走向与勘查线夹角越小，钻孔方位偏斜越大；地层产状越陡，孔深越大，钻孔方位越容易发生偏斜。因此，设计钻孔时，应根据本勘查区内已竣工钻孔的方位偏斜规律来设计

钻孔的开孔方位角，使矿体尽可能按设计要求的位置戳穿矿体。

在上述地质设计的基础上还应考虑钻孔施工的技术条件，首先要求孔位附近地形比较平坦，以便修理出安置钻机和施工材料的机场；其次孔口应避开陡崖、建筑物、道路等，因而在确定孔位时，还应进行现场调查。若孔口位置与地质设计要求出现矛盾时，允许在一定范围内适当移动，移动距离应根据所要探明资源量／储量的级别确定，一般在勘查线上可移动 10～20m，在勘查线两侧可移动数米。

（2）终孔位置：一般根据地质要求确定，钻孔穿过矿体后在围岩中再钻进 1～2m 即可。如果矿体与围岩界限不清楚，应根据矿体沿倾斜的变化情况以及围岩蚀变特征等适当加大设计孔深。为了探索和控制近于平行的隐伏矿体或盲矿体，在一些重要的勘查线上应设计部分适当加深的钻孔，其加深深度根据勘查区内矿化空间分布规律而定。

（3）钻孔孔深：自地表开孔到终孔位置钻孔轴线的实际长度称为钻孔孔深。因此，只要确定了钻孔的终孔位置，即可求得其孔深。

5. 钻孔技术要求

设计钻孔时需要考虑的技术要求包括岩心和矿心的采取率、钻孔倾斜角漂斜和方位角偏离、孔深验证测量、简易水文观测、物探测井和封孔要求等。

6. 编制钻孔预想剖面图

每个钻孔都需要根据勘查线设计剖面编制一份钻孔预想剖面图，比例尺一般为 1∶1000～1∶500，以钻孔设计书的形式提交。它是钻孔技术设计和施工的地质依据，其内容包括钻孔编号、孔位、坐标、钻孔类型、各钻进深度的天顶角及方位角、由上至下主要地质界线的位置（起止深度）、可能见矿深度（起止深度）、矿石性质、矿体顶底板是否有标志层以及标志层的特点、钻孔的技术要求及钻孔施工中应注意的事项（如岩心和矿心采取率的要求、终孔位置及终孔深度、测量孔斜的方法、岩石破碎、坍塌、掉块、涌水、流沙层、溶洞等）。实际上，编制钻孔设计书本身就是单个钻孔的设计过程。

钻孔的直径（尤其是终孔直径）依据矿体复杂程度和研究程度而定。当矿体比较简单而且矿体边界已经基本控制住时，可采用小口径岩心钻进或冲击钻进方法确定矿化的连续性；如果勘查程度较低而且矿化复杂，为了保证达到规定的地质可靠程度，对钻孔的终孔直径和岩心及矿心采取率的要求都比较高。

钻孔地质设计完成后，再将钻孔编号、坐标、方位角、开孔倾角、设计孔深、施工目的等列表归总，连同施工通知书提交钻探部门。

**（二）地下坑探工程地质设计**

坑道工程包括平硐、竖井、沿脉、穿脉等深部探矿工程。此类工程施工技术条件复杂，投资费用高，因而在工程设计时必须有充分的地质依据，对应用坑道工程勘查的必要性进行充分的论证。同时为了使坑道工程能为今后矿床开采所利用，应向相关的开采设计部门咨询，了解开采方案及开采块段和中段的高度，以便正确进行地质设计。

在坑道地质设计中，新勘查区与生产矿山外围和深部的要求有所不同。在新勘查区地下坑探工程设计的内容主要包括坑道系统的选择、勘查中段的划分、坑口位置的确定、坑道工程的布置、设计书的编制等。而生产矿区则往往借助探采资料有针对性地进行坑道设计。

# 第三节　矿产勘查取样

## 一、取样基本知识

### (一) 取样理论几个基本概念

#### 1. 总体

总体是根据研究目的确定的所要研究同类事物的全体。例如，如果我们研究的对象是某个矿体，那么该矿体就是总体；如果研究的是某个花岗岩体，那么该岩体就是总体。在实际工作中，我们关注的是表征总体属性特征的分布。例如，矿体的品位、厚度，花岗岩的岩石化学成分等。在统计学中，总体是指研究对象的某项数量指标值的全体 (某个变量的全体数值)。只有一个变量的总体称为一元总体，具有多个变量的总体称为多元总体。总体中每一个可能的观测值称为个体，它是某一随机变量的值。总体是矿产勘查中最重要的研究对象。

#### 2. 样品

样品是总体的一个明确的部分，是观测的对象。在大多数整体中，样品常常是一个单项 (一个单体或一件物品)、一个基本单位 (不能划分成更小的单位) 或者是可以选作样本的最小单位。在矿产勘查中，取样单位是由地质人员规定的，而且为了获得有用的数据，这种规定必须包括取样单位的大小 (体积或重量) 和物理形状 (如刻槽尺寸、钻孔岩心的大小、把岩心劈开还是取整个岩心，以及取样间距等)。

#### 3. 样本

样本是由一组代表性样品组成，其中样品的个数 ($n$) 称为样本的大小或样本容量。在统计学参数估计中，$n \geq 30$ 称为大样本，大样本的取样分布近似于服从正态分布；$n<30$ 为小样本。研究样本的目的在于对总体进行描述或从中得出关于总体的结论。

#### 4. 参数

总体的数字描述性度量（数字特征）称为参数。在一元总体内，参数是一个定值，但这个值通常是未知的，从而必须进行估计；参数用于代表某个一元总体的特征，经典统计学中最重要的参数是总体的平均值、方差和标准差。平均值描述观测值的分布中心，方差或标准差描述观测值围绕分布中心的行为。

每个数字特征描述频率分布的一定方面，虽然它们不能描述频率分布的确切形状，但能说明总体的形状概念。例如，"某个金矿体的矿石量为1000wt，金的平均品位为5g/t"，这两个数字特征虽然没有详细地描述出该矿体的细节，但给出了规模和质量的概念。

#### 5. 统计量

样本的数字描述性度量称为统计量，即根据样本数据计算出的量，如样本平均值、方差和标准差等。利用统计量可以对描述总体的参数进行合理的估计。

#### 6. 平均值

平均值是一个最常用、最重要的总体数字特征，矿产勘查中常用的平均品位、平均厚度等都是一种平均值，而且用得最多的是算术平均值和加权平均值。

#### 7. 方差和标准差

方差是度量一组数据对其平均值的离散程度大小的一个特征数。样本方差的平方根称为标准差。方差和标准差是最重要的统计量，不仅用于度量数据的变化性，而且在统计推理方法中起着重要的作用。

#### 8. 变化系数

假设两组数据具有相同的标准差，但它们的平均值不等，能认为这两组数据的变化程度相同吗？答案显然是否定的。为了比较不同样本之间数据集的变化程度，人们引入了变化系数（coefficient of variation）的概念。

在矿产勘查中，利用变化系数能够更好地反映地质变量的变化程度。例如，不同矿床或同一矿床不同矿体的平均品位不同，利用标准差不能有效地对比矿床之间有用组分分布的均匀程度，而利用变化系数进行对比则比较方便。

#### 9. 变量的分布

变量的变异型式称为分布，分布记录了该变量的数值以及每个值出现的次数。为了了解变量的分布，将样本数据按照一定的方法分成若干组，每组内含有数据的个数称为频数，某个组的频数与数据集的总数据个数的比值叫作这个组的频率。频率分布直方图是表现变量分布的一种常见经验方式，概率分布是频率分布的理论模型。

正态分布（normal distribution）是一种对称的连续型概率分布函数。在正态分布中，分布曲线总是对称的并呈铃形。根据定义，正态分布的平均值是其中点值，平均值两侧曲线之下的面积是相等的。正态分布的一个有用的性质是，在任何指定的范围内，其曲线下的面积可以精确地计算出来。例如，全部观测值的68%位于算术平均值两侧一个标准差的范围内、95%的观测值落在平均值两侧2个（实际上是1.96个）标准差范围内。

地学中的数据很多都具有非对称性而不是正态分布，通常这类非对称分布是向右偏斜的（直方图或频率分布曲线呈长尾状向右侧延伸，又称为正偏斜，这意味着具有这种分布的数据中低值数据占优势，反之则称为左偏斜或负偏斜）。在非正态分布中，标准差或方差与其分布曲线之下的面积不存在可比关系，所以需要采用数学转换将偏斜的数据转化为正态数据，最常用的方法是对数正态转换。

变化系数为品位总体的性质提供了一个好的度量：变化系数小于50%，一般指示品位总体呈简单的对称分布（近似的正态分布），对于具有这种分布特征的矿化，其资源储量估计相对比较容易；变化系数为50%~120%的总体具有正偏斜分布特征（可转化为对数正态分布），其估值难度为中等；变化系数大于120%的总体分布将是高度偏斜的，品位分布范围很大，局部资源储量的估计将面临一定的难度；如果变化系数超过200%（这种情况常见于具有高块金效应的金矿脉中），总体分布将会呈现出极度偏斜和不稳定状态，几乎可以肯定存在多个总体，这种情况下局部品位估值是非常困难甚至是不可能的，只能借助经典统计方法估计整体的品位值。

### (二) 取样目的

取样目的是获取参加某项研究的个体（样品）以获得有关总体的精确信息，多数情况下是估计总体的平均值。从主观上讲，我们希望所获样本能够尽可能精确地提供有关总体的信息，但每增加一个数据（样品）都是有代价的。因此，问题是如何才能以最少的经费、时间和人力通过取样获得有关总体的精确信息。由于信息和成本之间存在着约束，在给定成本的条件下可以通过合理的取样设计使获取的有关总体的信息量达到最大。

矿产勘查早期阶段取样的目的可能是了解某个矿化带的范围及质和量的粗略估计；容量很小的样本不应被看作取样区域的代表，因而不能得出经济矿床存在或缺失的结论。随着勘查工作的深入进行，需要研究确定矿石的质和量以及开采条件和加工技术性能，通过精心设计和控制的方式进行系统采样，样本容量将会迅速扩大，而早期的小样本已经构成了后期大样本的一部分。因此，实际工作中所有的取样设计都应考虑到最终目的是要精确地估计矿床的品位和吨位，并且应当为实现这一目的而进行详细的规划。每个取样阶段所获得估值的可靠性可以用统计分析来表示。

### (三) 取样理论

取样理论主要研究样本和总体之间的关系，我们采集所有与样本相关的信息，目的在于推断总体的特征。其中，首要的问题是选择能够代表总体的样本。

取样理论是围绕这样一个概念建立起来的，即如果无偏地从总体中选择足够多的代表性样品组成样本，那么该样本的平均值就近似地等于该总体的平均值。现代取样理论试图回答在给定的范围和约束条件下需要采集的样品个数并且寻求如何以最低的成本为目前所待解决的问题提供足够精确估值的取样方法和估值方法。为了实现这些目的，需要借助统计学理论。

矿床或块段的平均品位是基于对矿床或块段的取样分析结果估计的，矿产取样 (包括采样、样品加工、分析等步骤) 常常是评价矿产资源储量过程中最关键的步骤。

1. 取样分布

对于每个随机样本，我们都可以计算出诸如平均值、方差、标准差之类的统计量，这些数字特征与样本有关，并且随样本的变化而变化，于是可以得出统计量的概率分布或概率密度函数，这类分布称为取样分布。例如，假设我们度量每个样本的平均值，那么所获得的分布就是平均值的取样分布，同理，我们还可以得出方差、标准差等统计量的分布。对于取样分布而言，如果全部样本某个统计量的平均值等于其相应的总体参数，那么该统计量就称为其参数的无偏估计量 (如样本平均值是总体平均值的无偏估计量)，否则就是有偏估计量 (如样本标准差是总体标准差的有偏估计量)。

根据中心极限定理，如果总体是正态分布，那么无论样本的大小如何，其平均值的取样分布都服从正态分布；如果总体是非正态分布，那么只是对较大值来说，平均值的取样分布才近似于正态分布。

2. 点估计

把统计学的知识应用于矿产勘查中，在大多数情况下，矿体的参数真值或其概率分布是不可能知道的，即使在其被开采完毕后，由于开采过程中的贫化、损失等原因，仍然不可能获得其参数的真值。我们实际所获得的数据是样本的观测值。显然，我们所面临的问题是应当利用样本的什么功能来估计所研究的矿体的重要未知参数——平均品位、平均吨位及其方差等。由于不可能知道其真值，就必须借助样本值来对这些参数进行估计。换句话说，以样本统计量作为其参数的估值，例如，把根据样本求出的平均品位作为矿床 (矿体、矿段或矿块) 平均品位的估值。

利用单值 (或单点) 估计总体未知参数的统计推断方法称为参数的点估计。在矿产勘查中，点估计的应用极为广泛，如根据不同勘查阶段获得的矿体平均品位、平均厚度、平均体重等 (样本平均值) 估计矿体相应的参数，根据从某个地质体中获得的某种元素的样本平均值估计该元素在该地质体中的背景值等。

### 3. 区间估计

如果样本频率分布趋近于正态分布，那么样本数据的平均值、方差、标准差等统计量能够提供样本所代表的矿床（体）相应参数的合理估计。

如果样本分布服从对数正态分布，那么应当计算样本的几何平均值和标准差。许多矿床类型，尤其是浅成热液金矿床及热液锡矿床等，几何平均值能够更合理地提供矿床（体）平均品位的估值。

### 4. 估值精度

各种估值都能够以百分数的形式计算出其精度，所获得的值可以与我们认为能够接受的水平进行比较，如果该值太高，那么有必要进行补充取样，增加数据的密度。

### (四) 取样方法

经典统计学中一般是采用概率取样方法。概率取样是基于设计好的随机性，即是在某种事先确定好的方法基础上选择用于研究的样品，从而消除在样品选择过程中可能引入的任何偏差（包括已知和未知的偏差），在概率取样过程中，总体的每个成员都有被选中的可能性。非概率取样方法是以某种非随机的方式从总体中获取样品。

概率取样方法包括随机取样、层状取样、丛状取样以及系统取样四种基本的取样技术。

### 1. 随机取样

从大小为 $N$ 的总体中通过随机取样获取大小为 $n$ 的样本。假设每个大小为 $n$ 的样本都有同等发生的机会，那么该样本就是随机样本。

随机取样操作简便、成本较低，主要缺点是不能用于面积性的等间距取样。在实际工作中，样品加工和化学分析一般采用随机取样形式进行抽样。有时也可同时采用随机形式和面积性的系统形式。例如，先在研究区内粗略地布置取样网格，然后取样者到网格点所在的实地随机地选取采样位置；或者是在精确布置好的取样位置周围，随机地采集若干岩（矿）石碎屑组成一个样品。

### 2. 层状取样

层状取样适合于分布不均匀的总体，其操作首先需要把总体分成若干个非重合的组，每个组称为一个层，从某种方式上说每个层内的个体是均匀分布的或是相似的；其次采用随机取样的方式把从每个层中获取的样品组成小样本，最后把各层的小样本合并成一个样本，这种样本称为层状样本。相对于随机取样而言，层状取样的优点是可以采取较少数量的样品获得相同或更多的信息，这是因为每个层中的个体都有相似的特征。

在矿产勘查中，由于岩石或矿石类型不同而要求分层取样，但实际操作上，分层取样几乎总是与面积性的系统取样形式结合使用。具体地说，就是垂直于主要矿化带按一定间距布置剖面线，然后在剖面线上按一定间距进行分层取样。

### 3. 系统取样

系统抽样是指按照一定的间隔从总体中抽取样本的方法。系统取样方法的原理是相对比较简单的，即选取一个数 $k$，然后在 1 和 $k$ 之间随机地选择一个数作为第一个样品，此后每隔 $k$ 个个体取作样品构成系统样本。

上述随机取样和层状取样都要求列出所研究总体的全部个体，而系统取样无此要求，因此在不能理出总体的全部个体时，系统取样方法是很有用的。不过，随之而来的问题是，如果我们不知道总体的大小，那么如何选择 $k$ 值呢？没有确定 $k$ 值的最好的数学方法。合理的 $k$ 值应该是不能过大，过大的 $k$ 值可能不能获得所需的样本容量；也不能太小，根据太小的 $k$ 值所获得的样本容量可能不能代表总体。

在矿产勘查中，取样通常是采取面积性的系统取样，这种取样是把取样位置布置在网格的结点上，如果数据的变化近于各向同性，则采用正方形网格，如果存在线性趋势，则采用矩形网格，这种取样方式可以提供一个比较好的统计面。

### 4. 丛状取样

丛状取样（cluster sampling）的原理是随机地抽取总体内的个体集合或个体丛组成小样本，所有被选取的这些小样本合并成一个样本，这种样本称为丛状样本。显然，丛状取样需要考虑如下问题。

（1）如何对总体进行分丛？

（2）应该抽取多少丛？

（3）每个丛应该含多少个个体？

为了解决上述问题，首先必须确定所设定的丛内个体的分布是否均一，即这些个体是否具有相似性。如果样品丛是均一的，那么采取较多的丛且每个丛由较少的样品构成的方式比较好；如果样品丛的分布是非均一的，样品丛的非均一性可能与总体的非均一性相似，也就是说，每个样品丛都是总体的一个缩影，在这种情况下，采取较少数量但含较多个体的丛是合适的。

钻探取样可以看作面积性系统取样与丛状取样形式相结合的例子，即按照一定的网度布置钻孔，钻孔岩心可以认为是样品丛。

### （五）取样过程中的误差

在从总体中选取样本观测值的过程可能存在两种类型的误差：取样误差和非取样误差。在取样方法设计的过程中或者在对取样观测结果进行检验时都应该了解这些误差的来源。

1. 取样误差

取样误差（sampling error）又称估值误差，是指样本统计量及其相应的总体参数之间的差值。由于样本结构与总体结构不一致，样本不能完全代表总体，因此，只要是根据从总体中采集的样本观测值得出有关总体的结论，取样误差就会客观存在。

正确理解取样误差的概念需要明确两点：取样误差是随机误差，可以对其进行计算并设法加以控制；取样误差不包含系统误差。系统误差是指没有遵循随机性取样原则而产生的误差，表现为样本观测值系统性偏高或偏低，因而又称为规律误差或偏差。

取样误差可分为标准误差（standard error）和估值误差（estimation error）。

（1）标准误差。取样分布的标准差称为平均值的标准误差。标准误差反映了所有可能样本的估值与相应总体参数之间平均误差的大小，可衡量样本对总体的代表性大小。平均来说，标准误差越小，样本对总体的代表性越好。影响标准误差的因素主要包括样本容量和取样方法。

①样本容量越大，标准误差越小。

②在样本容量相同的情况下，不同的取样方法会产生不同的取样误差，其原因是采用不同的取样方法获得的样本对总体的代表性是不同的。因而需要根据总体的分布特征选择合适的取样方法。

（2）估值误差。估值误差又称为允许误差，是指在一定的概率条件下，样本统计量偏离相应总体参数的最大可能范围。

2. 非取样误差

非取样误差比取样误差更严重，因为增大样本的容量并不能减小这种误差或者降低其发生的可能性。在获取数据过程中的人为失误，或者所选取的样本不合适而导致非取样误差的产生。

（1）在获取数据过程中可能出现的误差：这类误差来源于不正确的观测记录。例如，由于采用不合格的仪器设备进行观测得出不正确的观测数据、在原始资料记录过程中的错误、由于对地学概念或术语的误解导致不准确的描述、样品编号出错，诸如此类。

（2）无响应误差：无响应误差是指某些样品未能获得观测结果而产生的误差。如果出现这种情况，所收集到的样本观测值有可能由于不能代表总体而导致有偏的结果。在地学上，很多情况下都有可能出现无响应。例如，野外有的部位无法采集到样品、有的样品在搬运途中可能被损坏、有的元素含量低于仪器检测线而导致数据缺失等。

（3）样品选取偏差：如果取样设计时没有能够考虑到对总体的某个重要部位的取样，就有可能出现样品选取偏差。

## 二、矿产勘查取样的定义

在矿产勘查学中应用统计学理论时，我们应当意识到样本的统计学定义与其在矿产勘查中的相应定义之间的差异：在统计学中，样本是一组观测值；而在矿产勘查学中，样本是矿化体的一个代表性部分，分析其性质是为了获得某个统计量，如矿化体品位或厚度的平均值。矿产勘查取样需要统计学理论的指导，但其研究对象和研究内容具有特殊性，而且必须借助一定的技术手段才能获得相关的样品。

矿产勘查取样是指按照一定要求，从矿石、矿体或其他地质体中采取一定容量的代表性样本，并通过对所获得样本中的每个样品进行加工、化学分析测试、试验或者鉴定研究，以确定矿石或岩石的组成、矿石质量（矿石中有用和有害组分的含量）、物理力学性质、矿床开采技术条件以及矿石加工技术性能等方面的指标而进行的一项专门性的工作。根据该定义，矿产勘查取样工作由三部分组成。

(1) 采样：从矿体、近矿围岩或矿产品中采取一部分矿石或岩石作为样品，这一工作称为采样；

(2) 样品加工：由于原始样品的矿石颗粒粗大，数量较多或体积较大，所以需要进行加工，经过多次破碎、拌匀、缩分使样品达到分析、测试要求的粒度和数量；

(3) 样品的分析、测试或鉴定研究。

本节只对采样方法进行简要介绍，有关样品加工和分析测试方面的内容将在下一节论述。

## 三、矿产勘查中常用的采样方法

采样是矿产勘查取样的一个基本环节，矿产勘查各阶段都必须进行采样工作。由于采样目的和所采集的样品种类、数量以及规格不同，所采用的采样方法也有所不同。常用的采样方法主要有以下几种。

### (一) 打 (拣) 块法

打块法是在矿体露头或近矿围岩中随机 (实际工作中却常常是主观) 地凿 (拣) 取一块或数块矿 (岩) 石作为一个样品的采样方法。这种方法的优点是操作简便、采样成本低。在矿产勘查的初级阶段，利用这种方法查明矿化的存在与否，所采集的往往是最有可能矿化的高品位样品，因而在有关打 (拣) 块取样结果的报告中一般采用"高达"的术语来描述，例如，"拣块样中发现含金高达 30g/t"。这种情况下获得的品位不是矿化体的平均品位，只能表明矿化的存在而不能说明其经济意义，并且这种方法也不能给出矿化的厚度。在矿山生产阶段，常常利用网格拣块法 (在矿石堆上按一定网格在结点上拣取重量或大小相近的矿石碎屑组成一个或几个样品) 或

多点拣块法 (在矿车上多个不同部位拣块组合成一个样品) 采样进行质量控制。

### (二) 刻槽法

在矿体或矿化带露头或人工揭露面上按一定规格和要求布置样槽, 然后采用手凿或取样机开凿槽子, 再将槽中凿取下来的矿石或岩石作为样品的采样方法称为刻槽法。刻槽取样的目的是确定矿化带或矿体的宽度和平均品位, 样槽可以布置在露头上、探槽中以及地下坑道内。样槽的布置原则是样槽的延伸方向要与矿体的厚度方向或矿产质量变化的最大方向相一致, 同时, 要穿过矿体的全部厚度。当矿体出现不同矿化特点的分带构造时, 为了查明各带矿石的质量和变化性质, 需要对各带矿石分别采样, 这种采样称为分段采样。

样品长度又称采样长度, 是指每个样品沿矿体厚度或矿化变化最大方向的实际长度。例如, 对于刻槽法采样, 即为每个样品所占有的样槽长度, 而对钻探采样来说, 则是每个样品所占有的实际进尺。在矿体上样槽贯通矿体厚度, 当矿体厚度大时, 样槽延续可以相当长。样品长度取决于矿体厚度大小、矿石类型变化情况和矿化均匀程度、最小可采厚度和夹石剔除厚度等因素。当矿体厚度不大, 或矿石类型变化复杂, 或矿化分布不均匀时, 当需要根据化验结果圈定矿体与围岩的界线时, 样品长度不宜过大, 一般以不大于最小可采厚度或夹石剔除厚度为宜。当工业利用上对有害杂质的允许含量要求极严时, 虽然夹石较薄, 也必须分别取样, 这时长度就以夹石厚度为准。当矿体界线清楚、矿体厚度较大、矿石类型简单、矿化均匀时, 则样品长度可以相应延长。

样槽断面的形状主要为长方形, 样槽断面的规格是指样槽横断面的宽度和深度, 一般表示方法为宽度乘以深度, 如 $10cm \times 3cm$。

影响样槽断面大小的因素如下。

(1) 矿化均匀程度。矿化越均匀, 样槽断面越大; 反之, 越小。

(2) 矿体厚度。矿体厚度大时, 断面可小些, 因为小断面也可保证样品具有足够重量。

(3) 当有用矿物颗粒过大, 矿物脆性较大, 矿石过于疏松时, 需适当加大样槽断面。

这几个因素要全面考虑, 综合分析, 不能根据一个因素而决定断面大小。一般认为起主要作用的因素是矿化均匀程度和矿体厚度。样品长度和样槽断面规格可利用类比法或试验法确定。

刻槽法主要用于化学取样, 适用于各种类型的固体矿产, 在矿产勘查各个阶段获得广泛应用。

### (三) 岩 (矿) 心采样

岩 (矿) 心采样是将钻探提取的岩 (矿) 心沿长轴方向用岩心劈开器或金刚石切割机切分为两半或四份, 然后取其中一半或 1/4 作为样品, 其余部分归档存放在岩心库。

岩 (矿) 心采样的质量主要取决于岩 (矿) 心采取率的高低。如果岩 (矿) 心采取率不能满足采样要求时, 必须在进行岩 (矿) 心采样的同时, 收集同一孔段的岩 (矿) 粉作为样品, 以便用两者的分析结果来确定该部位的矿石品位。

### (四) 岩 (矿) 屑采样

岩 (矿) 屑采样是使用反循环钻进或冲击钻进方式收集岩 (矿) 屑作为样品的采样方法, 主要用于确定矿石的品位及大致进行岩性分层。

### (五) 剥层法采样

剥层法采样是在矿体出露部位沿矿体走向按一定深度和长度剥落薄层矿石作为样品的采样方法, 适用于采用其他采样方法不能获得足够样品重量的厚度较薄 (小于 20cm) 的矿体或有用组分分布极不均匀的矿床, 剥层深度为 5~15cm。该方法还可验证除全巷法外的采样方法的样品质量。

### (六) 全巷法

地下坑道内取大样的方法称为全巷法, 是在坑道掘进的一定进尺范围内采取全部或部分矿石作为样品的一种取样方法。全巷法样品的规格与坑道的高和宽一致, 样长通常为 2m, 样品重量可达数吨到数十吨。

全巷法样品的布置: 在沿脉中按一定间距布置采样; 在穿脉坑道中, 当矿体厚度不大时, 掘进所得矿石作为一个样品; 当厚度很大时, 则连续分段采样。

全巷法样品采取方法: 是把掘进过程中爆破下来的全部矿石作为一个样品; 或在掌子面旁结合装岩进行缩减, 采取部分矿石, 如每隔一筐取用一筐, 或每隔五筐取用一筐, 然后把取得的矿石样合并为一个样品, 或在坑口每隔一车或五车取一车, 再合并为一个样品。取全部或取部分以及如何取这部分, 这些问题应根据取样任务及其所需样品的重量来决定。取样要求坑道必须在矿体中掘进, 以免围岩落入样品而使矿石品位贫化。

全巷法取样主要用于技术取样和技术加工取样, 如用来测定矿石的块度和松散系数; 用于矿物颗粒粗大、矿化极不均匀的矿床的采样 (对这种矿床剥层法往往不能提供可靠的评价资料), 如确定伟晶岩中的钾长石, 云母矿床中的白云母或金云母,含绿柱石伟晶岩中的绿柱石，金刚石矿床中的金刚石，石英脉中的金、宝石、光学原料、压电石英等的含量。另外还用于检查其他取样方法。

全巷法采样在坑道掘进同时进行，不影响掘进工作、精确度高等是其优点，缺点是采样方法复杂，样品重量巨大，加工和搬运工作量大、成本高，所以只有当需要采集技术加工和选冶试验样品以及其他方法不能保证取样质量时才采用此方法。

采集大样除利用地下坑道外，还可利用大直径岩心、浅井等勘查工程进行采集。

### 四、采样方法的选择

在矿产勘查中往往需要多种采样方法配合使用，而这些方法的选择首先需要根据勘查项目的目的以及所采用的勘查技术手段来确定。例如，钻探工程项目只能采用岩心采样和岩屑采样；槽探采用刻槽取样；坑探工程可采用刻槽法、打(拣)块法、全巷法等。其次还要考虑矿床地质特征和技术经济因素。例如，矿化均匀的矿体可采用打(拣)块法或刻槽法，而矿化不均匀的矿体则可能需要采用剥层法或全巷法进行验证；打(拣)块法和刻槽法的设备简单、操作简便且成本低，而剥层法和全巷法的成本高、效率低。因此，选择采样方法的原则，是在满足勘查目的的前提下尽量选择操作简便、成本低、效率高，而且样品代表性好的方法。

### 五、采样间距的确定

沿矿体或矿化带走向两相邻采样线之间的距离，称为采样间距。一方面，采样间距越密，样品数量越多，代表性越强，但采样、样品加工以及样品分析的工作量显著增大，成本相应增高；另一方面，采样间距过稀，样品数量不足，难以控制矿化分布的均匀程度和矿体厚度的变化程度，达不到勘查目的。

矿化分布较均匀、厚度变化较小的矿体，可采用较稀的采样间距。反之，则需要采用较密的采样间距才能够控制。一般情况下，采样间距与勘查工程网度直接相关，确定合理勘查网度的方法也可用于确定合理采样间距，基本方法仍然是类比法、试验法、统计学方法等。

### 六、矿产勘查取样的种类

按取样研究内容和试样检测要求的不同，矿产勘查取样可分为化学取样、岩矿鉴定取样、加工技术取样以及技术取样。

#### (一) 化学取样

为测定物质的化学成分及其含量而进行的取样工作称为化学取样。在矿产勘查中，化学取样的对象主要是与矿产有关的各种岩石、矿体及其围岩、矿山生产出的原矿、精矿、尾矿以及矿渣等。通过对样品进行化学分析，为寻找矿床、确定矿石中的有用和有害组分及其含量、圈定矿体和估算资源量 / 储量，以及为解决有关地质、矿山开采、矿石加工、矿产综合利用和环境评价治理等方面的问题提供依据。

1. 化学采样方法

化学样的采样主要利用探矿工程进行。在坑探工程中通常采用刻槽法，有时可结合打（拣）块法，并利用剥层法或全巷法对刻槽法的适用性进行验证；在钻探工程中则采用岩心采样方法，辅以岩屑采样。

2. 样品加工

为了满足化学分析或其他试验对样品最终重量、颗粒大小以及均一性的要求，必须对各种方法所取得的原始样品进行破碎、过筛、混匀以及缩减等程序，这一过程称为样品加工。

例如，送交化学分析的样品，最终重量一般只需要几百克，其中颗粒的最大直径不得超过零点几毫米。但原始样品不仅重量大，而且颗粒粗细不一，各种矿物分布又不均匀。所以，为了满足化学分析的要求，必须事先对样品进行加工处理。

样品最小可靠重量是指在一定条件下，为了保证样品的代表性，即能正确反映采样对象实际情况，所要求的样品最小重量。在样品加工过程中，它是制定样品加工流程的依据，使加工、缩分之后的样品与加工之前的原始样品在化学成分上保持一致，以保证取样工作的质量和地质成果的准确可靠。此外，为了使原始样品具有足够的代表性，也必须根据样品最小可靠重量的要求，选择能获得必要重量样品的采样方法。矿化越不均匀、样品颗粒越粗，需要的样品可靠重量就越大。样品加工的最简单原理是，样品全部颗粒必须碎至的粒度大小要求达到失去其中任何一个颗粒都不会影响化学分析结果的程度。在实际工作中，可根据样品加工的经验公式确定样品最小可靠重量。

在样品加工过程中，通常利用"目"来表示能够通过筛网的颗粒粒径，目是指每平方英寸筛网上的孔眼数目。例如，200目就是指每平方英寸上的孔眼是200个，目数越高，表示孔眼越多，通过的粒径越小。目数与筛孔孔径关系可表示为：目数 × 孔径（$\mu m$）=15000（$\mu m$）。例如，400目筛网的孔径为$38\mu m$左右。目数前加正负号表示能否漏过该目数的网孔，负数表示能漏过该目数的网孔，即颗粒粒径小于网孔尺寸；而正数表示不能漏过该目数的网孔，即颗粒粒径大于网孔尺寸。

样品加工程序一般可分为四个阶段。

（1）粗碎，将样品碎至25～20mm;

（2）中碎，将样品碎至10～5mm;

（3）细碎，将样品碎至2～1mm;

（4）粉碎，样品研磨至0.1mm以下。

上述每一个阶段又包括四道工序，即破碎、筛分、拌匀及缩分。

缩分采用四分法即将样品混匀后堆成锥状，然后略为压平，通过中心分成四等份，弃去任意对角的两份。由于样品中不同粒度、不同比重的颗粒大体上分布均匀，留下样品的量是原样的一半，仍然代表原样的成分。

缩分的次数不是任意的。每次缩分时，试样的粒度与保留的试样之间，都应符合切乔特公式，否则就应进一步破碎，才能缩分。如此反复经过多次破碎缩分，直到样品的重量减至供分析用的数量为止。然后放入玛瑙研钵中磨到规定的细度。根据试样的分解难易，一般要求试样通过 100~200 号筛，这在生产单位均有具体规定。

3. 化学样品的分析与检查

样品经过加工以后，地质人员填写送样单，提出化验分析的种类和分析项目等要求，送化验室做分析。化学样品分析的种类很多，根据研究目的要求不同主要有以下五种。

（1）基本分析。基本分析又称作普通分析、简项分析或主元素分析，是为了查明矿石中主要有用组分的含量及其变化情况而进行的样品化学分析。它是矿产勘查工作中数量最多的一种样品化学分析工作，其结果是了解矿石质量、划分矿石类型、圈定矿体，以及估算资源量/储量的重要资料依据。分析项目则因矿种及矿石类型而定，例如，铜矿石就分析铜，金矿石分析金，铁矿分析全铁和可熔铁，当已知全铁与可熔铁的变化规律，就可只分析全铁。当经过一定数量的基本分析，证实某种有用组分含量普遍低于工作指标规定时，可不再列入基本分析项目。

（2）多元素分析。一个样品分析多种元素项目叫多元素分析。它是根据对矿石的肉眼观察或光谱半定量全分析或矿床类型与地球化学的理论知识，在矿体的不同部位采取代表性的样品，有目的地分析若干个元素项目，以检查矿石中可能存在的伴生有益组分和有害元素的种类和含量，为组合分析提供项目。查定结果某些组分达到副产品的含量要求、某些元素超出了有害组分（或元素）允许的含量要求时，则进一步做组合分析。多元素分析一般在矿产普查评价阶段就要进行。分析项目根据矿床矿石类型、元素共生组合规律、岩矿鉴定和光谱分析结果确定。例如，黑钨石英脉型钨矿床中，共生矿物常有绿柱石、辉铋矿、辉钼矿、锡石、毒砂、闪锌矿、黄铜矿、钨酸钙矿与钨锰铁矿。多元素分析还分析铋、钼、锡、砷、锌、铜、钙等元素。多元素分析样品数目视矿石类型、矿物成分复杂程度而定，一般一个矿区 10~20 个即可。

（3）组合分析。组合分析是为了了解矿体内具有综合回收利用价值的有用组分，或影响矿产选冶性能的有害组分（包括造渣组分）含量和分布规律而进行的样品化学分析。其分析项目可根据矿石的光谱全分析结果确定。

组合分析样品无须单独采取，由基本样品的副样组合而成。所谓副样，是指经加工后的样品，一半送实验室做分析或试验后，剩余的另一半样品。副样与主样具有同样的代表性，需妥善保存，用作日后检查分析结果和其他研究的备用样品。

基本样品可被组合的条件是其主要元素应达工业品位，应属同一矿体、同一块段、同一矿石类型和品级。组合的数量一般是 8～12 个合成一个，也可 20～30 个或更多合成一个，视矿体的物质成分变化稳定情况及是否已掌握组分变化规律而定。具体的组合方法是根据被组合的基本样品的取样长度、样品原始重量或样品体积按比例组合。

组合样品的化验项目一般根据多元素分析结果确定。在基本分析中已做了的项目，不再列入组合分析。只有需要了解伴生组分与主要组分之间的相关关系时，或需要用组合分析结果来划分矿石类型时，组合分析才包括基本分析中的某些项目。

（4）合理分析。合理分析又称物相分析，其任务是确定有用元素赋存的矿物相，以区分矿石的自然类型和技术品级，了解有用矿物的加工技术性能和矿石中可回收的元素成分。

合理分析样品的采取，通常先利用显微镜或肉眼鉴定初步划分矿石自然类型和技术品级的分界线，然后在此界线两侧采取样品。例如，硫化物矿床，在矿物鉴定的基础上，从不同矿石的分带线附近采集一定数量的样品，通过物相分析确定硫化矿物与氧化矿物的比例，据此划分氧化矿石带、混合矿石带以及硫化矿石带，从而为分别估算不同矿石类型的资源量／储量以及分别开采、选矿及冶炼提供依据。

合理样品数目一般为 5～20 个，可以不专门采样，利用基本分析样品的副样或组合分析的副样组成。需要指出的是，当利用基本分析副样作为试样时，必须及时进行分析，防止试样氧化而影响分析结果。

（5）全分析。全分析是分析样品中全部元素及组分的含量，可分为光谱全分析和化学全分析。

①光谱全分析：目的是了解矿石和围岩内部有些什么元素，特别是有哪些有益、有害元素和它们的大致含量，以便确定化学全分析、多元素分析和微量元素分析的项目。故在预查阶段即须采样进行。光谱全分析样品可采自同一矿体的不同空间部位和不同矿石类型，也可利用代表性地段的基本分析副样按矿石类型组成。样品个数为每种矿石类型几个。

②化学全分析：目的是全面了解各种矿石类型中各种元素及组分的含量，以便进行矿床物质成分的研究。化学全分析样品可以单独采样，也可以利用组合分析的副样，大致上每种矿石类型应有 1～2 个样品。某些以物理性能确定工业价值的矿种如石棉等，只需用个别化学全分析样以了解其化学成分，判定矿物的种类即可。

### 4.化学分析的检查与处理

样品进行化学分析的结果，有时和实际相差很大，这是因为在采样、加工和化验等过程中都可能产生误差。这种误差可以分为两类，即偶然误差和系统误差。偶然误差符号有正有负，在样品数量较大情况下，可以接近于相互抵消；系统误差则始终是同一个符号，对取样最终结果的正确性影响颇大，因此必须检查其有无，并采取相应的措施，进行纠正，保证取样工作的质量。不同实验室产生的误差是不一样的，检查分为下列三种。

（1）内部检查。内部检查是指由本单位内部所做的化学分析检查。内部检查只能查出偶然误差。检查方法是选择某些基本样品的副样，另行编号，也作为正式分析样品随同基本样品的正样一起送往化验室分析。取回化验结果后，比较同一样品的结果以检查偶然误差的有无与大小。选择样品做检查时，应考虑矿石的各种自然类型和各种技术品级都选到，还有含量接近边界品位的样品也须检查。检查样品的数量应不少于基本样品总数的10%。内部检查每季度至少进行一次。

（2）外部检查。外部检查是由外单位进行的化学分析检查。外部检查可以查明有无系统误差和误差的大小。系统误差可以由分析方法、化学药品质量和设备等原因引起，在本单位是检查不出来的，必须送至水平较高、设备较好的化验单位检查。外部检查的样品数量一般为基本分析样品总数的3%～5%，对于小型矿床，其外部检查样品不少于30个。由队上或公司分期分批指定外部检查号码。当外部检查结果证实基本分析结果有系统误差时，双方协商各自认真检查原因，寻求解决办法。

（3）仲裁分析。当外部检查结果证实基本分析结果存在系统误差，检查与被检查双方无法协商解决时，就要报主管部门批准，另找更高水平的单位进行再次检查分析，这种分析就叫仲裁分析。如果仲裁分析证实基本分析结果是错误的，则应详细研究错误的原因，设法补救；如无法补救，则基本分析应全部返工。

（4）误差性质的判别。将检查分析结果与基本分析结果进行比较，若有70%以上的试样的绝对误差偏高或偏低，即认为存在系统误差，否则为偶然误差。通过此法判别存在系统误差后，还应进一步采用统计学方法确定有无系统误差及其值的大小，同时决定能否采用修正系数进行改正等处理方法。

### （二）技术取样

技术取样又称物理取样，是指为了研究矿产和岩石的技术物理性质而进行的取样工作。其具体任务是，对一部分借助化学取样不能或不足以确定矿石质量的矿产，主要是测定与矿产用途有关的物理和技术性质。例如，测定石棉矿产的含棉率、纤维长度、抗张强度和耐热性等；测定建筑石材的孔隙度、吸水率、抗压强度、抗冻性、耐磨性等。对于一般矿产，主要是测定矿石和围岩的物理机械性质，如矿石的体重和湿度、松散系数、坚固性、抗压强度、裂隙性等，从而为资源储量估计以及矿山设计提供必要的参数和资料。为此项任务而进行的技术取样又称为矿床开采技术取样。

矿石技术样品包括矿石体重、矿石相对密度、矿石孔隙度、矿石块度、岩(矿)石物理力学性质等方面的测试样品，其采样和测试方法分述如下。

1. 矿石体重的测定

矿石体重又称矿石容重，是指自然状态下单位体积矿石的重量，以矿石重量与其体积之比表示。矿石体重是估算资源量/储量的重要参数之一，其测定方法一般分为小体重和大体重法两种。

(1) 小体重法：利用打(拣)块法采集小块矿石(5~10cm 见方)，采回后立即称其重量，然后根据阿基米德原理，采取封蜡排水的方法确定样品的体积，即可求出样品体重。由于所采集的样品(标本)不能包括矿石中较大的裂隙，因而可视为矿石的密度。这种方法一般需要测定20~50个样品。

(2) 大体重法：在具有代表性的部位以凿岩爆破的方法(或全巷法)采集样品，在现场测定爆破后的空间体积(所需体积应大于0.125m³)和矿石的重量确定矿石体重的方法，这种方法确定的体重基本上代表矿石自然状态下的体重。一般需测定1~2个大样品，如果裂隙发育，应多测定几个样品。

需要强调的是，应按矿石类型或品级采集矿石体重样品。一般来说，致密块状矿石可以采集小体重样，每种矿石类型不得小于30个样品，求其加权平均值；裂隙发育的块状矿石除了按同样要求采集小体重样品，还需要采集2~3个大体重样品对小体重值进行检查，如果两者差异较大，则以大体重值修正小体重值。松散矿石则应采集大体重样，且不得少于3个样品。对于湿度较大的矿石，应采样测定湿度；如果矿石湿度大于3%，应对其体重值进行湿度校正。

2. 矿石相对密度的测定

物质的重量和4℃时同体积纯水的重量的比值，叫作该物质的比重，又称为相对密度。矿石相对密度是指碾磨后的矿石粉末重量与同体积水重量的比值，通常采用相对密度瓶法测定。用于测定相对密度的样品可以从测定体重的样品中选出。相对密度值用于估算矿石的孔隙度。

3. 矿石孔隙度的测定

矿石孔隙度是指矿石中孔隙的体积与矿石本身体积的比值，用百分数表示。具体确定方法是分别测定矿石的干体重和相对密度。

4. 矿石块度的测定

矿石块度是指岩石、矿石经爆破后碎块形成的大小程度。块度一般以碎块的三向长度的平均值(mm)或碎块的最大长度(mm)表示。矿堆块度指矿石的平均块度，一般用矿堆中不同块度的加权平均值表示。块度样品采用全巷法获取，一般在测定矿石松散系数的同时，分别测定不同块度等级矿石的比例，可与加工技术样品同时采集。

在矿山设计阶段，矿石块度是选择破碎机、粉碎机等选矿设备和确定工艺流程的一个重要参数。

5. 岩（矿）石物理力学性质试验

是为测定岩（矿）石物理力学性质而进行的试验。例如，为设计生产部门计算坑道支护材料提供岩（矿）石抗压强度的数据、为矿山制定凿岩掘进劳动定额以及编制采掘计划提供有关岩（矿）石的硬度及可钻性的数据等。样品采集多采用打块法。

### （三）矿产加工技术取样

矿产加工技术取样又称工艺取样，是指为了研究矿产的可选性能和可冶性能而进行的取样工作，其任务是为矿山设计部门提出合理的工艺流程及技术经济指标，一般在可行性研究阶段进行。加工技术样品试验按其目的和要求不同可分为如下三种类型。

（1）实验室试验：是指在实验室条件下采用一定的试验设备对矿石的可选性能进行试验，了解有用组分的回收率、精矿品位、尾矿品位等指标，为确定选矿方案和工艺流程提供资料。实验室试验一般在概略研究或预可行性研究阶段进行。

（2）半工业性试验：也称为中间试验，是为确定合理的选矿流程和技术经济指标以便为建设加工技术复杂的大中型选矿厂提供依据。该项试验近似于生产过程，一般是在可行性研究阶段进行。

（3）工业性试验：是在生产条件下进行的试验，目的是为大、中型选矿厂提供建设依据或为新工艺、新设备提供设计依据。

加工技术样品的采集方法取决于矿石物质成分的复杂程度、矿化均匀程度以及试样的重量。实验室试验所需试样重量一般为 100～200kg，最重可达 1000～1500kg，可采用刻槽法或岩心钻探采样法获取；半工业试验一般需 5～10t，工业性试验需几十吨至几百吨，通常采用剥层法或全巷法。

### （四）岩矿鉴定取样

采集岩石或矿石（包括自然重砂和人工重砂）的标本，通过矿物学、岩石学、矿相学的方法，研究其矿物成分、含量、粒度、结构构造及次生变化等，为确定岩石或矿石的矿物种类、分析地质构造、推断矿床生成地质条件、了解矿石加工技术性能以及划分矿石类型等方面提供资料依据。部分矿产还需借助岩矿鉴定取样方法测定与矿石质量和加工利用有关的矿物或矿石的加工技术性能，如矿物的晶形、硬度、磁性以及导电性等。

研究目的不同，岩矿鉴定采样的方法也有所不同。

（1）以确定岩石或矿石矿物成分、结构构造等目的的岩矿鉴定，一般采用打（拣）块法采集样品，采样时应注意样品的代表性，而且尽可能采集新鲜样品。

（2）以确定重砂矿物种类、含量为目的的重砂样品，分为人工重砂样或自然重砂样。人工重砂样一般采用刻槽法、网格打（拣）块法、全巷法或利用冲击钻探方法获取；自然重砂样是在河流的重砂富集地段采集。

（3）以测定矿物同位素组成、微量元素成分为目的的单矿物样品，常采用打（拣）块法获取。

除上述各种取样，为了解矿床有用元素赋存状态，有时需要进行专门取样分析鉴定研究，特别是在发现新的矿床类型或矿化类型时，这种取样分析具有重要意义。

## 七、样品分析、鉴定、测试结果的资料整理

### （一）样品的采集和送样

样品采集后，要仔细检查和整理采样原始资料。具体工作包括：在送样前要确认采样目的已达到设计和有关规定的要求；所采样品应具有代表性、能反映客观实际；采样原则、方法和规格符合要求；各项编录资料齐全准确；确定合理的分析、测试项目；样品的包装和运送方式符合要求。

采集标本应在原始资料上注明采集人、采集位置和编号。标本采集后，应立即填写标签和进行登记，并在标本上编号以防混乱。对于特殊岩矿标本或易磨损标本应妥善保存，对于易脱水、易潮解、易氧化的标本应密封包装。需外送试验、鉴定的标本，应按有关规定及时送出。一般的岩矿、化石鉴定最好能在现场进行。阶段地质工作结束后，选留有代表性和有意义的标本保存，其余的可精简处理。标本是实物资料，队部（公司）和矿区都应有符合规格要求的标本盒、标本架（柜）和标本陈列室。

样品要使用油漆统一编号。样品、标签、送样单三者编号应当一致，字迹要清楚。送样单上要认真填写采样地点、年代、层位、产状、野外定名和岩性描述等内容，并注明分析鉴定要求。

对需要重点研究或系统鉴定的岩矿鉴定样品，必须附有相应的采样图。委托鉴定的疑难样品，应附原始鉴定报告和其他相应资料。

### （二）样品分析、鉴定、测试结果的资料整理

收到各种分析、鉴定或其他测试结果后，先做综合核对，注意成果是否齐全，编号有无错乱，分析、鉴定、测试结果是否符合实际情况。如果发现有缺项，则应

要求测试单位尽快补齐；若出现错乱或与实际情况不符，应及时补救或纠正，有时需要重采或补采样品，再做分析或鉴定。在确认资料无误后，才登入相关图表，交付使用。

对分析、鉴定的成果资料要按类别、项目进行整理。一般先进行单项的分析研究，找出其具体的特征，再进行项目的综合分析、相互关系的研究、编制相应的图件和表格。同时校正岩石和矿物的野外定名，进一步研究地层、岩石、矿化带的划分和矿体的圈定及分带，以及确定找矿标志等，必要时，对已编制图件的地质和矿化界线进行修正。

内、外检分析结果应按国家地质矿产行业标准，及时进行计算（可能时应每季度计算一次），编制误差计算对照表，以便及时了解样品加工和分析的质量，若发现偶然误差超限或存在系统误差时，应立即向相关分析或测试部门反映，同时采取必要的补救措施。

由于样品的化验、鉴定成果对于综合整理研究工作十分重要，在项目多、工种复杂、样品数量较大的分队（或工区），可设专人负责管理这项工作。

# 第三章　地质勘查与地质构造

## 第一节　矿产勘查中高精度构造和地层建模新技术

### 一、概述

随着矿产勘查程度的不断深入，成矿地质研究已经不再局限于二维的平面及剖面研究，三维地质模型成为三维成矿预测的基础，因此三维地质建模也成为三维成矿预测最为重要的环节。三维地质建模相关技术方法需要融合地形、地质填图、钻孔编录、地质剖面以及地球物理反演结果等地学信息，其对多维、多元数据的融合以及在三维空间内对复杂地质体的表征能力对于以三维地质模型为基础的三维成矿预测研究具有十分重要的意义。近年来，许多学者在地质建模方法和技术方面做了大量的研究，并取得了一系列相关的成果。但由于成矿地质构造环境的复杂性，以及目前常规建模软件技术及数学算法的局限性，建立精细的构造框架和空间多尺度资料约束成矿预测依然是当前研究的热点问题，更是研究中的难点问题。因此，为了提高成矿预测中三维模型的精度，使得所建模型更加逼近客观实际，减少各种因素造成的误差，对三维地质建模各个环节的技术要求就越来越高。

在地学建模领域，三维建模技术与三维网格建模在各个通用建模应用软件之间大不相同。常规建模技术有基于柱状（Pillar）网格和空间几何拓扑建立构造和地层框架；然而，基于柱状的建模技术，当 Y 形断层或倾斜断层发育时，这种建模方法的结果会导致断层变形或者在建模中不能考虑全部断层。同时，常规建模方法会引起网格元（Grid cell）的几何形状发生改变，不能满足后续地质统计算法应用的前提条件，为成矿预测到资源量评估带来累积的偏颇；空间几何拓扑的建模方法，同样对复杂地质背景下的三维建模成矿预测有其明显的局限性，同时存在模型不易更新、模型重建更新花费时间长的问题。传统柱状建模技术，是用一组 Pillar 来构建断层面，其原则有两条。

（1）网格必须平行于断层；

（2）Pillars 必须连接至地层顶和底。

在复杂断块构造建模时，特别是针对"Y"字形断层、交叉断层以及铲状断层发育的地区，柱状网格由于受到断层面和构造层面的限制，往往会出现网格扭曲变形现象，从而严重影响后期成矿预测地质属性建模。通常情况下，要解决此问题必须对构造进行简化，有选择性地忽略一些规模较小的断层或者把铲状断层简化为斜面，以保证网格的正常划分，简化过程，而有时区域内的所有断层都会对成矿起着关键的控制作用，必不可少，这就给构造建模制造了难题。

因此，本文提出了基于UVT坐标转换的新一代建模技术，地层网格没有变形，地层网格被断层任意切割准备表达"Y"字形断层等，克服传统建模技术的局限所建地层网格符合地质统计方法成矿预测的假设条件为实现不同尺度成矿预测中地质统计方法属性体建模提供了符合基础资料和地质认识解决方案。

## 二、应用

相比较可知，新一代建模技术所建立的地层网格，网格被断层任意切割，没有异常变形，除精细表达断层空间接触外，网格结构符合地质统计假设条件，"Y"字形断层在地层网格中的准确表达，为后续成矿预测属性建模提供了符合地质实际情况的地层格架。该技术在国内外有着比较广泛的应用和良好的应用效果，如国内西秦岭大水金矿三维地球化学建模与靶区优选，柴达木盆地钾盐成矿预测，新疆红海块状硫化物成矿研究，锡山黄金矿3D勘探目标优选，铀矿成矿研究、冀东迁安铁矿区域建模，白音诺尔—双尖子山矿集区成矿预测等。国内某盆地局部构造和地层格架模型，断层多期发育且空间配置复杂所建构造和地层格架符合实际资料情况和地质认识，保留了空间构造细节。

基于年代地层的新一代建模技术，突破了常规的建模思路，克服了普通柱状网格受断层约束的限制。所建地质模型不需要给定任何前提假设条件，完全遵循真实的构造与地下复杂地层的地质情况，建立更加逼近客观实际的地质模型。传统的柱状网格建模技术是二维面的垂向叠加，考虑的是单个层面的最优结果，空间几何拓扑的建模方法缺乏明确的地质概念，两者技术局限决定了其对复杂地质背景下的成矿预测存在局限，需要损失地质信息，同时建模效率低，模型更新不是很容易。

基于年代地层的新一代建模技术，以"UVT坐标转换"为核心，UVT将"地质时间域坐标系统"这一全新理论引入地质建模技术中。所谓地质时间域坐标系统，是指将整个构造或地层的发育过程按地质时间进行分阶段标定，通过对地质时间域的划分，进行地质建模，克服了普通地质网格受断层约束的限制，在矿产勘查成矿预测中的三维建模过程中，对地质的复杂性没有限制。空间多尺度资料约束，采用基于年代地层的新一代建模技术，集成卫星影像数据、地球物理数据、地质调查数据、生产数据，钻孔、二/三维物探、化探资料、二维地质剖面，野外勘查资料，地质认识等与所要呈现和预测的地质目标相关所有可用数据，在数据整合及相互验证基础上，以现代成矿理论为指导，结合平台系列技术，实现三维空间多源数据、多尺度网格融合，不同地质时期、不同沉积条件下成矿条件和分布规律研究。为区域基础地质情况的评估，不同类型矿床有效方法组合，成矿预测、矿产资源量评估、靶区圈定，为已有矿区的精细研究和老矿区深边部寻找接替资源提供新技术和新方法。

# 第二节　三维地震勘探技术在矿区构造勘探中的应用

随着三维地震勘探技术水平的不断提高，专业技术人员通过对三维地震勘探技术应用于矿区地质勘探的研究，发现了诸多新类型数据并取得显著成果。这些数据包括但不局限于地震剖面、地质构造图等，它们记录成三维地震剖面或地质剖面或地质构造图信息，并且通过三维地震勘探技术进行分析，建立三维地震剖面与地质构造图进行对比。研究发现，利用三维地震勘探技术可以对矿区矿产地质勘探项目进行综合评价，也可以提取地质构造信息，对矿产地质勘探项目中相关设计单位提供准确而有价值的资料依据，通过三维地震勘探技术可以完成矿区地质调查、矿产勘查工作。

## 一、三维地震勘探技术现状

随着科技的发展，传统的物探技术已经不能够满足矿区地质勘探的需要。随着信息技术在地质勘探领域中的不断应用，一些物探技术的处理方法也不断出现变化。比如，计算机地震技术作为一种新兴的数字成像技术得到了越来越多的应用。对地震数据来说，三维技术能够有效地弥补地震波传播时间短的缺陷；对地震波传播规律来讲，三维地震技术能够有效地提取出一些更为重要的地震信息，如反射波的方位、速度等。这些地震信息对矿产资源勘查来说具有很大作用。面对复杂、恶劣的工作环境，这种技术能够充分发挥其优势来为矿区开发工作提供保障。

### (一) 工作原理

在矿区的地质勘探过程中，通过采用一种新型的勘探技术就能够有效地提高勘查工作的效率和质量。三维地震勘探技术是在计算机技术、物探技术、电子测量技术等多项技术的基础上发展起来的一项勘探技术。通过这种勘探技术能够得到更多更为可靠的地质数据。三维地震勘探技术主要应用于地质勘探工作当中，在进行三维地震勘探工作中，借助计算机技术对地层中存在的各种地质信息进行收集和处理。通过分析地质信息能够发现地层中不同的地层存在不同的特点和作用。对于不同地质特征的地层就能够根据这些特点选择相应方法进行处理，通过合理地利用各种处理方法，把地质信息提取出来并计算出具体的地质数据。在矿区地质勘查中开展三维地震勘探技术就能够有效提高地质勘探技术水平和效果。利用最新三维地震勘探技术开展高精度三维地震勘探，能进一步查明勘探区内隐蔽致灾等地质因素，尤其是深部煤层赋存及隐伏地质构造发育等情况，为矿井安全、高效开采提供技术保障。

### （二）三维地震勘探技术应用的主要内容及方法

三维地震勘探技术应用主要包括三维建模技术、二维地震勘探技术、三维地震勘探技术等多项技术。在二维地震勘探技术中，利用计算机技术对数据进行处理时能够直接提取地层中的三维信息。通过这种方式能够将复杂地质信息提取出来并把地质信息进行数字化处理。三维地震勘探技术还能够利用计算机技术实现矿区中更多地质信息的采集、处理与存储。这种方式不仅能够有效收集到丰富的数据信号，还能够对这些信号进行解调和计算。对数据信号按照二维重建方法进行有效重建就能够得出地层的三维特征及埋藏深度等三维信息。在二维地震勘探技术中还需要对二维三维地震数据进行准确提取、分析和处理，这样才能够实现三维地震勘探技术在矿区地质勘探中更好的应用。

### （三）三维地震勘探技术的优势及特点

三维地震勘探技术的优势主要体现在以下四个方面：首先，根据探测范围来看，三维地震勘探技术能够有效扩大探测范围，并且使整个勘探区域变得更加精细，更加具有科学研究价值。其次，基于计算机技术来对地球物理信息进行处理。能够对地球物理信息进行分析和处理后将这些信息转化为地质数据。再次，借助三维地震勘探技术能够获得更为精确的测量数据。可以对地表上存在的各种不同性质的岩石、矿石进行测量和计算，可以将不同岩石之间存在不同性质的组合规律，从而对岩石的硬度、含水率等地质特征进行分析。最后，通过三维地震勘探技术能够有效确定相关矿产地质特征和矿物分布情况。对矿产地质勘探情况来说，三维地震勘探技术能够有效解决矿产资源勘探过程中所遇到的各种难题，并为矿产资源高效开发提供科学依据。

### （四）三维地震勘探的工作方法

目前，三维地震勘探技术主要包括三维数据采集、地震数据处理分析、三维数据处理等环节。目前的三维数据采集方法有很多，主要有高精度采集和精细地震勘探两种方法。高精度采集是利用仪器将地震数据进行采集处理的过程。具体步骤包括：首先，测量仪器的精度，以确定仪器所采集到的高精度三维地震数据信息的准确性；其次，处理高精度三维地震数据时所采用的软件处理方法；最后，将每一个处理出的数据进行分析计算，通过分析计算所得的结果来确定矿区地质情况。对于某些矿区而言，其存在较为特殊的情况，也可以采用三维地震资料进行测量。最后通过分析计算得到最终结果来进行地质勘测等相关工作。由于三维地震勘探具有速度快、效率高、数据处理灵活等特点，在地质勘探中应用较多。

## 二、三维地震勘探技术实践存在的问题

目前，中国大部分矿区在开展三维地震勘探工作时，大多是在二维地震剖面上直接进行测量操作以获取剖面地质信息。为了更好地利用三维地震勘探技术成果，对于矿区的地质勘探工作人员在三维地震勘探技术应用于矿区矿产地质勘探中时存在以下问题：地震剖面技术与三维地震勘探资料采集不一致现象。目前，三维地震勘探技术在矿区矿产地质勘探中依然存在不完善的地方，因此其在矿产勘查工作中也存在着很多问题需要解决。

（1）无法直接采集地质构造信息。虽然三维地震勘探技术可以有效地应用于矿产地质勘探中，但是在实际工作过程中技术人员仍然存在一些问题和困难，导致无法准确获取地震剖面地质信息。例如，地震剖面数据难以采集直接获得并应用于矿产勘探工作中，也不能充分应用于地质勘探中。由于在矿产地质勘探工作中会受到各种地质因素及岩石物理性质等影响，导致三维地震勘探数据采集效果受到影响。

（2）三维地震勘探信息在提取上存在一定程度的信息差等问题。尽管在进行三维地震勘探数据处理时增加了数据量，但是由于地震数据分辨率较低，导致无法提取出所需正确数据，从而无法真实反映出地质构造信息。因此，为了其在矿产地质勘探应用中具有一定价值并且能够取得较好成果，需在矿区地质勘探中，运用三维地震勘探技术开展矿区矿产地质勘探工作时应注意以下问题。

①勘探时要严格遵守相关工作规程要求；

②做好施工前的各项准备工作，确保工程质量与安全水平；

③注意资料收集工作中时间和位置的准确要求。

通过对国内某矿区三维地震勘探技术的应用情况分析，可发现在矿区地质勘探项目中，大多数地质构造图属于平面图形式，从而并不能反映出其所处的地质背景以及其物性特征与地质构造情况，而将平面上的剖面地质信息直接导入三维技术中实现地质信息提取，这种方法是不可取的。因此建议通过提高三维地震勘探技术在矿区矿产地质勘探过程中的应用，从而很好地解决相关问题，同时降低勘探成本，并能够获得完整的地质构造信息。

## 三、应用方法

采用该方法是通过对地震剖面的解算获得地震剖面的结构、方位、频率等地震数据特征要素信息。将地震数据分为地下、地上、地表三个层面进行处理。首先将震前各层的物理场数据进行转换处理后再与构造地震数据进行对比。其中的岩心是

指通过对这些原始数据进行处理得到的岩石、地层等岩体相关的地质结构特征信息，这些都是我们在分析处理时所需要注意的最重要的问题。其次使用地震剖面的构造等信息，建立三维地震剖面与地质构造图进行对比分析预测工作，得到与地质构造相关的层位、走向和构造属性等相关信息，从而进行地震勘探设计、报告编写等。最后提取该数据信息为最终成果服务于矿区工作。三维地震勘探技术已经逐渐成为一种较为成熟稳定的技术，从而能够被广泛地应用于矿区地质勘探工作中。其数据处理主要分为三维数据采集、地震数据处理分析和三维数据处理三个环节。数据处理流程主要包括地震参数提取、数据处理、地震剖面及地质构造分析、地震异常体提取、地质构造图分析、数值模拟分析等。通过建模可以获得各类地震地质特征参数、地质构造、地表构造等信息，通过分析可以为技术人员提供第一手具有重要价值的物性信息和地质地貌等地质信息，为下一步地质构造勘探提供可靠依据。三维地震勘探技术与传统勘探技术相比，具有效率高、数据处理速度快、分辨率高等特点，但缺点也较为明显，主要体现在以下几个方面。

（1）对地质认识不够深入；

（2）可利用的原始资料与研究成果有明显偏差；

（3）对实际工作中出现的问题缺乏及时分析处理效果及结论；

（4）地质构造与异常信息不一致时影响分析结果的准确性。

通过上述总结可以看出，准确运用三维地震勘探技术能够在矿区矿产地质勘探中起到非常重要的作用，但目前依然存在一定程度上的不足，需要进一步改进提升。

## 四、应用思路

在矿区地质勘探中使用三维地震勘探技术开展矿区地质勘探工作，首先需要选择合适的调查手段或者采用不同的勘探方法完成相应工作；其次需要严格按照施工技术规范开展工作并进行严格的施工现场管理工作。主要包括对观测仪器和记录设备及数据的处理程序。

（1）确定观测地点，建立在观测数据上；

（2）要对数据进行统一的处理，形成一个平面；

（3）确定数据范围。

将这三个方面进行结合，得到一个整体的三维地质构造图，其技术特点是地震勘探精度高。而且由于地质构造资料具有不可复制性的特点，因此建立一个完整的三维地震勘探系统尤其重要。接着利用采集到的数据进行构造研究分析工作并建立三维地质构造图。对于矿区地质勘探项目中需要掌握不同地区的构造类型和其成因及分布范围，利用不同地质构造剖面分别确定震级范围并对其进行地质分析以及确定区域构造单元。最后再将数据进行二次处理，形成符合实际应用需要的，结构完整、布局合理、结构清晰、图件简洁明了、符合构造特征的地质构造图。在此基础上需要对其做详细分析研究，才能运用到各个方面。另外，三维地震勘探技术存在着一些问题，例如，数据存在差异问题，对于不同的地质程度，地层及构造不同，所采集到的地震资料也存在一定差异，不同地层差异直接导致了数据处理分析结果不一致，可能对最终地质成果的获得加大一定的难度。三维地震勘探技术可以快速定位地层构造剖面图物探剖面地质构造分析描述工作以及地质构造综合评价工作，可获得矿产资源量，从而进行矿产资源勘探。同时通过对地质构造的分析可提高矿产勘查项目设计能力，达到提高矿产资源质量、保障矿区地质安全、降低矿产资源成本、延长矿区采掘年限、提高矿区综合竞争力的目的，并且能够满足矿区矿产资源勘查工作需要。综上所述，在三维地震勘探技术对矿区地质勘探的应用中，对于出现特殊情况时，要采取针对其不同情况的特定技术措施，从而才能够有效地提高工作效率，获得最终有效的地质勘探成果；采用不同方法对采集的数据资料进行分析处理然后建立三维模型，才能够更好地应对勘探工作。

## 五、措施建议

### (一) 改进措施

为提高矿区地质勘探的实际效果，应对其进行改进：加强对三维地震勘探技术在矿区矿产地质勘探中的应用研究工作及改进措施力度，提高其应用效果。要根据以下几个方面制定具体的技术措施。

（1）根据三维地震勘探技术研究现状和特点将其作为矿产地质勘探工作主要内容之一。提高工作效率和质量；增加勘探深度；增强资料存储能力；提高软件算法水平；减少误差；增强解释效果和数据分析能力等方面因素来确保三维勘探技术在矿区找矿工作中被充分利用起来。

（2）技术创新，加大人才培养力度，以适应行业及技术发展趋势。要完善工作机制，加大技术创新力度，通过提高科技含量和开发新技术、新工艺来解决实际问题及提高矿区地质勘探工作效率，从而不断提高矿产地质勘探效率、效益。

（3）增强矿区地质勘探技术手段与提高三维地震勘探技术水平之间存在一定差距，由于矿区地质勘探项目较多，各方面对技术认知程度不一，技术人才匮乏也是制约三维地震勘探效果显著的因素之一。因此需要针对不同学科和单位，对具体问题采取相应对策和措施来提高矿区地质勘探技术水平。实现矿区地质勘探向更深层次发展。

（4）积极采用新方法、新技术对进行矿产地质勘探工作中所需要使用到的仪器和技术进一步改进和完善。

### (二) 合理建议

三维地震勘探技术在矿区地质勘探中应该如何应用、目前存在的问题与解决措施等也是需要深入探讨的问题。建议结合矿区实际条件和实际情况，建立科学合理的地质勘探技术评价标准体系，这对于三维地震勘探技术能够更好地应用于矿区矿产地质勘探工作是非常有帮助的。建议将三维勘探技术与矿区地质勘探技术有效地结合起来，并对该项技术进行深入研究探讨，从而使矿区地质勘探工作有着更为高效、科学的管理措施。

在矿区勘查过程中，对于三维地震勘探技术也应该充分认识理解，并根据矿区地质构造特征对该项技术进行合理应用，确保三维地震勘探技术能够获得可靠数据来指导地质勘探工作的开展，达到顺利生产的目的。通过三维地震勘探技术能够获取地质构造特征等信息，在矿区勘探过程中可以有效发现构造中出现的各种异常信息。可以将三维地震勘探技术与其他勘探技术相结合以获得更多高质量的数据内容。在矿区勘探过程中需要科学运用勘探技术对勘探结果进行分析并合理应用，如在矿区资源勘探过程中，应该选择适合矿区资源禀赋等因素的勘探技术进行勘探工作。通过对勘查结果分析评价，三维地震勘探技术不仅能够对开采过程中出现的各种异常信息进行分析评价，还可以对矿产资源进行科学合理利用，为矿区建设生产保驾护航。

## 第三节　三维地质构造综合调查方法在矿产勘查中的应用

三维地质构造综合调查方法是在传统二维 (平面) 地质调查基础上，综合地质、物探、钻探和遥感等多种工作手段，加强三维构造要素的收集和构造格架的建立，以三维地质建模软件为平台，建立工作区三维地质构造综合模型。三维地质构造综合调查方法重点突出构造格架的建立，即野外构造现象的观察测量和物探、钻探深部信息的验证，三维地质模型是前期工作成果的最终表现形式。再通过三维地质模型，提取成矿和找矿有利信息，建立三维地质找矿预测模型，指导区域找矿。本节简要介绍三维地质构造综合调查方法在辽宁瓦房店金刚石矿和庄河新房金矿中的找矿应用成果。

### 一、在金刚石矿找矿中的应用

辽宁省瓦房店地区以盛产原生金伯利岩型金刚石闻名世界，目前，瓦房店地区共评价了 4 个大型金刚石原生矿 (以 30 号岩管、42 号岩管、50 号岩管和由 51 号、68 号、74 号三个岩管组成的岩管群为代表) 和 3 个中小型近源冲积型砂矿，提交储量1221万ct，占全国金刚石储量52%。但在勘探和开采过程中发现多数含金刚石的金伯利岩管（脉）仅分布于地下较浅部，向下突然尖灭或消失。近年有观点认为造成这一现象的原因可能是岩管底部的逆断层错动，但缺少相关地质资料的佐证。

　　本次运用三维地质构造综合调查方法，综合地球物理勘探和钻孔工程手段，在辽宁瓦房店金刚石成矿带内新发现了逆冲推覆构造，由上盘外来滑移系统、下盘原地系统和逆冲断层带三部分组成。可见南华系桥头组逆冲推覆于寒武系之上，青白口系南芬组逆冲于南华系桥头组之上。主逆冲断层带平缓舒展，平面出露界线回曲展布。在上盘岩系下部靠近主逆冲断层面附近，发育一系列次级脆性逆冲断层和褶皱构造。断层规模较小，出露宽度小于2m。褶皱类型包括平卧褶皱、斜歪褶皱、倒转褶皱、"M"形褶皱等，多为露头尺度规模。褶皱枢纽倾向近南北或南南西，倾角为10°～20°。褶皱轴面倾向南东东，倾角变化较大，为15°～45°，上陡下缓。下盘原地系统仅在逆冲断裂带附近受牵引构造影响，发育牵引褶皱，向下总体变形较弱。据构造变形面擦痕线理产状、褶皱枢纽产状及断层带内构造透镜体、牵引褶皱、挤压片理、似"S—C"组构等综合统计，得出逆冲推覆体总体由南东东（110°～120°）向北西西方向（290°～300°）低角度逆冲。

　　在前期地质构造综合调查和研究的基础上，利用三维建模软件平台，建立了研究区三维地质构造综合模型，直观地展示了地层、岩体、构造、矿体之间的三维空间分布特征，发现了金伯利岩管突然消失的原因，通过逆冲推覆构造反演和构造模型恢复，预测了下一步找矿靶区位置，指明了找矿方向。通过钻探验证，在预测区成功探获隐伏含金刚石金伯利岩体，为瓦房店金刚石找矿实现了新突破。

## 二、在金矿找矿中的应用

　　辽东地区位于华北克拉通北缘东段，与胶东巨型金矿带隔渤海相望。胶东巨型金矿带作为中国最大、世界前三的超巨量型金矿带闻名遐迩。而辽东地区与胶东地区具有相似的成矿地质背景，均位于华北克拉通东部及郯庐断裂带东侧，金矿床成因均与早白垩世华北克拉通大规模伸展减薄有关，但辽东地区迄今为止一直未有较大突破。研究发现，胶东地区矿石类型主要为破碎蚀变岩型，而辽东地区矿石类型主要为石英脉型，蚀变岩型较少。

　　辽宁新房金矿床位于辽东成矿带南部，是近年新发现的中型金矿床，南部元和区以蚀变岩型金矿为主，目前已勘探明金金属量10余吨（深部及外围正在勘探中，有望达到大型金矿床规模）。金矿体主要赋存于太古宙片麻岩与上部新元古代沉积盖层之间的韧性剪切带内，即新房变质核杂岩拆离断层带内，严格受伸展拆离带控制。变质核杂岩构造是伸展构造的重要表现形式，是研究华北克拉通巨型伸展剪薄的重要窗口。

通过系统分析成矿规律，以变质核杂岩成矿理论为指导，利用地质调查、地球物理勘查、地球化学勘查和钻探工程等多种工作手段，首次建立了新房金矿床三维地质构造模型，并通过地层、岩浆岩、构造与矿体之间的三维空间关系和矿体赋存规律，研究成矿机制和成矿模式，最终建立三维成矿预测模型。矿体主要赋存于新房变质核杂岩盖层与基底之间的韧性剪切带内，认为拆离断裂的倾向和走向延伸部分是下一步勘查的重点靶区。

## 第四节　隐伏断裂在深部找矿中的意义与寻找方法

近年来，我国地质找矿取得了一系列重大成果，但随着经济的发展，资源过度开采日益严重，许多历史矿山面临资源枯竭的严峻形势，重要矿产资源静态保障年限呈下降态势，能源资源安全保障受到极大挑战。加强矿山或矿集区深部找矿工作，开辟第二找矿空间，发现更多接替资源，满足国家资源安全战略对能源资源保障需求，具有重要的社会和经济意义。

深部矿产资源勘查已成为我国在新一轮找矿突破战略行动中的重要勘查方向。所谓"深部"其实是一个相对概念，并没有绝对深度限定。深部找矿就是要探寻已知矿体深部与其延伸部位的盲矿体，以及没有已知矿床的新区且未出露地表的矿体，即隐伏矿体。众所周知，各种矿床的形成皆与构造作用相关，要实现深部找矿突破，探获隐伏矿体，寻找隐伏断裂必不可少，它对深部矿产勘查起到重要的指示作用。

### 一、隐伏断裂对深部找矿的重要性

隐伏断裂是指埋伏于深地之下，被第四纪松散沉积物所掩盖而在地表未出露、有明显断裂痕迹的构造。地质构造受地质营力的控制，伴随着地壳运动往往表现出性质多样、多期叠加、复杂多变等特点。出露于地表而能被查知验证的构造或许只是地壳构造运动的冰山一角，地下深部尚有许多地表勘查不到的大大小小的隐伏型断裂，它们历经长达几亿年、几十亿年漫长岁月的地壳变迁，大都隐埋于地下而看不出任何痕迹。部分深大断裂可能由于遭受后期剥蚀而出露地表，也有可能在地质历史期形成后又因地壳升降或板块俯冲运动深埋地下形成隐伏断裂。

断裂构造对区域成矿至关重要，矿床形成一般都要经历地壳或地幔中的有用矿物组分被活化、迁移、聚集形成工业品位矿体的过程，即矿床学中"源—运—聚"。深埋基岩之下的岩浆型、热液型、火山型、矽卡岩型、蚀变岩型等多种类型的矿床矿物质的"运—聚"皆离不开断裂构造，尤其深大断裂构造是形成大型—超大型矿床的关键因素，它为成矿流体提供运移通道与汇聚场所。以胶东三山岛断裂为例，通过对其深部探索追踪发现了三山岛北部海域、西岭等超大型隐伏金矿床，故而若能寻找地壳深处的隐伏断裂，则深部找矿可能会大有突破，寻找隐伏断裂显得尤为必要且意义重大。

## 二、主要找寻方法

### （一）地质填图与理论分析

无论地形如何起伏，地表显露的外貌与形态一般都会有断裂构造的存在，依据地貌进行地质填图是寻找地表断裂的直接方法。通过岩性、地层和区域构造的分析，划分出断裂系统，依据断裂特征规律，推测深部断裂走向延伸等，并辅以相应槽探、浅井等地表工程加以揭露控制，必要时予以深部钻探工程验证追索。

一般而言，断裂活动多而明显的区域往往为板块活动频繁且强烈的区域。以胶东为例，金矿被认为是挤压造山型，也有研究认为是碰撞后期伸展构造形成的，还有研究认为是一种类似高级变质的造山运动形成的。笔者认为胶东型金矿可能为两者结合型，早期造山碰撞挤压形成韧脆性断裂构造与下地壳高温脱水变质流体，碰撞后期叠加深部岩浆流体，之后能量释放板片折返，伸展运动拉伸拓宽挤压造山弧断裂，形成梯次深大断裂，后期遭受剥蚀出露地表，形成焦家、三山岛等与大型超大型金矿有关的断裂构造。在胶东区域上除却主要断裂，各种次级断裂极为发育，基本呈北东向羽列式平行分布。胶东金矿在白垩纪集中爆发式成矿，形成于太平洋板块俯冲华北克拉通板块之后折返的地质构造背景。挤压伸展等剧烈的地质运动所造成的构造与断裂可能并不仅限于一隅，亦可能形成于岩石圈深部而未获见于地表，推断其深部断裂构造可能更为发育和复杂。对于构造活动复杂区应系统地研究区域地质资料，确定大地构造位置，分析其所处板块构造活动的裂解、离散、会聚、碰撞、造山等大地构造背景，研究板块构造和成矿关系，探讨成矿的可能性并划定远景区，实现在找矿理论上的突破。收集分析区域地质资料，研究区域构造带成矿理论，是找寻深大断裂、探测大型矿床的先决条件。

### （二）综合物探法

综合物探方法可用于寻找地下隐伏构造、矿产资源、地下水等，主要方法有高精度磁法、时间域激发极化法、电磁法、高密度电法、重力勘探、地震勘探等。不同的物探方法是基于不同的地球物理性质差异，比如，地质体的电性差异、磁性差异、声波速度差异等，单一的物探方法得出的结果往往不够可靠，主要由于结果的多解性、测量数据的信噪比不够、测量深度有限等，通过综合物探方法可以较好地解决以上问题。以区域地质资料分析基础，综合物探方法是目前常用的寻找矿产资源和构造的手段。

### (三) 地球化学勘探

深大断裂的上下盘断层活动频繁、多次位移，形成动力变质岩，如断层泥、糜棱岩等。这些深大断裂区域往往会形成一道天然的物理化学屏障。矿物元素在随岩浆流体迁移至韧脆性断裂带时，由于温度和压力的急剧释放，造成矿物质的快速沉淀聚集，阻碍其后的流体运移。随着含矿成分或流体不断地补给汇聚致使压力陡增，当流体压力超过静岩压力时，会再次冲击、张裂之前裂隙缝或在薄弱带形成新断裂，流体贯入继续充填成矿物质，如此反复循环，最终耗尽成矿系统能量而形成有规律的元素分带，即原生晕分带。原生晕的分带特征与构造蚀变密切相关，蚀变作用的强度和类型可作为划分元素分带的标志。通常情况下，蚀变越强，元素越集中，矿化越强，相应的外观上表现为颜色变化，如"钾化"，又称"红化"。

隐伏断裂多为矿质沉淀的集中区域且分带较明显，是主要的地球化学异常区，因此可利用地球化学元素的异常分布规律来进行原生晕划分，研究相同晕带的分布，以此推断寻找隐伏断裂与盲矿体。

### (四) 深地钻探工程

深地钻探是获取深部地质信息的直接方法。以胶东为例，现有找矿大都突破1000m，部分钻探工程已超3000m，这些超深孔所揭露的地质信息极为丰富。对地质构造进行详细的编录包括断裂宽度、岩性、断裂穿插关系、断裂产状、断面蚀变与矿化信息等，依据编录信息将区域内的超深工程进行综合比较分析，建立地质剖面图，对有相似特征的构造进行圈连，推断其深部走势延伸，并结合三维软件建立空间模型，形成三维空间立体找矿寻断裂概念与思维方式。

另外，对超深孔局部的次级微断裂与局部岩层中的矿脉、石英脉、碳酸盐脉、侵入岩脉等应详加研究，通过研究分析知晓断裂位移、产状、构造应力、断裂控矿、成矿流体演变等地质信息。它们是区域大规模构造活动与成矿作用在局部的微观缩影，以局部映射整体。

### (五) 三维建模

对区域资料信息进行搜集提取及二次处理，建立适用于相应三维软件的数据库，利用三维软件进行矿体、构造、岩性的圈连，建立区域地表及地下空间三维模型，实现区域断裂与成矿的可视化研究，还可实现对地质灾害的评估。目前国内外的各种三维软件均可精准地模拟还原区域及地下深部的各种三维地质体模型。通过对断裂构造的解译，精准绘制在剖面上的起伏波动并推断延伸趋势，继而在三维空间里刻画其整体形态轮廓，显示其空间展布特征。

　　利用三维建模技术可将上述物探数据、地球化学异常数据、元素分带、深部钻孔地质信息（包括宏观与局部脉体、矿化、次级构造）等均转化为数字可视化的模型呈现出来。通过模拟、还原、分析综合数据信息，研判异常区，推测隐伏断裂的可能位置信息。利用软件的复原技术模拟区域地质的古应力状态、膨胀系数、可展性指数等，恢复应力场轨迹，继而获得断裂类型与分布模型，建立断裂体系的形成过程，并可预测潜在断层，反演成矿模式，验证成矿理论。依此再配以地质测年数据，建立包含时间轴在内的区域成矿四维模型，演绎其历史过程，并在仔细推敲论证的基础上圈定有利找矿位置，指导勘查实践。还可以此为基础建立沙盘拼凑模型，推演成矿模式，区分深大主断裂与次级小断裂，更简便地对区域地质成矿与构造系统进行规划细分，找寻隐伏断裂与盲矿体。

　　随着新一轮找矿突破战略行动的开展，寻找隐伏断裂必将成为深地找矿的一种突破。历经漫长地质时期的构造运动复杂多样，深埋地下的隐伏断裂较已知或更为复杂，寻找隐伏断裂的方法和技术也远非本文所述的一些方法。今后我们应充分发挥理论指导找矿的作用，深化和完善构造成矿理论；研发和推广使用纵深广、抗干扰强、高分辨率的物探找寻隐伏构造与盲矿体技术；研究适用于复杂地质特征区深部断裂与矿产预测的地球化学勘查方法；重点研发推广深地钻探技术，揭露追踪深大断裂；同时利用好大数据等现代化信息技术，建立三维模型，集合海量多元化成矿信息进行综合研究，精细刻画深部地质体的空间分布特征，开展立体空间隐伏断裂推断与成矿预测，实现数字化找矿突破。相信随着科技的发展，不久的将来一定会涌现出各种更先进的寻找隐伏断裂、隐伏盲矿体的理论与技术方法。

# 第四章　岩层及其产状和地层的接触关系

## 第一节　成层构造

### 一、岩层概念

由两个平行或近于平行的界面所限制的、岩性基本一致的层状岩石叫作岩层。由沉积作用形成的岩层叫沉积岩层。本书中下述岩层均指沉积岩层。岩层的上、下界面叫层面，上层面又称顶面，形成在后；下层面又称底面，形成在先。两个岩层的接触面，既是上覆岩层的底面，又是下伏岩层的顶面。

同一岩层的成分、结构和颜色大体上是一致的，两个相当清楚的界面将其与上覆岩层和下伏岩层分隔开。但在同一岩层内，沿垂直层面方向的剖面仔细观察，我们还会发现有颗粒粗细、颜色深浅甚至含有其他物质多少的变化。根据这些变化，岩层还可以细分为若干更小的层。所以，层又是岩层的基本组成单位。一个岩层可以由一个或几个层组成。

岩层的形成是内力地质作用和外力地质作用相互影响、相互制约的过程，如一个处于地壳不断下降过程中的接受沉积的坳陷盆地，其边缘沉积了砾石，向盆地内部逐渐过渡为砂、细砂、黏土等物质，在离岸更远的地方为较稳定的化学沉积。这些沉积物成岩以后就分别形成了砾岩、砂岩、页岩、泥灰岩或石灰岩等。如果地壳继续下降，沉积区不断扩大，沉积区段发生变化，在原来砾石层上面又沉积了砂层，原砂层上面又沉积了细砂或黏土等，则水平方向和垂直方向均呈现出自粗到细逐渐过渡的关系。有时沉积下降速度明显变化，造成沉积环境的明显变化，使上、下两套沉积物在物质成分、结构和颜色等方面均有明显的差异。这种相互重叠且有明显差异的地质体，成岩以后在构造上的明显特征是具有层状构造。

同一岩层顶、底面之间的垂直距离，就是岩层的厚度（真厚度）。由于沉积环境和条件的不同，岩层的厚度区域分布有变：有的岩层在较大范围内厚度不变或基本一致，形成厚度稳定的板状岩层；有的岩层在较小范围内明显地向一个方向增厚，而向另一个方向变薄甚至尖灭，这种现象称作岩层的尖灭现象；有的岩层中间厚而向两侧尖灭，形成透镜状岩层。岩层厚度的这些变化，受当时堆积形成时地壳运动的升降速度和幅度以及古地理环境的影响。

## 二、层理构造及识别

层理构造是沉积岩中最普遍的原生构造。它是通过岩石成分、结构和颜色等特征在剖面上的突变或渐变所显现出来的一种成层性构造。层理的形成及其特征，与组成岩石的成分及形成岩石的地质、地理环境、介质运动特征有关。依据层理的形态及其结构，我们通常将其分为三种基本类型：平行层理或水平层理、波状层理和斜层理或交错层理。

除上述三种基本类型，由于在沉积作用过程中介质的复杂运动和其他因素的影响，层理还有许多过渡类型和特殊类型，如斜波状层理、递变层理等。

在进行地质构造研究时，判别层理是最基础的工作。很多情况下只有找出层理，才能确定岩层面的位置，进而判断岩层的正常层序，恢复地质构造的原始形态。大多数沉积岩的层理较为明显，容易辨认。但某些岩层，如成分较为单一的巨厚岩层，层理常不清楚；有的岩层中发育密集定向的节理或劈理，掩盖了层理或与层理混淆不清。

野外识别层理，可根据以下四种直接标志进行。

（1）岩石的成分变化。岩石成分的变化是显示层理的重要标志。特别是在岩性比较均一的巨厚岩层中，要注意寻找成分特殊的薄夹层，如石灰岩中夹有页岩、砂岩中夹有砾岩等，借助这类夹层可以识别巨厚岩层的层理。

（2）岩石的结构变化。根据沉积原理，不同粒度或不同形状的颗粒总是分层堆积的，从而显示出层理。例如，砾岩中大小不同的砾石分层堆积呈带状，砂岩中云母呈面状分布，各种原生结核或扁平状砾石在沉积岩中呈面状排列等，可以作为确定层理的标志。

（3）岩石的颜色变化。在层理隐蔽、成分均一、颗粒较细的岩层中，若有颜色不同的夹层或条带，也可指示层理，但要注意区分由某些次生变化造成的岩石颜色差异。例如，氢氧化铁胶体溶液，常沿节理或岩石孔隙扩散并沉淀，从而在岩石中形成不同色调的褐红色条带或晕圈，当其规模很大时，在个别露头上观察，就容易误认为层理。此外，在有些深色泥岩或白云岩中，常因风化而引起褪色作用，也会沿节理或裂缝发生颜色变化，如不注意也会被误当作岩层的层理。

（4）岩层的原生层面构造。层面构造指在层面上出现的一些同沉积构造现象，这些构造包括波痕、泥裂和雨痕、生物遗迹及其印模等。

## 三、岩层的顶、底面

确定岩层的新老层序是野外观察研究地质构造的一个重要方面。这是因为岩层形成并经受构造变动。虽然有的还保持其正常层序，即岩层的顶面在上、底面在下；

但也有些岩层在强烈的构造变动后，变为直立甚至发生倒转，造成岩层底面在上，顶面反而在下，使岩层沿着倾斜方向出现由新到老的层序倒置的现象。确定岩层的地质时代和层序，主要是依据化石，但在某些情况下，尤其在缺乏化石的"哑地层"中，也可以利用沉积岩的原生构造来判别岩层的顶、底面并确定其相对新老层序。

### （一）斜层理

斜层理由一组或多组与主层面斜交的细层组成。不同类型的斜层理，细层的倾斜方向也不同，可向同方向倾斜，也可向不同方向倾斜。斜层理能用来确定岩层顶、底面的方向，判别特征是，每组细层理与层系顶部主层面成截交的关系，而与层系底部主层面呈收敛变缓而相切的关系，弧形层理凹向顶面。

### （二）粒级层理

粒级层理又叫递变层理。其特点是在一单层内，从底到顶，粒度由粗逐渐变细，如底部是砾石或粗砂质，向上可递变为细砂、粉砂，以至于泥质。递变层厚度可由几厘米到几十厘米。在相邻两粒级层之间，下层顶面通常受过冲刷，因而两层在粒度上或成分上不是递变而是突变。根据粒级层理这种下粗上细粒度递变的特征，可以确定岩层的顶、底面。

粒级层理除发育于砂岩等碎屑岩中，在以凝灰质为主的火山碎屑岩中也可见到，同样可作为鉴别岩层顶、底面的特征。这种具粒级层理特征的岩层变成浅变质岩石时，还可能保留粒级层理的特征。不过当变质程度较深时，由于成分、粒度不同，对变质作用的反应也不同，如原来细致的泥质物质经重结晶，可能形成比由砂质变质的石英质粒度还要粗大的新矿物，因而会出现与原岩粒级层理相反的现象。此外，在某些粗碎屑岩中，也有反粒级层理的现象。因此，在利用粒级层理判断岩层顶、底面时，要注意区别这些反常现象。

### （三）波痕

波痕的成因和类型很多，能够用来指示岩层顶、底面的主要是对称型浪成波痕。它的波峰呈尖菱形，波谷呈圆弧形。这种波痕无论是原形还是印模，都是波峰尖端指向岩层的顶面，圆弧形波谷凸向底面。对称型浪成波痕主要发育在粉砂岩、砂岩及碳酸盐岩的表面，在细砾岩中也可见到。

### （四）泥裂

泥裂也称干裂，是未固结的沉积物露出水面后经暴晒干涸时，因收缩而形成的与层面大致垂直的楔状裂缝。泥裂常使层面构成网状、放射状或不规则分叉状的裂缝，剖面上则呈"V"形或"U"形裂口。这些裂缝被上覆沉积物填充时，就会使填充层的底面成脊形印模。无论是楔形裂缝还是脊形印模，其尖端均指向岩层的底面，即指向较老岩层。泥裂常见于黏土岩、粉砂岩及细砂岩层面上，偶尔也见于碳酸盐岩层面上。

### (五) 雨痕、雹痕及其印模

雨痕和雹痕是雨点或冰雹落在湿润而柔软的泥质或粉砂质沉积物表面上，击打出边缘略高于沉积物表面的圆形或椭圆形凹坑。雹痕较雨痕大而深，形状不规则，其边缘也较高。两种凹坑形成后又被上覆沉积物填充掩埋，成岩后使上覆岩层的底面形成圆形或椭圆形的瘤状凸起印模。因此，凹坑总是分布在岩层的顶面，瘤状凸起的印模则位于岩层的底面，或者说凹坑和瘤状凸起印模的圆弧形面均凸向岩层的底面。

### (六) 冲刷面

固结和半固结的沉积岩层，出露水面或在水下经水流冲刷，会在沉积岩层顶面造成凹凸不平的冲刷面。此后，这些不平整的冲刷面上又堆积物质时，被冲刷下来的下伏岩层的碎块和砾石，有可能在原冲刷沟、槽、坑处堆积下来，形成自下而上由粗变细的充填物，这种充填物结构较复杂。

### (七) 古生物化石的生长和埋藏状态

保存在岩层中的古生物化石，除了根据其种属确定地层的地质时代，还可以根据某些化石在岩层内的埋藏保存状况和生长状态鉴定岩层的顶、底面。例如，珊瑚特别是群体珊瑚等底栖生物，若它们在原来生长的位置被掩埋，则其根系总是指向岩层的底面；又如，由藻类生物形成的叠层石，其类型不同，形态各异，可有柱状、分枝状、锥状和瘤状，但均具有向上弯起的叠积纹层构造，其凸出方向指向岩层的顶面。

一些平凸型或凹凸型的腕足类或斧足类化石介壳被沉积物掩埋时，大多数介壳保持着凸面向上的稳定状态埋藏，因此其凸面指向岩层的顶面。

当古代羊齿类、苏铁类和其他种类植物的根系被掩埋时，保持其生长状态，则古植物根系的生长迹象也可以作为确定岩层顶、底面向的标志，根系分叉方向指向底面。此外，生物活动造成的遗迹化石，如三叶虫的停息迹、爬行觅食迹及潜穴的蹼状构造凹面均指示岩层的顶面。

# 第二节 岩层的产状、厚度及出露特征

在地质研究中，任何构造面，如物理界面中的节理面、断层面、劈理面、不整合面等，还有几何界面中褶皱的轴面等，它们的空间位态称为产状，通常由走向与倾斜（倾向和倾角）来确定。对于岩层而言，其产状还包括厚度这一要素。

野外观察和认识构造形态是从观测和测量岩层产状入手的。在分析岩层产状时，通常以水平面作为参考面。

## 一、岩层的原始产状及构造变动

沉积岩由沉积作用形成，岩层由顶面和底面所限定，顶、底界面间的垂直距离即为岩层的厚度。由于沉积环境和沉积条件的不同，岩层厚度可在横向上发生变化。

沉积岩层的原始产状在范围广阔的盆地中多为水平或近水平，只有在沉积盆地边缘、岛屿周围、水下隆起和火山锥附近等局部地区，才会出现倾斜，即原始倾斜。因此，在分析岩层产状时，常以水平面作为参考面。

## 二、岩层的产状要素

### （一）面状构造产状要素及表示

1. 面状构造产状要素

面状构造是一个无成因意义的描述性概念，泛指地质体中可以用"平面"来描述的构造，包括岩层层面、不整合面、节理面、断层面、岩浆岩体内部的破裂面和边界面等。产状泛指地质体的形态及其在空间上产出状态。面状构造的形态为平面状，其产状可以用该平面在空间的走向、倾向和倾角来表示，也就是通常所说的面状构造产状的三要素。

走向：面状构造与任何水平面的交线称为该面状构造的走向线，走向线两端延伸的方向称为面状构造的走向。显然，一个水平的面状构造的走向可以是任意方向，而倾斜的面状构造的走向是相差180°的两个方向，倾斜面状构造上可以有无穷多条走向线。

倾向：倾斜的面状构造上与走向线垂直的线叫倾斜线，倾斜线在水平面上的投影线所指的沿倾斜面状构造向下的方位即为倾向。倾向与走向相差90°，倾向只有一个。确定了面状构造的倾向也就确定了其走向，但确定了走向并不一定知道倾向。

倾角：面状构造的倾角是指该构造面与水平面的锐夹角，可以用面状构造的倾斜线与其在水平面上的投影线之间的夹角来表示，也称为真倾角。

倾斜线和倾向线所在的平面与走向线垂直且为铅直面，其他与走向线斜交的平面与层面的交线为视倾斜线，视倾斜线与其在水平面上的投影线的夹角（或视倾斜线与水平面间的夹角）称为面状构造的视倾角。对于同一平面，真倾角比任何视倾角都大。

视倾向与真倾向越接近，其视倾角值就越大，直至趋近于真倾角值；视倾向与真倾向偏离越远，其视倾角值就越小，直至趋近于零。

面状构造上的倾向与倾角表示了面状构造的倾斜方向和倾斜程度，简称"倾斜"，是确定面状构造产状不可少的两个要素。面状构造的走向可以从倾向计算得出，可使观测者建立面状构造的延伸状态的空间概念。因此，在想象岩层或其他面状构造的产状时，应充分考虑其走向、倾向和倾角三个关联的产状要素。

2. 岩层产状要素的测定与表示方法

野外对岩层产状的测定，通常是测量其真倾向及真倾角，但有时也需要视倾角。在绘制地质剖面或做槽探、坑道编录时，剖面方向或槽、坑的方向与岩层或矿层的走向可能不直交，此时，剖面图或素描图上的矿层、岩层的倾角就需要用视倾角表示。

露头区，岩层的产状要素可以用地质罗盘直接在岩层面上测得。在获得真倾向和真倾角困难的情况下，可以测得视倾斜，然后间接得到真倾斜。有多种方法可以实现真倾角与视倾角的换算，可用关系式法、赤平投影法或图解法等方法求出。在地形地质图上，可以用作图方法得到岩层的真倾斜。地下覆盖区，可根据钻孔资料、地震资料，通过作图或计算得到岩层的真倾斜。倾斜测井资料也可以提供覆盖区岩层的倾斜资料。

岩层的产状要素表示方法有文字和符号两种。由于地质罗盘上方位标记有象限角和 360° 的圆周角两种描述方式，因此文字表示方法也有两种分别与之对应。

### （二）线状构造产状要素及表示

线状构造也是一个无成因意义的描述性概念，泛指地质体中可以用"直线"来描述的构造。例如，在面状构造上的倾斜线，两个面的交线，等等。线状构造的产状用倾伏或侧伏来表示。

倾伏包括倾伏向和倾伏角，是在包含该直线的铅直面上测得的。一条倾斜的直线在空间的延伸，一端向上扬起，另一端向下倾伏。包含倾斜直线的直立面的走向也可以理解为该直线的走向，其中向下倾伏的一端即是直线的倾伏向。换言之，线状构造的倾伏向是该线状构造正投影在平面上由扬起端指向倾伏端的方向。倾伏角是倾伏的直线与它在水平面上投影线之间的锐夹角，是倾斜直线与水平面的夹角。

侧伏包括侧伏向和侧伏角，是参考包含该线状构造的倾斜平面的产状获得的。

当线状构造包含在某一倾斜平面内时，线状构造与该平面走向线间所夹之锐角即为线状构造的侧伏角，构成此锐角的走向线的延伸方向称为线状构造在该倾斜平面上的侧伏向。显然，当包含线状构造的平面为直立平面时，侧伏向就是倾伏向，侧伏角就是倾伏角。

### 三、岩层的厚度

岩层的厚度（一般均指岩层的真厚度）是指岩层的顶底界面之间的垂直距离。岩层除有真厚度，还有铅直厚度和视厚度。

铅直厚度是指岩层顶、底面之间沿铅直方向的距离。在与岩层面走向不垂直的非直立剖面上测得的岩层顶、底界面之间的垂直距离，都是视厚度。

地质工作中，使用最多的是岩层真厚度。同时，岩层的铅直厚度、视厚度与真厚度之间具有一定的三角关系，得知岩层的真厚度和真倾角、视倾角，铅直厚度和视厚度即可用三角公式求出。

在地质调查中，往往需要测制一系列地层剖面，以研究地层的发育情况和地质构造特征。在测制地质剖面工作中，除要观察分析地层的岩性、化石、层序和接触关系，还要测算各岩层的厚度。在矿产勘探工作中，矿层的厚度是矿层评价的一个重要指标，也是矿层储量计算的一个基本参数。岩层或矿层的厚度，除有的可以在露头上用皮尺或小钢尺直接量出外，一般都是通过测量地质剖面，取得导线方向、导线距、岩层倾向和地面坡度角、倾角等数据后，运用一定公式来计算或用赤平投影方法、几何法等得到。

### 四、岩层露头线的分布规律

层状地质体在空间三维分布的情况，经常使用平面图来展现。因此，首先需要掌握层状地质体在地表的表现，即露头线的展布规律。

露头线即构造面（包括岩层面）与地面的交线。地质图上所出现的各种地质界线，如地层界线、断层线、侵入体与围岩的接触界线等，皆是各有关构造面露头线的水平投影。假如各构造面是平面（实际上任何构造面皆非严格意义上的平面，但可以分段将其视为平面来处理），那么任何复杂的构造变动下的构造面，其空间的位态不外三种：水平的、直立的和倾斜的。构造面这三种位态的露头线有一定的分布规律。现以沉积岩层面为例，分述如下。

### (一) 水平岩层

理论上的水平岩层，其岩层倾角为零，同一岩层面上的不同点的高程相等，露头线与地形等高线平行或重合，岩层厚度就是岩层顶面高程与岩层底面高程之差。

### (二)直立岩层

直立岩层倾角为 90°，露头线延伸不受地形起伏的影响。直立岩层的露头线延伸方向即为岩层的走向。岩层走向稳定时，露头线呈直线状延伸。

### (三)倾斜岩层

倾斜岩层在起伏地表的露头线均呈"V"字形形态，其弯曲方向及形态与地形等高线弯曲方向及形态的关系与地面坡向、坡度角及岩层倾向、倾角的关系之间存在一定的规律，这种规律称为"V"字形法则。现以穿过沟谷的露头线为例，分述如下。

(1)岩层倾向与地面坡向相反时，"V"字形露头线尖端指向沟谷上游，岩层露头线弯曲方向与等高线弯曲方向相同，露头线弯曲程度小于等高线弯曲程度，露头线曲率小于地形等高线曲率。

(2)岩层倾向与地面坡向相同，且岩层倾角大于坡角时，"V"字形露头线尖端指向沟谷下游，露头线与等高线的弯曲方向相反。

(3)岩层倾向与地面坡向相同，且岩层倾角小于地面坡角时，"V"字形露头线尖端指向沟谷上游，露头线与等高线的弯曲方向相同，且露头线弯曲程度大于等高线弯曲程度，露头线的曲率大于等高线的曲率。

在野外填制大比例尺地质图时必须考虑利用"V"字形法则，但在中、小比例尺地质图上，由于地形等高线不能明显反映地形的细节，因而难以应用该法则将露头线弯曲形态表示出来。此时，露头线的分布主要受岩层走向的控制，露头线的弯曲往往代表走向的改变。如果岩层产状稳定且岩层是连续延伸的，那么在地面出露的同一倾斜岩层面的高程相等的点应该连成一条直线，代表岩层在观测点高程的走向线。而同一倾斜岩层在不同高程上的走向线应该是平行的。通过同一岩层面在不同高程的走向线的对比分析，可以确定岩层的产状。

### (四)岩层的露头宽度

露头宽度是指岩层在地表出露宽度的水平投影。显然，水平岩层的露头宽度主要受地形坡度影响，同样厚度的水平岩层在地形较缓的地方的露头宽度相对较大。直立岩层的露头宽度不受地形坡度影响，同样厚度的直立岩层在不同坡度的地方露头宽度是一致的。倾斜岩层的露头宽度主要取决于岩层的厚度、产状，还取决于地面坡角、坡向。

当岩层倾向与坡向相反时，一般地形越缓，岩层露头越宽，地形越陡，岩石露头越窄；若岩层出露在陡崖峭壁上，则岩层顶、底面的界线在平面上的投影重合成一条线，露头宽度为零，造成岩层在平面图上岩层"尖灭"的假象。

当岩层面与倾斜地面直交时，露头宽度小于岩层厚度；当岩层近于直立，露头宽度等于岩层厚度，且不受地形影响；当岩层面与地面之间的交角（指相交锐夹角）由大变小，则露头宽度由小变大。

影响岩层露头宽度的各种因素十分复杂，且这些因素相互影响、相互制约，在实际工作中应根据具体情况分析总结其变化规律。

# 第三节　地层的接触关系

一般地，将沉积岩层的大层序界面的原始产状视为水平，但是在盆地边缘沉积的岩层可以有原始倾斜。沉积岩层的沉积过程可以是连续的加积，加积方式可以是垂向加积或侧向加积。受地壳运动影响，岩层位态（位置、产状）可以发生变化，原始水平岩层进而发生倾斜或弯曲，甚至破裂。原始沉积区域在地壳运动过程中可以抬升而使原来沉积的岩层遭受剥蚀，原来剥蚀区域也可以发生沉降而再一次接受沉积。新、老地层的接触关系记录了地壳运动（构造运动）。地质历史时期曾发生过多次地壳构造运动，在剖面上地壳运动往往以地层不整合接触形式体现出来，而地壳运动的名称通常也是以地层不整合的首次发现地区或表现最明显的地区名称命名。因此，一个地区的地层接触关系，从侧面记录了该地区地壳运动的演化历史。通过研究地层接触关系，可以帮助了解地壳运动的性质、特点以及演化历史，确定地质构造的形成时期及岩浆活动时期，同时对研究古地理演化过程、寻找矿床和解决其他相关地质问题也具有重要意义。

## 一、整合接触与不整合接触

上、下相接触的地层，在沉积层序上没有间断，岩性或所含化石是相同的或递变的，其产状基本一致，将这种地层之间的接触关系称为整合接触。地层的整合接触反映了在形成这两套地层的地质时期，该地区地壳处于持续缓慢下降状态，或者其间虽有短暂上升，但是沉积作用从未间断，或者地壳运动与沉积作用处于相对平衡状态，沉积物成层连续沉积。上、下地层间的层序如果存在间断，即先后沉积的地层之间缺失了一部分地层，那么这种沉积间断的时期可能代表没有沉积作用的时期，也可能代表以前沉积的地层被侵蚀的时期，地层之间的这种接触关系称为不整合接触，简称不整合。不整合接触的上、下地层之间有一个沉积间断面，称为不整合面。不整合面在地表的出露线称为不整合线，是重要的地质界线之一。

## 二、不整合的类型

根据不整合面上、下地层的产状及其所反映的地壳运动特征，不整合可以分为两种主要类型，即平行不整合（也称假整合）和角度不整合（狭义的不整合）。

### （一）平行不整合

平行不整合表现为不整合面上、下两套地层的产状彼此平行，但两套地层之间缺失了一些年代的地层，表明在这段时期内发生过沉积间断，不整合面就代表这个没有沉积的侵蚀期。不整合面也就是古剥蚀面，其上常有底砾岩（其砾石为下伏地层的岩石碎块），有时还保存着古风化壳或古土壤层。不整合面有的平整，有的高低起伏，它反映的是上覆新地层沉积前的古地貌形态。

平行不整合的形成是由于地壳在一段时期内处于上升，而在上升过程中地层又未发生明显褶皱或倾斜，只在露出水面时发生沉积间断或遭受剥蚀。经过一段时间后，又再次下降接受新的沉积，从而使上、下地层间缺失了一些地层，但地层产状却是基本平行的。这一过程可以表示为：下降沉积→上升、沉积间断或遭受剥蚀→再下降、再沉积。

例如，在我国华北和东北南部广大地区，中石炭统（本溪组）直接覆盖在中奥陶统（马家沟组）石灰岩侵蚀面之上，其间缺失了自上奥陶统至下石炭统的一系列地层，而上、下地层的产状基本平行，这是一个典型的平行不整合。

平行不整合接触在平面上和剖面上都表现为：不整合面上、下两套地层的界线在较大范围内呈平行展布，产状也基本一致，但其间却缺失某些地层。

### （二）角度不整合

角度不整合简称不整合，主要表现为：不整合面上、下两套地层之间缺失部分地层，产状也不相同。在不整合面上常有底砾岩、古风化壳和古土壤层等。上覆较新地层的底面通常与不整合面基本平行，而下伏较老地层的层面与不整合面则相截交。

角度不整合的形成过程可以概括为：下降、接受沉积—褶皱上升（常伴有断裂变动、岩浆活动、区域变质等构造活动）、沉积间断、遭受剥蚀—再次下降、再次沉积。因此，角度不整合的存在反映了该地区在上覆地层沉积之前就曾发生过褶皱等重要构造事件。

角度不整合接触在平面上和剖面上均表现为：不整合面上、下两套地层的产状有较明显不同，其间又缺失部分地层。上覆较新地层的底面界线（不整合线）与下伏较老不同层位的地层相交接。

以上所述是两类不整合的典型特征，但地层的接触关系并不只是这简单的几种，其表象多态、变化多端，它们在时间上和空间上的分布情况也是错综复杂的，常表现出互相过渡、互相转化的复杂关系。例如，两套地层在某些地区或在一定范围内缺失部分地层，且彼此产状平行，表现为平行不整合；但是，通过区域地质调查和填图工作发现，上覆地层在某些地方与下伏不同层位的老地层接触，这说明从更大区域范围来看，应是角度不整合接触。这种接触关系可称为"地理不整合"或"区域不整合"。又如，有的不整合在较大范围内基本上是平整的，但是上覆地层的底部层理与之呈截交关系，这种不整合接触关系可以称为"嵌入不整合"。另外，沉积岩与变质岩或与岩浆岩之间的不整合，可称为"异岩不整合"或"非整合"。

## 三、超覆、退覆和尖灭

### (一) 超覆和退覆

不整合的下伏地层在受剥蚀的过程中或受到剥蚀后，常形成不平坦的地形，除了准平原化的情况，在许多情况下，上覆新地层常是逐渐覆于高地形之上的。在水侵时期，新地层依次超越下面较老地层的覆盖范围，直接覆盖在盆地周缘或隆起区的剥蚀面之上，这种情况称为超覆。在超覆区形成不整合接触，不整合面上下两套地层之间交角通常较小，向盆地内部则表现为上下相接触的地层为整合接触。退覆则相反，新地层的覆盖范围比老地层的覆盖范围小。

受沉积相的控制，在超覆和退覆中经常出现穿时现象。同时代沉积的地层近于水平，但岩性从陆向海的变化情况为：砾岩—砂岩—粉砂岩—泥岩—石灰岩。岩性相同的岩层实际上是不同时期沉积的产物，但貌似同一时期产物，这种现象为穿时现象。

### (二) 超覆的类型

1. 顶部超覆

顶部超覆简称顶超，指在层序上界面处的超覆尖灭现象，即原来的倾斜地层向着层序顶面突然消失，它是无沉积作用的沉积间断，实际上是退覆作用引起的。大规模侵蚀作用也可引起层序顶面的突然消失，称为削蚀。

2. 底部超覆

底部超覆简称底超，指在层序底界面上的超覆现象。所谓层序是指某构造阶段连续沉积的一套岩层，往往以角度不整合及其可对比的平行不整合或整合限定。其中，顺着原始倾斜面向上的超覆叫上超，顺着原始水平面或原始倾斜面向下的超覆称为下超。根据上、下超方向与物源远近的关系分别有近端上超、远端上超和远端下超。

底超、顶超及削蚀的组合构成了层序的边界。

### (三) 尖灭及其类型

依据产生的原因，尖灭可以分为以下几种类型。

(1) 岩性尖灭：由于岩性变化而产生，如砂、砾岩横向变成泥岩。

(2) 岸线尖灭：由于接近岸线岩层向上倾，边界减薄并收敛呈楔形尖灭。

(3) 超覆尖灭：超覆地层在原始沉积边界侧向尖灭消失。

(4) 退覆尖灭：退覆地层形成的侧向尖灭。

(5) 削蚀尖灭：不整合面以下的地层因受侵蚀作用被切掉而形成的侧向消失。

(6) 断层削截尖灭：因断层活动而引起的地层侧向尖灭。

前四种尖灭主要是沉积原因形成，也称原生尖灭。后两种尖灭主要是剥蚀作用和构造作用造成的，也称为次生尖灭。

## 四、不整合面的古地貌及其演变

古地貌学的一项重要内容是研究地史时期已被埋藏的地貌及其演变过程。

不同地区不整合面的起伏具有很大差异。有些地区被长期侵蚀成准平原地貌，而有些地区则起伏很大。

潜山 (正向地形) 和潜谷 (负向地形) 的表面多是长期受到侵蚀作用的不整合面，它们的形态可能是在不整合面的形成过程中因侵蚀作用而产生的正、负向古地形，也可能是受其后构造运动的影响而产生，或者是两者的结合。

有的地区可以保留不整合面形成时期的古潜山地形，似乎后期的改造作用对其影响不大。但许多关于潜山的研究表明，现今所见的并不是或不完全是原来的山丘地貌，它们能够表现出如此大的地形反差主要由于后期同生断层活动对不整合面形态的改造，从而大大增加了它的起伏。如果能够知道同生断层各个时期的落差，就可以恢复潜山最初的形态。

按其外部形态，潜山可分为圆顶馒头山、平顶山、尖顶山、缓坡、丘陵、峰林式潜山，对称潜山和不对称潜山等，这些不同形态的特点取决于地壳运动、地质构造、岩石抗蚀能力以及古气候条件。

根据潜山形成的地质背景，可以将其分为地貌潜山和构造潜山两类。地貌潜山因岩性差异和抗风化能力不同而形成。构造潜山与后期构造作用的改造有关，又可分为褶皱隆起型潜山和断块型潜山。

潜山的地层组成可以是新沉积覆盖层沉积以前任何时期的地层，其岩性多为致密坚硬的碳酸盐岩、砂砾岩、火成岩和变质岩。在地下水的溶蚀作用下，由碳酸盐岩组成的潜山可以在不整合面下不同深度产生缝洞带。

潜山内部构造包括水平层、直立层、单斜层、背斜、向斜、断块、断阶等。

潜山对上覆岩层沉积和构造均有重要影响。由于古潜山地形突出，处于隆起状态，这样会使上覆层沉积变薄或部分缺失，周围斜坡沉积增厚，岩层向上倾尖灭，斜坡上发育超覆现象、向翼部发生明显相变等。由于潜山地势起伏不平，其上多发育有披覆构造（背斜），这与沉积原始倾斜和差异压实作用有关。其闭合度的大小取决于上覆盖层的重量、沉积物易受压实的程度和潜山的形态。当受到继承性隆起作用时，构造幅度会进一步加大，构造复杂性也会相应增加。潜山形态的不对称可造成上覆背斜形态的不对称，并控制着脊面、轴面的倾向和斜度。潜山的构造线也明显控制着上覆构造的分布。

由以上内容可知，不整合的上、下层在发展上是密切联系并相互影响的。既要看到上覆层发展有继承古潜山的一面，又要注意到新的构造变形和构造运动对老构造变形的改造和叠加，表现出继承性和新生性的统一。

## 五、不整合的观察和研究

### (一) 确定不整合的标志和依据

确定不整合的存在是观察和研究不整合的基础，其标志和依据包括以下几方面。

1. 地层古生物标志

如果两套地层中的化石所代表的时代有较大间隔，反映生物演化过程存在中断，说明可能存在不整合。

2. 沉积侵蚀标志

如果两套地层之间存在古侵蚀面、古土壤或与其有关的残积矿床（铁矿、铝土矿、磷矿、金矿等）、底砾岩等，说明在上覆地层形成之前，曾发生隆起、侵蚀和风化等作用，说明存在不整合。

3. 构造标志

如果上、下两套地层之间的变形差异明显，如产状不同，构造线不同，褶皱形式不同，变形强度不同，断层类型、产状和强度等不同，并且下伏地层中的断层被上覆地层切截，说明存在角度不整合。

4. 岩浆活动标志

不整合面上、下两套地层发育于不同的构造阶段，并经历过不同的构造作用。那么，与这两套地层相关的岩浆岩序列也会有明显差异。这两套地层中岩浆岩的成分、产状、规模以及岩浆活动的强度、性质等方面的差异，反映了两种不同的构造环境，所以说明两套地层之间可能存在角度不整合。与岩浆活动有关的内生矿产方面的差异，也有助于确定不整合的存在。

5.变质程度标志

不整合面上、下两套地层变质程度的截然差异，可以作为确定不整合存在的标志。

6.同位素年龄标志

两套地层同位素年龄的差异也是分析不整合应该予以考虑的，特别是在同位素年龄值相差较大的情况下。

总之，充分利用地面和地下的各方面标志，通过综合分析来确定不整合的存在及其类型才是最可靠的。地下不整合主要是通过综合利用反射地震剖面、钻井和测井资料来研究。

### （二）不整合空间分布及类型

在观察研究地层接触关系时，不应当只局限于一个或几个地段，而是要尽可能地在较大的区域范围内追寻其分布和类型的变化情况。

### （三）不整合在地质图上的表现

平行不整合在地质图上表现为新老岩层的分界线彼此大致平行。角度不整合在剖面上表现为不整合面与其下伏地层成一角度相交，而与上覆岩层面大致平行。在地质图上，角度不整合面就是新岩层最下部切过下伏的、不同时代的较老岩层的分界线。但有时新岩层底界线并不是切过下伏较老岩层的界线，而是两者平行。

超覆不整合在地质图上表现为上下相接触的两套地层之间地层基本连续，地质界线小角度相交。

### （四）不整合时代的确定

不整合的形成时代，通常定义为不整合面下伏最新地层形成之后（下限），上覆最老地层沉积之前（上限）。如为角度不整合，该时期代表地壳发生了剧烈的水平运动，为一个褶皱幕或造山幕。由于地壳运动的不均衡特点，角度不整合所造成的地层接触关系往往是复杂的，因此在确定不整合形成时代时，应注意以下几种情况。

（1）上覆地层底部的地层在不同地方与不同时代的地层相接触，不整合面上下相接触的地层交角不同、不整合类型也不同，如角度不整合或平行不整合，不整合的形成时代应以下伏地层的最新时代为下限，上、下限相隔最近的时代为不整合的形成时代。

（2）同一次地壳运动，在不同地区的强度不同，发生的时间可有先有后，延续时间有长有短。

（3）不同地区地壳运动的期次并不一定一致，有多有少。向古陆方向，几个延续时间较短的不整合可能合并成一个延续时间较长的角度不整合。

（4）在不整合分布区域内，不整合面下伏最新地层与上覆最老地层之间缺少某些地层，但不一定表示该时间段内该地区完全处于剥蚀状态而没有沉积。

### （五）地下不整合的表示

可以用来表示地下不整合的图件很多，常见的有不整合面构造图、不整合面上覆地层等厚图、不整合面下伏地层残余厚度图、不整合面下伏地质图。

1. 不整合面构造图

不整合面构造图与一般的构造等值线图类似，不过它表示的是不整合面现今的起伏形态，一般也以海平面为基准。如果起伏的不整合面被土覆地层覆盖后未受后期地壳运动的影响，此时构造等值线所显示的地形起伏就代表古地貌。如果经历后期构造运动而发生了抬起、褶皱或断裂，不整合面经过了改造，就必须消除后期演变的影响，才能还原初始情况。

2. 不整合面上覆地层等厚图

不整合的侵蚀地貌逐步被上覆地层埋藏后，往往会经受后期运动的改造，这时需要做其他类型的图件来反映不整合的起伏状态，取不整合以上的某一标准层作为基面（通常是水平面），按照一定比例尺向下画出标志层到不整合面的铅直厚度，所得出的曲线就是原始古地貌的"倒影"或"印模"。利用这种拉平上面的标准层来观察下面不整合面起伏的方法，可以消除后期运动对不整合面古地貌的影响。

平面上，可制作上覆地层单元等厚图来反映不整合面的起伏程度。当不整合面起伏变化不超过几米/公里时，可认为基本上是处于准平原状态。用厚度资料反映古地形起伏量时，需要进行去压实校正，即恢复原始厚度。

3. 不整合面下伏地层残余厚度图

该类图件表示的是下伏地层受侵蚀后最终残存的厚度的图件，具体地说，是指不整合面以下所遇到的第一个标准层之上的地层厚度图。

残余厚度变化可以概略地反映出下伏岩系沉积时或沉积之后地壳隆起与凹陷的分布。残余厚度不一定都能反映侵蚀程度，它可能是原始沉积厚度变化，也可能是侵蚀作用引起的，或可能两者兼而有之。因此，应仔细分析，才可以确认残余厚度图在多大程度上反映了侵蚀。

在编制下伏层残留厚度图时，尽可能在紧靠不整合面的部位找到标准层或时间地层单位界线，然后利用该界线到侵蚀面的地层残余厚度资料进行编图。

4. 不整合面下伏地质图

不整合面下伏地质图也称为地下露头图、地下地质图或古地质图，是不整合面以下岩层的地质图，与地表地质图相似，反映各种地质构造之间的相互关系，地壳运动的性质、强度和历史。

不整合面下伏地质图可以解决许多深部地质问题，如变形特点、时间、程度，为恢复构造发展史、古地动力环境提供信息。经河流侵蚀过的地区出露地层通常是最老的，因此还可以利用下伏地质图来定出古河道。

### (六) 研究不整合的意义

不整合是重要的地质现象，对不整合的研究在揭示构造发育历史等方面具有重要的理论意义，在找矿中具有重要的实际意义。

1. 地壳运动的标志

地壳运动和岩浆活动时期的主要鉴定依据是不整合，构造层的分界面是不整合面。构造层是由角度不整合限定的，在一定大地构造单元内，一定构造阶段形成的一套地层（或建造）及其构造，并包含一定的岩浆岩组合、变质岩系列及变质特征。对研究地质发展历史来说，不整合具有重要的意义，能指示地壳运动发生的时间、次数、影响范围及运动性质。

2. 地层划分的依据

不整合是划分岩石地层单位的依据之一，但由于不整合不代表等时面，所以它不能作为划分年代地层单位的依据。层序地层学中，不整合及相对比的整合是层序的边界。层序的年代则需要古生物化石等确定，进而确定年代地层单位。通过不整合研究，可以为海陆分布、海水进退及海平面升降的研究提供依据。

3. 与矿体发育的关系

在寻找油气、金属与非金属矿床方面，不整合的研究有很重要的实际意义。不整合面属于构造上的薄弱带，岩浆及富矿溶液易沿此薄弱带贯入而形成一些内生矿床；同时，不整合面之下常存在风化壳，其上经常含有一些外生矿床，如铁、锰、磷、铝土矿的矿床。不整合的研究对于寻找隐蔽油气藏非常有用。在不整合面以下，通常能形成地层削蚀不整合圈闭，不整合面之上则可形成超覆不整合圈闭，岩性上倾尖灭圈闭和透镜体圈闭。同时，不整合面以下的剥蚀凸起常形成各种潜山圈闭。不整合面之下的石灰岩和白云岩可形成岩溶带，能极大地改善储集性能。不整合面以下有一定厚度的地带具有较好的孔隙度和渗透性，能成为油气、岩浆热液、矿液、地下水等的运移通道和储集场所。在某些情况下，不整合也可使先期保存的油气藏遭到破坏，所以在一个多期构造运动发育的盆地，研究不整合及其与油气藏的形成和破坏的关系，是非常重要的课题。

# 第五章 地质体的基本产状及沉积岩层构造

## 第一节 面状构造和线状构造的产状

### 一、面状和线状构造的产状

#### (一) 面状构造的产状要素

产状要素是用于表述地质构造在空间产出状态的几何学参数，面状构造的产状要素包括走向、倾向和倾角。

走向：倾斜岩层与任意水平面的交线都是该倾斜岩层的走向线，平行移动该走向线，让其经过水平面内平面直角坐标系的原点，此时该走向线 (在平面直角坐标系中) 所指的两个方位就是该倾斜岩层的走向。走向有两个数值，两者相差180° 走向限定岩层的延伸方向。

倾向：倾斜岩层层面上与走向线垂直的直线叫该岩层的 (真) 倾斜线，倾斜线下倾方向在水平面内的投影线 (在平面直角坐标系内) 所指的方位就是该倾斜岩层的 (真) 倾向。倾向限定岩层的倾斜方向。

倾角：倾斜平面的 (真) 倾斜线与其在水平面内投影线之间的锐夹角就是该倾斜岩层的 (真) 倾角，或者说倾斜岩层与水平面所成的二面角中的锐角就是该倾斜岩层的 (真) 倾角。倾角限定岩层的倾斜程度。

倾斜岩层层面上与走向线斜交的直线称为视倾斜线，视倾斜线与其在水平面内投影线之间的锐夹角称为该岩层的视倾角或假倾角。同一倾斜岩层只有一个 (真) 倾角，但是可以有无数个视倾角，所有视倾角均小于 (真) 倾角。

#### (二) 线状构造的产状要素

线状构造的产状要素用于表述线状构造的空间方位和倾斜程度。如果以直线所在的直立平面为参照，线状构造的产状要素包括倾 (伏) 向和倾 (伏) 角。如果以直线所在的倾斜平面为参照，直线的产状要素也可以表示为直线在该倾斜平面上的侧伏向和侧伏角。

倾向：也称指向，倾斜直线下倾方向在水平面内投影线所指示的方位。

倾角：倾斜直线与其在水平面内投影线之间的锐夹角。

侧伏向：直线所在倾斜平面的走向线指向直线下倾的那一端所指的方位。

侧伏角：直线与其所在倾斜平面走向线之间的锐夹角。

用倾（伏）向和倾（伏）角表示直线产状时，表示方法与平面的产状表示方法相似，也表示为"倾向／倾角"。因此，在使用产状符号"倾向／倾角"时必须用相应的文字说明该产状符号表示的是平面还是直线的产状。

直立直线没有倾向，一般将其倾角视为90°，但是在表述直立直线的产状时一般指出其直立特性即可。水平直线没有倾向，一般将其倾角视为0°，在表述水平直线产状时除了需要指出其水平特性，还需要指出其两端所指方向或者两端之中任意一端所指方向。

## 二、面状构造与地面坡向、地形等高线之间的相互关系

### (一) 水平岩层与地面坡向、地形等高线之间的相互关系

岩层层面水平或近水平的岩层就是水平岩层，一般认为沉积岩层的原始产状都是水平或近水平的。在地壳运动影响相对微弱的克拉通盆地内部就可能发育古老的水平岩层。如鄂尔多斯盆地内局部地区的三叠系和侏罗系目前仍然呈近水平状态产出，壶口瀑布风景区的地层基本就是水平岩层。

水平岩层一般具有以下特征。

(1) 在地形地质图上，水平岩层的地质界线与地形等高线平行或重合。这也是在地形地质图上判定水平岩层的基本依据。

(2) 岩层顶，底面之间的海拔差就是岩层的真厚度。

(3) 在地层没有倒转的情况下，地质时代较新的岩层叠置在较老的岩层之上。如果地形切割强烈，则在沟谷处出露较老地层，自谷底至山顶地层时代依次变新。

(4) 在地形地质图上，水平岩层的露头宽度（岩层上、下层面在地形地质图上出露线之间的水平距离）随着岩层的真厚度和地面坡度的变化而变化。当地面坡度相同时，厚度越大的岩层露头宽度越大。当岩层厚度相同时，地面坡度越缓，岩层的露头宽度越大。在绝壁处，上、下层面出露线在地形地质图上的投影线重叠，露头宽度为零，以致在地质图上呈现岩层尖灭的假象。

### (二) 倾斜岩层与地面坡向、地形等高线之间的相互关系——"V"字形法则

倾斜岩层上、下层面的露头界线在地形地质图上与地形等高线之间按照一定的规律分布，在穿越沟谷或山脊时，地层界线和地形等高线均呈"V"字形弯曲，二者之间的分布规律称为"V"字形法则。"V"字形法则有三条内容。

(1)"相反—相同"：如果岩层倾向与地面坡向相反，在地形地质图上岩层界线

与地形等高线的弯曲方向相同，且岩层界线的弯曲幅度小于地形等高线。

（2）"相同＜相同"：如果岩层倾向与地面坡向相同且岩层倾角小于地面坡角，则在地形地质图上岩层界线与地形等高线的弯曲方向相同且岩层界线的弯曲幅度大于地形等高线。

（3）"相同＞相反"：如果岩层倾向与地面坡向相同且岩层倾角大于地面坡角，则在地形地质图上岩层界线与地形等高线的弯曲方向相反。

在"V"字形法则的上述三条内容中，"相反—相同"易于记忆，而且是可逆的，使用比较方便。所谓"可逆的"意思是说：在立体空间，如果岩层倾向与地面坡向相反，则在地形地质图上岩层出露线与地形等高线之间的弯曲方向相同；相对应地，在地形地质图上，如果岩层出露线与地形等高线之间的弯曲方向相反，则在立体空间，岩层倾向与地面坡向相同。

倾斜岩层的露头宽度主要取决于岩层的厚度和倾角，还受到地面坡角、坡向与岩层倾向之间相互关系的影响。如果岩层直立，岩层在地形地质图上的出露线呈一条直线，该直线沿着岩层走向方向延伸，不受地形起伏影响。

"V"字形法则的用途主要有两个：①在绘制大比例尺地形地质图时，如果两个控制点之间有沟谷或山脊穿过，可以利用"V"字形法则合理勾绘两个控制点之间的地质界线；②在阅读大比例尺地形地质图时，可以根据"V"字形法则判断岩层的大致倾向。

# 第二节　沉积岩层的原生构造

在沉积和成岩过程中，沉积岩可以形成与后期构造变动无关的构造，这类构造被称为原生构造。由两个平行或近于平行的界面所限定的岩性基本一致的层状岩石称为岩层。沉积作用形成的岩层称为沉积岩层。沉积岩层以层理为分界。

在地壳变动微弱的地区，沉积岩层构造变化不大，下部地层时代较老，上部地层时代较新。单一岩层顶部的界面即为顶面，岩层底部的界面即为底面。顶面与新岩层接触，底面与老岩层接触。由底面至顶面的方向称为岩层的面向，代表成层岩系中岩层由老变新的关系。然而在地壳运动强烈地区，在岩石发生直立甚至倒转的情况下，确定岩层顶、底面就不是那么容易，这时需要利用各种能够指示顶、底面的原生构造，其中包括沉积层在沉积、成岩过程中形成的原生构造，也包括火山岩在冷凝过程中所形成的原生构造。

### 一、层理及其识别

由两个平行或近于平行的界面限定的、岩性基本一致的层状岩石就是岩层，由沉积作用形成的岩层就是沉积岩层。岩层的上、下界面就是层面，上层面又称顶面，下层面又称底面。层理是沉积岩常见的一种原生构造，它是由介质（如水、风）流动在沉积物中形成的成层构造。层理产状可以与层面产状一致（在碳酸盐岩中通常如此），也可以与层面产状不一致（如斜层理、波状层理等）。层理由沉积物的成分、结构、颜色等在剖面上的变化显示出来。

通常可以根据岩石成分、结构和颜色等的变化识别沉积岩的层理或层面。

（1）岩石成分变化：沉积物的成分变化是层理或层面的重要标志。在成分较均一的巨厚岩层中，有时可能存在成分特殊的薄夹层，这些薄夹层通常可以指示沉积岩的层理或层面。

（2）岩石结构变化：碎屑沉积岩层一般由不同粒度、不同形状的颗粒分层堆积而成，根据碎屑粒度和形态变化可以确定层理或层面。

（3）岩石颜色变化：在成分单一、颗粒较细、层理不明显的岩层中，如有颜色不同的夹层或条带，也可以指示层面或层理。但是要注意区分由某些次生变化造成的岩石颜色差异。

（4）岩石原生层面构造：波痕、底面印模、泥裂、雨痕、雹痕、生物遗迹及其印模等也可以作为确定层理或层面的标志。

### 二、利用沉积岩层原生构造确定岩层顶面与底面

沉积岩层在形成之初具有正常的沉积层序，新地层总是覆盖在老地层之上。对一具体的岩层来说，在空间上位于上部的层面就是该岩层的顶面，在空间上位于下部的层面就是该岩层的底面。但是在岩层形成之后，岩层在后期的构造变形过程中完全有可能被倒转。如果岩层发生了倒转，在空间上位于上部的层面实际是该岩层的底面，而在空间上位于下部的层面实际是该岩层的顶面。因此，在对地质构造进行分析研究时，确定地层是否倒转（或者说岩层的层序是否正常）至关重要。一些次生构造（如层间小褶皱、层间劈理等）可以用于判断地层是否倒转，这部分内容将在后续的褶皱一章中介绍。这里重点介绍一些可以用于确定沉积岩层顶、底面的原生沉积构造。需要强调的是，应该尽可能利用多种标志判断沉积岩层的层序是否正常。

### （一）交错层理

交错层理也称斜层理，是由一组或多组与层面或层系界面斜交的纹层（细层）组成的沉积构造。这种层理是由沉积介质（水或空气）流动造成的，当介质具有一定流

速时，底床上可以产生一系列的砂波，砂波向前移动时在缓坡（迎着流动介质的一侧）发生强烈的搬运作用，被搬运的砂粒在陡坡发生加积作用，形成由一系列纹层组成的斜层系，纹层倾向表示介质流动方向。纹层（细层）被上层面截切，向下逐渐收敛变缓而与下层面相切，即顶部被截切、底部收敛。

### （二）粒序层理

粒序层理又叫粒级层理、递变层理，发育于碎屑岩中，指在一个单层中在垂直层面方向上由颗粒粗细连续递变而构成的层理，是碎屑物质在沉积过程中由于流体动能逐渐衰减而形成的一种沉积结构。由底面至顶面粒度由粗变细者称正粒序，若为由细变粗则称为逆粒序或反粒序，逆粒序比较少见。对正粒序来说，如果底部是砾石或粗砂质，向上可递变为细砂、粉砂，以至于泥质。在相邻两粒序层之间，下层顶面常受到过冲刷，因而两相邻粒序层在粒度上或成分上不是递变而是突变。

利用粒序层理判断沉积岩层顶面与底面时需要注意，在海退，决口扇、河口坝等特定的沉积环境下有可能形成反粒序，在潮汐三角洲沉积中就经常出现反粒序层理。

### （三）波痕

波痕是沉积物表面由于介质（水或空气）流动而形成的波状起伏形态，主要发育在砂岩、粉砂岩和碳酸盐岩表面。波痕构造通常由尖棱状波峰和圆弧形波谷组成，无论是波痕原型还是其印模，都是波峰尖端指向上层面，波谷的圆弧则凹向岩层底面。

### （四）层面暴露标志

如果未固结的沉积物暴露在水面之上，其表面就会留下各种成因的暴露标志，常见的暴露标志有泥裂、雨痕、雹痕和冲刷槽等。

泥裂也称干裂、龟裂，指未固结的沉积物露出水面后，经暴晒脱水收缩而形成的与层面大致垂直的楔状裂缝。泥裂常构成网状、放射状或不规则分叉状的裂缝，在剖面上呈"V"字形，"V"字形尖端指向下层面。泥裂向下的深度有限，一般不超过20cm。

（1）泥裂向下的深度较大，切穿灰岩层。

（2）泥裂充填物中泥质成分显著富集，而且充填物中发育垂直层理的纹层，说明该泥裂在干裂之后，固结成岩之前还受到地面流水的冲刷、淋滤，泥裂充填物中的部分易溶组分（钙质组分）已被水流带走，从而造成泥质组分相对富集并加大了泥裂的深度。在扬子地块下扬子坳陷巢湖地区广泛分布的下石炭统和州组炉渣状灰岩很可能具有类似的形成机制。

如果泥裂被上覆沉积物充填，则会在上覆岩层底面形成脊状印模。无论泥裂还是脊状印模，其尖端均指向岩层底面。泥裂常见于细砂岩、粉砂岩、黏土岩和泥灰岩层面上。

雨痕和雹痕分别是雨点和冰雹颗粒落在湿润而又柔软的泥质或粉砂质沉积物表面时冲击出的圆形或椭圆形、边缘略高于沉积物表面的凹坑。雨痕和雹痕被上覆沉积物充填后，会在上覆沉积层的底面形成圆形或椭圆形瘤状凸起印模。雨痕、雹痕和其印模的圆弧外形总是凹向岩层底面。

固结或半固结的沉积物在露出水面或在水下时，因水流冲刷，在其表面造成的沟、槽和浅坑等凹凸不平的冲刷痕迹统称为冲刷槽。冲刷槽也可以在上覆沉积层的底面形成印模。冲刷槽在剖面上呈"V"字形，无论冲刷槽还是其印模，"V"字形尖端总是指向岩层底面。

### (五) 古生物化石的生长和埋藏状态

有些化石在岩层中的埋藏保存状态和生长状态可以用于确定岩层的顶面与底面。例如，珊瑚、海百合和海绵等底栖生物经常按照其生长状态被埋藏成为化石，它们的基部总是指向岩层底面。又如，某些藻类形成的叠层石，尽管其形态各异（柱状、分支状、锥状和瘤状），但均具有向上拱起的叠积纹层构造，这些纹层的凸出方向通常指示岩层顶面。

一些古植物的根系也可以作为确定岩层顶、底面的标志。古植物根系分叉方向指向岩层底面。此外，异地埋藏的介壳化石多数保持着凸面向上的稳定状态，其凸出的方向通常指示岩层的顶面。

### 三、软沉积变形

软沉积变形指沉积物沉积之后、固结之前由于差异压实、液化、滑移、滑塌、地震等形成的变形构造，其含义与同沉积构造、软岩石变形、沉积物变形构造、成岩前变形、同生变形构造和准同生变形构造相同或相近。在软沉积变形过程中沉积物颗粒或胶结物的成分不会改变，只是沉积物颗粒的空间位置发生了重新排列。软沉积变形在一定程度上可以反映沉积物堆积时的构造环境特点，也可以是确定某些特定类型沉积岩（如震积岩）的判别标志。

在尚未充分固结的沉积物中，负荷作用、滑塌作用、滑移作用、孔隙压力效应、水体扰动和地震活动都可以诱发软沉积变形。软沉积变形构造的形成机制比较复杂，很多变形过程都能形成同一种软沉积变形构造，而同一种变形机制又能产生不同的软沉积变形构造。

### (一) 负荷作用引起的软沉积变形

当砂层沉积在塑性泥质层之上时，由密度差异引起的差异压实会使沉积物发生垂向流动而形成软沉积变形构造，这就是由负荷作用引起软沉积变形的发生机制。

由负荷作用引起的典型的软沉积变形构造包括火焰构造和砂岩球、砂岩枕。当砂质层堆积在含水且具高塑性泥质层之上时，差异压实可能会引起砂质层与泥质层之间垂向运移，导致泥质层呈尖舌状穿入上覆砂质层中，形成火焰状形态，称为火焰状构造。在火焰状构造已经形成的情况下，如果下伏塑性的泥质层继续向上覆砂质层中穿入，上覆砂质层可能会被断开而沉入下伏泥质层之中，或者上覆砂质层由于重力失稳而沉入下伏泥质层之中，在泥质层中就形成砂球或砂枕，砂球或砂枕或断续或孤立产出，其周围的泥质层常绕砂球或砂枕弯曲。由负荷作用形成火焰状构造和砂球构造的机制与下文将要说到的地震活动形成火焰状构造和球—枕构造的机制类似。

### (二) 滑塌作用和滑移作用引起的软沉积变形

滑塌作用和滑移作用一般发生在水下隆起的斜坡上，指由于重力、水流和震动等原因引起松散沉积物顺坡下滑或顺层流动的现象。滑塌作用的下滑速度快而突然；滑移作用的下滑速度较慢，甚至为蠕动式滑移。滑塌作用和滑移作用中经常伴有流体和孔隙压力参与。

滑塌作用和滑移作用引起的软沉积变形有以下四个主要特征。

(1) 变形通常被局限在某几个特定岩层中。

(2) 软沉积变形中通常会发育不对称褶皱构造，而且多个褶皱的轴面向同一方向倾斜 (倾斜方向与软沉积变形发生时的下坡方向相反)，同一褶皱内部褶皱层的厚度可能有变化。

(3) 具有明显的底部滑动面，在此滑动面以上的特定层中发生明显的滑动，而滑动面以下的岩石中要么基本没有变形，要么有变形但是变形样式明显不同于滑动面之上岩层中的软沉积变形。也就是说，滑动面之下岩石中的变形是在软沉积变形之前发生的。

(4) 通常发育于构造活动性比较强烈的构造环境。

### (三) 孔隙压力效应引起的软沉积变形

当含有饱和水的砂质层被不透水层封闭并受到重压作用时，砂质层的孔隙水中会产生异常高压，即异常孔隙压力。异常孔隙压力可以诱发近地表的砂层滑动，导致软沉积物中出现各种滑塌构造，也可使砂质颗粒向上灌入上覆泥质沉积层中，形成由砂质颗粒构成的墙状灌入体，称为砂岩墙。实际上，砂岩墙的形成过程与上述火焰状构造的形成过程具有一定的相似性，只不过火焰状构造形成时下伏泥质灌入上覆砂质层，而砂岩墙形成时下伏砂质灌入上覆泥质沉积层之中。

### (四) 地震作用引起的软沉积变形

软沉积变形通常由强烈的外力触发引起，这些外力可能源自地震、火山、海啸、风暴、滑坡或滑塌作用等。Seilache 将地震作用改造未固结的水下沉积物形成的再沉积层定义为震积岩，震积岩是恢复古地震活动的重要证据之一。

位于水下斜坡上的未固结沉积物在上述多种外力作用下都有可能沿着斜坡向下滑塌或滑移，从而形成软沉积变形构造。因此，在软沉积变形构造中比较常见的滑塌构造并不能作为判定震积岩或古地震作用的确凿证据。但是当地震发生时，在基本处于水平状态的未固结沉积物 (如位于湖底的水平沉积物) 中也有可能形成软沉积变形构造，这种状态下形成的软沉积变形构造具有与滑塌或滑移构造不同的特点，而且能够比较好地指示古地震作用，因而是古地震作用和震积岩良好的判别标志。总体来说，滑塌变形与震积变形的主要区别有两点。

(1) 滑塌变形有明确的滑动面，而震积变形底部与未变形层逐渐过渡，二者之间的界线并不十分清楚；

(2) 滑塌变形的褶皱轴面向同一方向倾斜，而震积变形中褶皱构造的轴面则不具有明显的定向性。

地震发生时，处于水平状态的未固结沉积物在地震波引起的震动作用下会形成混合层构造，典型的混合层自下而上分为三个小层，由底部未变形纹层向上依次为褶皱纹层 (塑性变形层)、褶皱破碎层 (塑性—脆性变形带)，最上部为液化沉积物层。每一混合层是单个地震事件的结果，也是一个原地震积岩的震积序列。随着地震作用持续进行，沉积物变形由上向下传递，从顶部向底部不同程度地影响刚沉积不久的软沉积物。

在震积岩中，重荷模、火焰构造、枕状构造和球状构造等都是常见的软沉积变形构造。重荷模一般出现在粉砂、细砂和薄层泥质沉积物互层的未固结沉积物中。如果相邻层段沉积物的密度差较小，下伏沉积物的密度略小于上覆沉积物的密度，地震过程中受地震颤动的影响，上下相邻层同时下沉，但是变形幅度较小，形成较宽缓的重荷模；如果上下相邻沉积物有较大的密度差，上部砂质在震动作用下沉陷到下部泥质沉积物中，下沉幅度较大，重荷模厚度在侧向有变化，内部层理通常轻微变形并且和火焰构造伴生。

地震发生之前，砂层承受的外力基本上由骨架承受，颗粒之间保留了大量的孔隙水。地震发生时，在 P 波和 S 波的作用下，颗粒震动导致颗粒间黏滞力骤然减小甚至消失，颗粒间隙减小，压力增大，孔隙水被排出。随着压力不断增大，骨架间的压力转变为孔隙水的异常高压。具有异常高压的孔隙水载起颗粒形成液态流体，液态流体在流动的过程中可搬运软沉积层中的其他颗粒，液态流体中的水、泥、砂混合而形成液化均一层。与此同时，上覆的塑性砂泥质薄互层在重力或压力作用下发生卷曲变形，形成球状坠落体。这种球状坠落体一般是规则的，有时也呈不规则状。但不论形状是否规则，其粒度均大于下伏沉积层，且砂层为颗粒支撑。由于地震震动，球状坠落体下沉到下方的液化均一层中形成独立的环状层理，不具环状纹层者可统称为球—枕构造或枕状层。

在砂质层与泥质层互层的未固结沉积层中，在地震过程中，塑性泥质层受到地震的影响可能出现抗压不均匀现象，其下伏砂质层中压力偏高的流体就会从抗压相对比较薄弱的地方挤入泥质层形成蘑菇状构造。如果挤压作用继续加强，下伏压力偏高的砂质层就可能挤破泥质层进入泥质层上覆的薄砂层。薄砂层的压力随着流体的充注很快就会处于异常高压状态，于是又开始对其上覆的泥质层进行新一轮的挤压。当异常高压层的流体压力较大，而细砂层与泥层薄互层的抗压性又较弱时，就可能导致异常高压流体连续切穿多套砂泥互层而形成较连续的砂岩脉。这样，在细砂岩与泥岩薄互层中就可能形成宽度不均匀的脉络状砂岩脉或砂岩墙。

# 第三节　软沉积变形

软沉积变形构造是指沉积物沉积之后、固结之前在处于软沉积物阶段时由于物理作用，如差异压实、液化、滑移、滑塌等影响而发生变形所形成的一系列构造。通常认为软沉积变形过程中其内部的沉积颗粒或胶结物内部成分并不改变，只是原始沉积岩的颗粒发生了重新排列。

## 一、含水沉积物的变形模式

软沉积物变形构造（Soft sediment defomation structure, SSDS）是指沉积物在尚未固结时发生的变形构造，是一种同沉积或准同沉积的变形。软沉积物变形常发生在沉积作用后不久，此时沉积物空隙中还含有水，沉积物依然处在与水体直接接触的状态。Lowe 将含水沉积物的变形模式分为水塑性变形、液化变形和流化变形三种。

水塑性变形的特征是颗粒支撑的沉积物具有较强的屈服应力，并且孔隙流体速度低于流态化所需的速度。屈服应力可以来源于黏结力，如部分压实的黏土、泥、粉砂和泥质砂；也可以来源于摩擦阻力，如完全压实的砂和砾石。后者在非构造性软沉积条件下不易变形，大多数的水塑性变形都为泥岩岩性（负载构造和火焰构造）。

由于水塑性混合物具有高黏度，变形通常是层流的。尽管有时候会严重变形，但原始的层状结构会保留下来。虽然从底层逸出的水可能会使塑性层局部液化或流化，但不应存在流动颗粒淘析或重新分布的现象，也不应存在明显的内部液化或流化。

液化变形表现为缺乏黏性和摩擦阻力的沉积物流动，且液化所需的孔隙流体速度低于除最细粒度等级外的所有级别的流化所需的速度。在一定条件下，含水沉积物孔隙中的水压增强，使沉积物内有效压力快速下降并消失，沉积物颗粒之间几乎没有摩擦力，从而降低了沉积物的剪切强度，于是沉积物可以像液体一样流动，此现象即为沉积物的液化。液化状态的持续取决于维持较高的孔隙流体压力，很大程度上是通过固相的围压作用，以及逐渐的流体逸出来维持，从而防止了完全的再沉积、压实和摩擦阻力的产生。任何粒径的非常松散的沉积物都可以发生液化变形。在重新沉淀后，液化砂可能变现为：

（1）如果在没有明显的外部应力或流体应力的情况下发生再沉积，则表现为未变形的原生结构。

（2）如果再沉积伴有相对简单的剪切而没有明显的混合或流动，则表现为变形的原生结构（过陡的交错层理）。

（3）如果沉积物在水逸过程中内部混合并部分流态化或者已经流化，则表现为完全的均质化。

（4）液化泄水构造，典型的有液化柱和碟状结构。液化沉积物逸出水通常伴随着液化层内较细粒级的再分布，但大的淘析通常是少见的。泥质颗粒的重新分布一般涉及固结分层和碟状结构的形成。较重或较大的颗粒可能下沉到液化区的底部。

流化变形则为沉积物受到向上运动的流体施加的牵引力（通常为水），该牵引力的能量足以抵消沉积物颗粒自身重力与颗粒间摩擦力之和，使得沉积物颗粒处于悬浮或向上运动的状态。在流化沉积物中所有的原生结构都会被擦除。流化作用下所有可动的颗粒都会被淘析，包括黏土、有机物以及更细小等级的石英和长石。如果流态化的水来源于富含黏土或有机颗粒的沉积物，这些颗粒可以被带入上覆的干净沙中，由此产生的流化通道或侵入体可能比周围沉积物颜色更深。

## 二、软沉积物主要类型的特征

### （一）丘槽构造

丘槽构造是由相间排列的背斜、向斜组成的，波长大约为18cm，振幅约为5cm。丘的主体为背斜，变形强烈，变形强度向下减弱，内部发育大量液化脉和小型同沉积断层，这些液化脉与岩层呈大角度相交，同沉积断层则让丘槽构造中的丘显得更高，槽凹得更深。槽由变形简单的向斜组成，无次级变形构造发育，仅发育有一些液化脉。丘槽构造被认为是一种独特的包卷褶皱，是一种典型的地震驱动的软沉积物变形。丘槽构造夹持于未变形层理之间，变形强度在垂向上表现为向上逐渐衰竭，横向两侧具有较好的对称性，表明它们是一种滑脱构造，经水平剪切作用产生滑脱而形成的，这可能是受地震横波的影响。

### (二) 球枕构造

球枕构造在沉积学中具有悠久的历史，我们一般在讨论球枕构造时，也都会涉及负载构造，负载构造和球枕构造都是与重力有关的变形构造。Smith 首次提出球枕构造的概念来描述他在砂岩层中发现的一种奇特构造。Kuenen 首次提出了负载构造的概念，用于描述浊积岩粒序层中的构造，之后，通过模拟球枕构造的形成实验，证明了球枕构造来源于负载构造。负载构造是由上覆比重较大的粗颗粒岩石下陷落入下伏比重相对较小的细粒层中的一种构造，而球枕构造则是由于地震作用，在剪切力的晃动下，下伏单元沉积物液化，导致负载体进一步下沉所形成的。球枕体在下沉过程中，形状也会发生变化，负载体越往下沉，球枕体的宽度越长，厚度则越小，即枕状体会变得更扁。

我国学者在不同的地方和地层中对负载构造和球枕构造进行了大量研究，并探讨了其与地震之间的联系。

### (三) 液化脉

液化脉是沉积物在液化泄水过程中，充填上覆及下伏沉积物的脉状构造。在从事与古地震相关的研究时，液化脉往往是研究者所关注的重点对象，因为在地震发生后，随着时间的推移，很多古地震的识别标志，如生物标志（如树木的破坏、生态的变异等）、地貌标志（如阶地变形、断错水系等）、构造标志（如断裂位移等）、岩石矿物及其他微观标志等，基本都会受到不同程度的破坏，因此这些标志就难以作为古地震的证据。所以在研究过程中，我们多以液化脉的研究为主，其他构造研究为辅。

许多学者通过对砂土进行振动液化模拟实验对液化脉的形成原因进行了探讨。液化脉的形成主要包括两个过程：沉积物发生液化和液化的沉积物向某一特定的空间运移。

沉积物的液化需要在一定的内、外部条件下才能形成。首先对于沉积的地层需要包含以下的条件：尚未固结成岩的沉积物产埋藏较浅，一般小于 5m；沉积物的孔隙度和水分含量都比较高，围压小，且上覆薄层沉积层具有较低的渗透率；沉积物是由水和砂砾构成的复合体系。地震前砂土层靠颗粒间的摩擦力维持在一种稳定的状态。地震发生时，沉积物在承受到上下层面的压力的同时，还要承受地震造成的水平方向的剪切应力，在水平方向的剪切应力作用下，沉积的砂砾发生滑动，原本由砂砾骨架所支撑的重力转移到水，形成超孔隙水压力。当超孔隙水压力足以支撑砂体所承受的重力，此时沉积的砂砾便完成了液化，可以像液体一样流动。同时，地层中的沉积物颗粒会进行淘析，沉积物颗粒的排列方式发生变化。在地震停止后，由于地层中的水分的排出，沉积物的密度会增加。

地震时，受地震横波和纵波的影响，地层在反复受到挤压力和拉张力作用同时会形成微裂隙。地层中沉积物液化之后，处于高压下的液化沉积物会迅速地向周围压力较低的区域转移，即向周围地层中形成的微裂隙中移动，部分液化沉积物也会通过上覆盖层中的孔洞（如腐朽的树根等）向上转移，通过盖层中的裂缝喷出到地表，长度可达到 6 ~ 7m。当液化泥沙进入裂隙后，它所占据的空间迅速增加，沉积物颗粒之间的超孔隙压力也会降低逐渐消失，液化沉积物回到稳定状态。液化后地层厚度会减薄，较液化前地层厚度会减少 3% 左右，上覆地层有时会在重力作用下发生塌陷补偿，形成浅地穴构造。

通常来说液化脉构造并不是孤立存在的，多与其他的震积构造相伴生。这些不同的震积构造的组合，在垂向上或生成序次上形成一定的规律，可以反映地震的演化过程。

### （四）震裂构造

震裂构造主要发育于厚层灰岩中，主要表现为微同沉积断裂。微同沉积断裂是地层在沉积过程中由于液化振动作用形成的规模较小的阶梯状断层，以张性断裂为主，可单独发育，也可平行排列呈阶梯状的震裂构造。

### （五）流化砾岩

流化砾岩又称流化角砾岩，与传统的构造角砾岩不同。传统的构造角砾岩中的角砾碎块多为棱角状，直径大于 2mm，分选差，排列紊乱，呈现脆性特征，基质由细小的破碎物和铁质、硅质、钙质胶结物组成。而流化砾岩中的砾石通常表现塑性特征，如钩状、撕裂状、板状等。

## 三、软沉积变形构造形成机制和触发条件

软沉积变形构造的形成一般需要三个条件：一是能改变沉积物原始特征的驱动力；二是促使沉积物变形的变形机制使沉积物从固态转变为液态，如沉积物液化作用；三是一定的触发条件，如地震、海啸等。

### (一) 驱动力

与硬岩石变形主要是内作用力有关相比，软沉积变形的驱动力更复杂，除了内作用力，外作用力对软沉积变形构造的形成更为重要，此外重力作用也是一个方面。概括起来引起软沉积变形的应力主要有以下几个。

(1) 斜坡所产生的重力。

(2) 不均一的负载。

(3) 由于密度倒置所引起的重力。

(4) 水或其他流体所产生的剪切力。

(5) 生物或化学作用所产生的应力。而驱动力的识别主要是通过变形构造的几何学特征和体系的初始特征进行重建。而一般软沉积变形常常褶皱就是受到了外力和重力两种力的影响。

### (二) 变形机制

正确识别软沉积变形构造的变形机制是对于确定变形的触发因素非常重要。通常情况下，软沉积变形主要包括黏塑性变形、颗粒间剪切作用变形和脆性变形。黏塑性变形是形成软沉积变形构造的主要变形机制。在黏塑性变形中只需要一些微弱的驱动力就可以产生变形。对黏结比较强的黏土来说，触变性和敏感性是降低黏土矿物的黏结力的主要因素。而对黏结力不强的沉积物来说，液化作用和流体化作用是最重要的变形机制。液化作用（Liquefaction）是指由于孔隙流体压力的增加或者由于颗粒松散产生的塌陷而使颗粒自身的重量转移到密闭体系空隙中的液体上所形成的。而流体化是指颗粒的重力由向上移动的流体牵引所承担。这两种机制的主要区别在于液化作用没有外来的孔隙流体，而流体化作用则需要外来流体的补充。

颗粒间剪切作用变形是颗粒或颗粒团在受到超过正常沉积物强度的应力作用下所产生的沿黏结沉积物微剪切带或非黏结沉积物小断层发育的剪切作用力，这种作用机制常常形成由于重力引起的滑塌构造和叠瓦构造。

脆性变形机制常发生在部分液化的沉积物中。如 Weaver 等在对加拿大安大略省 Waterloo 冰碛岩的研究中，识别出了由于下伏冰块融化所形成地堑构造，而记述震积岩中因脆性变形而形成的阶梯状断层的文章更多。此外，脆性构造可能叠加并改造在液化状态下发生的韧性变形。

### (三) 触发因素

大多数软沉积变形构造的形成需要一定的触发因素，自然界中能够触发软沉积变形构造的因素很多，如地震、波浪、洪水，快速沉积以及地下水的运动。鉴于地震是软沉积变形构造的一种重要触发因素，因此可将触发因素分为地震的和非地震的两种类型。

地震是最常见的一种沉积物液化的触发机制，尤其是在现代的沉积物变形中，可能起着关键作用。根据地震烈度对沉积物影响的研究表明，沉积物的液化至少需要 5.0 ~ 5.5 级的地震。由于地震是饱和水砂层沉积物发生液化作用的重要因素，因此 Owen 曾专门设计了一套震动试验台来模拟在地震影响下不同变形机制所形成的软沉积变形构造，其中由于重力作用所引起的液化砂岩斜坡的垮塌将受到简单剪切作用而形成平卧褶皱等变形构造；在不均匀负载的作用下将会形成扭曲变形构造；而在受到不稳定的密度梯度的情况下，下伏液化层将产生小褶皱、泄水构造以及负载构造；在受到切线剪切作用下，将产生平卧褶皱；在受到垂直剪切作用下形成了泄水构造，如砂火山构造、柱状构造等。通过与地层中所发现的古代软沉积变形构造的实例对比，该实验对探索软沉积变形构造的成因起到了重要的作用。此外，Moretti 等利用数字振动台模拟研究了地震触发的软沉积变形构造，并认为地震所形成的泄水构造形态取决于地震前沉积物体系状态，如在上覆薄层非渗透的泥岩的递变层理中，形成了柱状构造，而在有上覆泥岩的厚层砂岩则形成砂火山构造，对于分选较差的砂岩中由于选择性液化作用形成了地震不整合面构造，而对于负载构造则可以由不均匀的负载和不稳定的密度差异产生。国内学者也对震积岩相关的软沉积变形构造以及滑塌构造和滑塌浊积体进行了实验模拟。吕洪波等通过实验对南盘江盆地中发育的同沉积挤压构造的形成进行了模拟，认为这些构造是在盆地接受大量沉积物的同时受到水平挤压所形成的，因此这些构造记录了当时的水平挤压方向，并可以用来恢复盆地当时的水平挤压方向。鄢继华等通过水槽模拟实验发现地震形成的变形构造的时间和分布位置都有一定的规律性：同沉积断裂（阶梯状断层）主要发育在三角洲前缘斜坡，形成于地震作用的强震期；微褶皱纹理主要发育在前缘斜坡坡脚，形成于地震作用衰减早期；液化砂岩脉主要发育于紧邻前缘斜坡的前三角洲。

对于非地震引发的软沉积变形构造，目前的研究还不够成熟，只在个别的触发因素上做过研究。许多学者对冰川或冰冻所形成的软沉积变形构造进行了广泛的研究。如 Anketell 等根据 Butrym 等报道的在冰川边缘发育的融冻扰动构造的实验为软沉积变形构造的分析建立了一个物理基础。Weaver 和 Arnaud 对冰川成因的沉积物中形成的脆性和韧性变形构造进行了研究，认为其中的软沉积变形构造是受到不同的因素影响形成的，包括不稳定的沉积、快速沉积、冰块变形和沉积物重力流所形成的剪切作用。其中，中期的冰作用形成挤压褶皱、布丁构造、剪切带、逆断层等变形构造。

概括起来冰川及冰冻作用形成软沉积变形构造的机制主要有：

（1）冰冻层融化产生高孔隙压力使岩层液化而发生变形，形成如火焰构造、负载构造和泄水构造。如 Harris 则通过离心模拟实验对冻土融化所产生的软沉积变形构造进行了研究，认为在砂层覆盖黏土的情况下由于冻土的融化将会在泥层中产生超孔隙压力并发生液化，在上覆砂层的作用下形成负载构造以及下覆泥层受到挤压而形成的火焰构造。

（2）下伏冰块或冰冻沉积物融化而使上覆沉积物发生滑塌而产生变形构造，如钟建华等通过对黄河三角洲现代冰成滑塌构造的研究发现，冬季形成的冰层在被后期的砂泥掩埋的情况下随着温度的升高，冰块融化将使上覆沉积物发生滑塌和塌陷而形成滑塌构造。

（3）冰川或冰块或冰冻岩层在软沉积物上滑动形成变形构造，钟建华在对柴达木盆地西部的变形构造的研究中，认为第四纪广泛出现的变形构造是冰川刨耕作用形成的，是由于冰川在柴达木湖边缘未固结的沉积物上运动时，其重力和摩擦会使底部的松软沉积物发生变形，在前端则会像犁一样刨耕松软沉积物，形成冰川刨耕变形构造。

**（四）软沉积变形构造触发因素的识别**

在对软沉积变形研究的过程中，如何正确识别这些触发机制是很重要的，主要原因如下。

（1）触发因素是沉积物变形历史不可分割的整体；

（2）一些触发因素如地震对同沉积盆地的构造研究具有非常重要的指示意义；

（3）许多可能的触发因素，如地震、海啸和风暴浪这些极端事件代表了环境的极端情况，而对软沉积变形的分析有助于对重现这些大的地质事件的恢复具有重要意义。

许多学者在如何识别触发因素方面进行了研究，如 Jones 和 Omoto 对日本东北部 Onikobe 和 Nakayamadaira 两个盆地晚更新世湖相砂泥岩中的软沉积变形构造进行了研究，并认为这些软沉积变形构造是一系列的变形机制所形成，包括流体化、液化、脆性断裂和黏性流。驱动力则包括了密度倒置、重力作用和不均匀负载。主要的触发机制为地震，此外还有火山砂的负载作用及水下的水流，并在详细的研究基础上建立了地震因素的识别标志。

目前认为与地震相关的软沉积变形构造的识别标志主要有以下几个。

（1）空间区域内分布广泛；

（2）侧向连续性；

（3）垂向上的重复性；

（4）软沉积变形构造形态特征与地震所形成的构造具有可对比性；

（5）邻近活动断层；

（6）变形带的复杂性和频率与距离断层的距离相关。

但是上述标志并不仅仅局限于为软沉积变形构造的地震成因，因此确定地震成因变形必须详尽研究相关的区域地质背景构造。

# 第四节　水平岩层

## 一、水平岩层的概念

岩层层面保持近水平状态，即同一层面上各点海拔高度都基本相同，具这样产状的岩层称为水平岩层。水平岩层是未经构造运动的岩层，保留有原始状态。

## 二、水平岩层的特征

### （一）水平岩层的分布特征

水平岩层的正常成层顺序为上新、下老。也就是说，在地层层序没有发生倒转的前提下，地质时代较新的岩层总是叠置在地质时代较老的岩层之上。当水平岩层地区未被地面河流切割或只受轻微剥蚀切割时，地面只出露上部最新的地层，在地质图上反映的全部是最上面地层；随着侵蚀、剥蚀的加宽、加深，地面出露的地层时代越来越老，上覆较新地层出露的面积也越小，地质图变得越复杂，而且较老的岩层总是出露于地形低处（如河谷、冲沟等），最新的岩层分布在山顶或分水岭上。即地层时代越老，其出露位置越低；地层时代越新，其出露位置越高。

### （二）水平岩层的露头形态

岩层的露头形态，是指把岩层在地面实际出露的情况勾绘在平面图上所呈现的形态。在地形地质图上，水平岩层的地质界线（岩层层面在地表面上的出露线，也称出露界线）与地形等高线平行或重合，而不相交，水平岩层的出露和分布状态完全受地形的控制。因此，水平岩层的地质界线随等高线的弯曲而弯曲，真实地反映等高线的弯曲形态。在河谷、冲沟中，地质界线延伸成"V"字形、"∨"形的尖端指向上游；在山坡和山顶上，水平岩层露头的分布呈孤岛状、不规则的同心状或条带状。

### （三）水平岩层的厚度

水平岩层的厚度（一般均指真厚度），就是水平岩层顶、底面之间的垂直距离，即水平岩层顶、底面的标高差。因此，在地形地质图上求水平岩层厚度的方法较简单，只要知道岩层顶面和底面的高程，两者相减即得。

### (四) 水平岩层的露头宽度

水平岩层的露头宽度，是指岩层在野外露头宽度的水平投影宽度，即岩层顶、底面在地面上的出露界线之间的水平距离。同一岩层在地质图上的露头宽度在不同地段有宽窄变化，取决于岩层的厚度和地面的坡度。当地面的坡度相同时，露头宽度取决于岩层厚度，厚度大则出露宽度大，厚度小则出露宽度小；当岩层的厚度相等时，露头宽度取决于地面坡度，坡度大则出露宽度小，坡度小则出露宽度大。

注：在直立的陡崖处，由于岩层顶、底界线垂直投影后合成一条线，其露头宽度变为零，以致在地质图上呈现出岩层尖灭的假象。

# 第五节　倾斜岩层

## 一、倾斜岩层的概念

地壳运动或岩浆活动，使原始水平产状的岩层发生构造变形，引起原始产状向着某一方向倾斜，这种岩层就是倾斜岩层。倾斜岩层的岩层面与水平面有一定的交角或者同一个岩层面上具有不同的海拔高度。倾斜岩层可以是某种构造的一部分，如为褶皱的一翼或断层的一盘，也可以是地壳不均匀抬升或下降所引起的区域性倾斜。

倾斜岩层在正常情况下，沿倾斜方向岩层的时代是按由老到新的顺序排列的。在构造变动剧烈的地区，岩层可能发生倒转，使得老岩层覆盖在新岩层之上。

## 二、倾斜岩层的特征

### (一) 倾斜岩层的露头形态

倾斜岩层的露头形态取决于地形、岩层产状以及二者的相互关系。概括来说，倾斜岩层在平面上以条带状分布。当地面平坦时，产状稳定的倾斜岩层其界线是直线延伸的，岩层露头呈直线条带状分布，其延伸方向即为岩层走向；当地面起伏时，倾斜岩层露头呈弯曲条带状分布，其界线与地形等高线交切，表现在岩层界线穿越沟谷或山脊时，均呈"V"字形展布，它们与地形等高线的弯曲保持一定的关系，称"V"字形法则，一般包括如下两个方面内容。

(1) 当岩层倾向与地面坡向相反（逆向坡）时，岩层地质界线与地形等高线呈同向弯曲。在沟谷处，地质界线的"V"字形尖端指向沟谷的上游；而穿越山脊时，"V"字形的尖端则指向山脊的下坡，但岩层地质界线的弯曲度总是比地形等高线弯曲度小，即"相反相同"。

（2）当岩层倾向与地面坡向相同（顺向坡）时，有以下两种情况。

①岩层倾角（$\alpha$）大于地面坡度角（$\beta$）时，岩层地质界线与地形等高线呈反向弯曲。在沟谷处，岩层界线的"V"字形尖端指向沟谷的下游；而穿越山脊时，"V"字形的尖端指向山脊的上坡，即"相同相反"。

②岩层倾角（$\alpha$）小于地面坡度角（$\beta$）时，岩层地质界线与地形等高线呈同向弯曲。在沟谷处，岩层界线的"V"字形尖端指向沟谷的上游；而穿越山脊时，"V"字形的尖端指向山脊的下坡，但是其露头界线的"V"字形弯曲度大于地形等高线的弯曲度，即"相同相同"。

当岩层走向与沟谷或山脊延伸方向呈直交时，"V"字形大体对称；当两者斜交时，"V"为不对称形。若岩层倾向与沟谷方向一致，倾角与坡角也相等，则露头界线沿沟谷两侧呈平行延伸，只在上游沟谷坡度变陡处岩层面或其他构造面横跨沟谷而出现"V"字形的露头形态。

**（二）倾斜岩层的厚度**

岩层除有真厚度，还有视厚度和铅直厚度。

铅直厚度是指岩层顶、底面之间沿着铅直方向的距离，它随岩层产状变化而变化，常应用于井下测算岩层的厚度。

倾斜岩层的厚度一般通过测量如下数据来确定：一是地形（包括坡度和坡向）；二是岩层产状（包括倾角和倾向）；三是岩层出露宽度。由于这三大因素多变，岩层的厚度和其计算方法也不相同。下面就从最简单的情况开始阐述测算岩层厚度的方法。

1. 直接在野外测量厚度

当野外露头剖面与岩层走向相垂直时，也就是在垂直于岩层走向的陡崖上，或者在直立岩层的地面近水平时，可以用皮尺或钢卷尺直接测量真厚度。

2. 根据钻孔资料计算

当有钻孔资料，已知岩层的铅直厚度和岩层产状（主要是倾角 $\alpha$）时，可通过计算得出厚度。

3. 野外实测地层剖面

在多数情况下，岩层厚度的求得往往是通过野外地面露头实测剖面（地质剖面丈量法），可以取得的数据有岩层露头长度（$L$，即在剖面线上岩层顶面到底面的实际距离）、导线上地面的坡度角（$\beta$）、岩层的倾角（$\alpha$）、岩层倾向与剖面方向之间的夹角或岩层走向与剖面线之间的夹角（$\gamma$）等。根据上述数据，就可按照不同情况，选用相应公式计算出岩层的真厚度（$h$）和铅直厚度（$H$）。所谓的不同情况，归纳起来有下面几种。

(1) 剖面线的方向与岩层走向的关系，是直交或是斜交的。

(2) 岩层的倾向与地面坡向是同向或是反向。

(3) 岩层的倾角与地面坡度角是前者大于后者，或是前者小于后者。

### (三) 倾斜岩层的露头宽度

倾斜岩层的露头宽度即倾斜岩层在平面地质图上的宽度。它除受岩层的厚度及地形 (坡向和坡度) 影响，还与岩层的产状 (倾向和倾角) 有关。三个因素中如有一个变化，露头宽度就会发生变化。

(1) 当地形和岩层产状不变 ($\beta$ 和 $\alpha$ 不变，地面坡向和岩层倾向也一定) 时，岩层露头宽度取决于岩层厚度。厚者宽，薄者窄。

(2) 当地形和岩层厚度不变时，露头宽度取决于 $\alpha$。当岩层层面与地面斜坡成 90° 交角时，露头宽度最窄 (露头宽度小于岩层厚度)；当 $\alpha$ 达到 90°时 (直立岩层)，岩层露头宽度等于岩层厚度，且不受地形影响；其他情况下，$\alpha$ 越小，露头宽度越大。

(3) 当岩层产状和岩层厚度不变时，露头宽度取决于地形。若地面坡向与岩层倾向相反，则地面坡度越缓，露头越宽；地面坡度越陡，露头越窄。在陡峭的山崖上，由于岩层的顶、底界线在平面上的投影重合成一条线，露头宽度为零，造成岩层在平面上 "尖灭" 的假象。若地面坡向与岩层倾向相同 (顺向坡) 且在 $\alpha<\beta$ 的情况下，$\beta$ 越大，则露头宽度越小；若地面坡向与岩层倾向相同 (顺向坡) 且在 $\alpha>\beta$ 的情况下，$\beta$ 越大 (但不能大于 $\alpha$)，则露头宽度越大。

# 第六章　不同构造环境下的地质构造组合

## 第一节　伸展构造背景下褶皱作用和挤压构造组合

### 一、伸展构造

#### (一)伸展构造基本概念

伸展构造是在岩石圈拉伸及减薄作用下形成的一套特色的构造系统。综观全球构造，挤压作用与拉伸作用是构造作用在时间和空间上紧密相关的两个方面。

拆离断层：是指大型犁状低角度正断层，它使较浅层次的年轻地层直接覆盖于较深层次的老地层之上。变质核杂岩：是指在伸展构造背景下，沿断裂使上地壳变质岩被拉出地表，位于由中、上地壳岩石组成的地质体；变质核杂岩是一群由异常变形的变质岩和侵入岩组成的穹形或拱形的孤立的隆起，其上为构造滑脱和扩张的不变质的盖层。

伸展构造的演化主要发生在三个阶段，即大陆裂谷阶段、大陆初始漂移和主要漂移阶段，伸展构造发育在不同构造层次。

(1)在上地壳中，伸展构造呈现为位于拆离带之上脆性岩块的伸展，其周边为铲式断层、坡坪式断层或多米诺式断层。

(2)在中地壳中，伸展构造呈现为变质透镜体，被不连续的韧性剪切带所分隔。

(3)在下地壳中，伸展构造呈现扩展变平的韧性流动和岩浆侵位。反转的伸展断层系常表现为冲断层、断弯背斜、生长断层褶皱、顶部塌陷地堑区的凸隆构造和半地堑区的鱼叉构造等。

#### (二)伸展构造的几何学特征

(1)原始产状近于水平，在伸展拆离中变成犁式。不具冲断层性质，因为拆离断层使地层缺失而不使地层重复，具有伸展构造特点。

(2)拆离断层面之上岩层常向同一方向旋转，形成叠瓦状正断层系，多发育Domino(多米诺)式断层组合，其断层倾角为40°~60°。

(3)在伸展构造体系中，拆离断层可以随时间而上升，形成浅层低温状态下的脆性断层，相应地出现断层泥—碎裂岩—糜棱岩—糜棱片麻岩。

（4）变质核杂岩在空间上呈穹窿状、椭圆状孤立隆起，直径一般为万米或更长，若干变质核杂岩可以呈串珠状展布。

（5）具有双层或三层结构特征，即以拆离断层分开的上盘脆性域和下盘变质核组成的双层结构特征，或上部的脆性变形、中间的韧性流变层及变质核杂岩体组成的三层结构特征。

（6）变质核杂岩体核部都有不同时期、不同规模的花岗岩类岩体侵入，多为同构造期的中酸性岩浆侵入体，在平面空间上呈不同程度的带状、环状。

### （三）伸展构造的运动学特征

（1）拆离断层是区域性构造，上盘岩块经历了相当大距离，位移数万米。

（2）岩石的组构特征确定伸展运动大方向变质核杂岩顶部及其周缘发育——糜棱岩化的岩石为特征的韧性剪切带，糜棱岩化岩石一般具有显著的 S–C 组构，石英—长石残斑系、拉伸线理等剪切标志，变质核杂岩中拉伸线理具有区域性一致的趋势。

### （四）伸展构造的大地构造背景

1. 造山后的伸展（地体或地台的碰撞）

在加拿大东部 Grenville 造山带是在 1200～1000Ma 期间碰撞造山过程中形成的。直到最近这一中元古代造山带的构造还被认为主要是冲断层作用造成的。在大量事实证明西北向冲断层作用是地壳加厚的主要机制的同时，现在逐渐增多的野外和实验室数据提供了造山带晚期伸展的证据。在其中央片麻岩带西段（安大略省），韧性伸展的构造要素占据了该地区地壳构造的主要部分，代表该造山带发生在中地壳层次上的不均匀伸展。

2. 伸展构造的韧性流动及熔浆作用——地幔软流圈的作用

岩石圈深部伸展过程可能与地幔软流圈的部分熔化作用有关。这种熔浆可能是许多伸展环境中火山作用的岩浆源，并相应形成岩墙群。在均匀伸展模式中伸展量 $\beta$ 值随时间而稳定增加时，熔浆量也随之逐渐增大。但是需要指出，一些变质核发育带的深部现在并不都是幔隆区，有可能在变质核杂岩形成时的幔隆在后期漫长演化过程中因深部调整而消失或转化。

### （五）伸展构造模式的类型

1. 基本模式类型

（1）纯剪切模式（共轴机制）。纯剪切模式认为伸展带上部为脆性正地层地堑，下部为韧性拉伸减薄带，变形是对称的，地壳通过机械断裂和韧性减薄而厚度减小，深部地幔热隆上升。

（2）单剪切模式（非共轴机制）。由于在伸展构造带发现了低角度正断层，且其可穿切整个岩石圈，此外伸展盆地常为不对称形态，为此提出单剪模式，这种模式提出了存在一条单向的主断裂带控制伸展作用。

（3）拆离模式。拆离作用强调伸展断层沿水平界面的伸展作用，产生很大的剪切位移，它也是单剪切非共轴的模式。

## 2. 复合模式

（1）岩石圈楔模式。剥离断层穿切整个岩石圈，类似于单剪切模式，岩石圈的伸展主要由单一剥离断层完成，沿断层发生大规模位移，在上部脆性带断层上盘形成半地堑系，下盘上升至浅部引起上隆，使剥离断层弯曲，上盘也发生上隆。此外，使壳幔伸展区分离，即沿断层倾向迁移，壳部伸展区在断层倾向后方，地幔伸展区则偏向断层倾向前方。

（2）分层剥离模式。类似于拆离模式，各层次水平界面控制剥离断层，与逆冲断层的断坪断坡构造很相似，顺层处为断坪，切层处为断坡，断坪可以很长。在断坡的上方形成断坡向斜盆地（这种作用与逆冲断层的上盘形成的背斜的道理一致，二者运动方向相反，所以这里形成向斜）。以上两种缺乏纯剪切的韧性层。

（3）伸展区分离的剥离＋纯剪切模式。地壳中上部为单剪切剥离断层，向深部岩石圈底部变为纯剪切韧性伸展作用。浅部由剥离断层造成伸展，深部由纯剪韧性带造成伸展，机制不同，同时深部和浅部的伸展带在水平方向上是分离的。因此，深部伸展区造成的热异常上升至地表（浅部）与伸展盆地是分离的。

（4）伸展区对应的剥离＋纯剪切模式。特征同伸展区分离的剥离＋纯剪切模式，只是浅部剥离断层与深部纯剪切韧性带为重叠。

（5）分层剥离＋下地壳纯剪切模式。为一种综合模式。对伸展模式的认识首先有助于掌握其构造特征，如地堑系、半地堑系构造，剥离断层形式，韧性剪切带等。其次对热事件发生的空间关系即伸展盆地与深部热活动（成矿、岩浆）是一致还是分离都是很有意义的。

## 3. 伸展后期大陆裂解的构造类型

伸展构造的持续发展最终导致陆壳的裂解分离，形成被动大陆边缘，相对于伸展构造的五种模式，也有对应的被动大陆结构的五种形式。被动大陆边缘的结构特征是与伸展构造模式对应的，是由伸展构造形式决定被动陆缘的结构形式；反之，应该注意观察被动陆缘结构的特征，看它属于哪种形式，反过来能推断曾经发生的伸展构造的模式。

简单来讲，岩石圈楔和分层剥离模式的岩石圈是脆性拉断的，由于沿拆离断层的滑移是主要伸展运动，在上盘一侧的岩石圈都有一楔状块体，楔体尖端处岩石圈很薄或消失，软流圈在此强烈隆升，形成底板垫托层的垂直增生作用，在地表形成隆升山脉带。而后三种伸展模式的岩石圈都由韧性纯剪切方式拉断，岩石圈在拉断处为细颈状。陆壳分离中心大多在裂谷带内，但深部软流圈隆升的位置都偏向于拆离断层倾向一侧，侧向分离程度越大，深部隆升范围向这一侧陆内延伸距离就越大。

### （六）伸展构造类型

大陆地壳的伸展构造变形多表现为以正向滑动为主的断层、断块、剪切带和拆离带等构造组合形式。在不同区域构造背景及地壳构造演化的不同阶段，发育有不同的层次、不同尺度的伸展构造，主要有以下几种构造类型。

1. 地堑、地垒构造

在引张作用下发育的正断层，可以出现共轭，也可以只发育一组正断层。正断层的位移使上盘断块相对于下盘断块下降。两条（组）走向大致平行、相向倾斜的共轭正断层的公共上盘断块下降形成的构造组合，称为地堑；相反，由两条（组）走向基本一致、背向倾斜的共轭正断层的共同下盘断块上升形成的构造组合，称为地垒。地堑、地垒也可以只在一侧边界发育正断层，这时可以称为半地堑、半地垒。典型的地堑的两侧边缘的正断层属于共轭正断层，它们的倾向滑动位移量大致相当，总体上表现为对称形式。当地堑两侧边界正断层的倾向滑动位移量明显不同时，可以称为不对称地堑。地堑、半地堑的边界断层可以是单条断层，也可以是由几条产状相近的正断层构成的阶梯状正断层组，而半地堑不发育断层的一侧则可以表现为斜坡带。

2. 裂陷盆地

地堑、半地堑往往是负地形，而地垒往往是正地形。区域规模的大型基底正断层的上盘断块下降可以成为沉积盆地，这类盆地称为裂陷盆地。裂陷盆地至少在一侧边缘发育有同沉积正断层或走滑正断层，是地壳浅层伸展构造的重要表现形式。这些盆地规模大小不一，如我国东部的华北盆地、松辽盆地和江汉盆地等大型盆地，秦岭造山带内的西峡盆地、南阳盆地和襄阳盆地等中、小型盆地等。正断层的断面形态可以是平面式的，也可以是上陡下缓的铲式或是断面深度发生变化的坡坪式。受断面形态及沿着断层面的位移变化的约束，正断层发生位移时上下两盘断块可以是刚体直移，也可以发生相对旋转或发生褶皱变形。裂陷盆地内部可以发育不同形态、不同位移形式的正断层或走滑正断层控制的各式地堑、半地堑和不对称地堑等不同形式的构造组合，裂陷盆地充填的沉积层序受同沉积期活动的主干基底断层的形态、位移的影响而表现出不同的结构特征。

（1）非旋转平面式正断层与相关裂陷盆地结构。正断层两盘断块的刚体直移，则上盘断块相对下降、上盘断块相对上升的幅度分布相对均匀，形成地堑，充填的沉积层序表现为平行、亚平行层状结构。

（2）多米诺式正断层与相关裂陷盆地结构。平直断面的正断层发生位移时，两盘断块也可以发生倾斜旋转，使上盘断块相对下降、上盘断块相对上升的幅度分布不均匀。平直断面的正断层两盘断块发生旋转也导致断层面发生旋转。通常的情形是断层两盘断块发生多米诺式旋转，使平面式正断层的倾角在位移中变小，上盘断块在断层面附近区域下陷、在远离断层面的区域翘起，形成半地堑。一系列产状大致相同的断层切割的多个断块体发生多米诺式旋转所构成的断块构造称为多米诺式半地堑系，充填的沉积层序表现为楔状结构。多米诺式半地堑中断块体整体旋转，同一沉积层序在构造斜坡上层序的产状与断陷带中的产状相同，但是掀斜翘起的构造斜坡上部会遭受剥蚀，断陷沉降－沉积区与构造斜坡上部隆升－剥蚀区发生枢转运动。

（3）铲式正断层与相关裂陷盆地结构。铲式或坡坪式正断层位移过程中，两盘断块会受断层面形态约束发生变形，导致断块不同部位的相对升降不均匀。一条铲式正断层或坡坪式正断层的位移要求上盘断块发生褶皱变形或发育调节性次级断层而使断层面两盘断块整合在一起，断层上盘断块的下降幅度总体上从断层面附近区域至远离断层面的区域相对减小。因此，同断层活动期充填在铲式正断层或坡坪式正断层上盘半地堑（系）中的层序总体上也表现为楔状层序结构，而且层序会随着基底断块的褶皱变形而发生滚动（半）背斜变形，并且在构造斜坡顶部尖灭或局部遭受剥蚀。

大型断陷盆地的边界断层多为铲式正断层或铲式正断层扇，内部也可以包含一系列不同形式的次级地堑、半地堑。如果盆地仅一侧发育边界断层，形成由铲形正断层或旋转平面式正断层控制的半地堑，也可以称为箕状断陷。渤海湾盆地属于古近纪裂陷盆地，古近系充填在盆地内部的地堑、半地堑断陷中。一般来说，断陷的规模越大，断陷边缘及断陷内构造变形越复杂，控制断陷发育的主干断层以正断层运动为主，但也可能在断陷演化的不同时期表现出多期不同性质的运动学特征。

3. 盆岭构造

地壳在引张构造动力环境下发生伸展变形导致断块体差异升降形成一系列断陷与断隆相间排列的盆岭构造。与单个断陷盆地不同，盆岭构造中隆升的断块形成山岭并发生强烈的剥蚀。半地垒断块可以形成不对称的单面山，相邻的半地堑形成断陷盆地，构成盆岭相间的构造地貌景观。例如，美国西部科迪勒拉山系的盆岭区是典型的盆岭构造区，我国鄂西峡东地堑地垒群也属于这类构造。盆岭构造的形成与大陆地壳在伸展变形过程中的热作用有关。引张构造动力环境下地壳断块体热隆升形成的山岭、高原与挤压构造动力环境下地壳褶皱冲断变形形成的山岭、高原有本质区别，前者是地壳大规模伸展变形的表现，后者是地壳大规模收缩变形的表现。大兴裂陷盆地内部包含多个小型半地堑、地堑及分隔它们的地垒凸起，可以看作被沉积层掩埋的盆岭构造。

4.裂谷

裂谷是区域性伸展隆起背景上形成的巨大窄长断陷，切割深，发育演化期长，常伴有火山沉积。从结构上看，裂谷是区域性大型地堑系，过去常常将它作为大地堑的同义词。它在地质和地球物理等方面具有一定的特征，所以单从构造上将裂谷理解为大型地堑是不全面的。有的裂谷一侧为主干断裂，另一侧断裂规模较小，两侧断裂并不对称。

按照裂谷发育的区域构造部位及其地质构造特征，可将它分为大洋裂谷、大陆裂谷和陆间裂谷。大西洋中央海岭上的裂谷是大洋裂谷的典型；东非裂谷是大陆裂谷的典型；红海裂谷是陆间裂谷的典型。人们认为大洋裂谷、陆间裂谷和大陆裂谷共同构成全球裂谷系。大陆裂谷—陆间裂谷—大洋裂谷是一个演化系列，就是大陆开裂、漂移、海底扩张的过程。然而，并非所有的大陆裂谷都演化成大洋裂谷。以下仅论述大陆裂谷的特征。

(1)裂谷是由一系列正断层为主的地堑、半地堑组成的复杂地堑系，通常发育于区域性隆起的轴部，表现为断陷谷和断陷盆地等构造—地貌景观，反映岩石圈的伸展作用。

(2)裂谷中往往沉积一套巨厚的包括磨拉石之类的碎屑沉积，常伴有蒸发岩、火山熔岩和火山碎屑沉积。裂谷沉积中常包含重要的沉积矿产。

(3)裂谷往往是浅源地震带和火山带。裂谷带内的地球物理场一般表现为巨大的负布格重力异常和负磁异常，或者为负值背景上的正异常。裂谷的边界一般表现为明显的重力梯度带和磁力梯度带。大型裂谷热流值一般较高，但变化幅度较大。

(4)大陆裂谷的岩浆岩有两类共生组合：①大陆溢流玄武岩，主要为拉斑玄武岩，也包括碱性玄武岩及其深层侵入岩体；②双峰式组合，可以是拉斑玄武岩—溢流玄武岩套，也可以是碱性玄武岩—响岩或粗面岩套。

(5)深部结构上，裂谷下地幔升高，地壳变薄，玄武岩下普遍存在着波速较低的壳、幔物质混合组成的裂谷堑。

5.拆离断层和变质核杂岩

拆离断层也称为剥离断层，由 R.L. Armstrong 提出，指发育于美国西部盆岭区的犁状低角度正断层，它使较浅层次的年轻地层直接覆盖在较深层次的老地层之上。一般产出于盖层与基底之间。其上、下盘岩石的变形行为明显不同，上盘为脆性伸展变形，下盘为韧性变形，形成糜棱岩带，并可因其被拆离断层逐渐上升至浅表而被脆性变形叠加，断层带之下的古老变质岩和侵入岩常呈穹状隆起而构成"核"，称为变质核杂岩，其上部为糜棱岩化变质岩。其中，绿泥石角砾岩即为近上盘的糜棱岩受脆性变形叠加而形成的断层岩。

变质核杂岩是由构造拆离伸展的未变质沉积盖层所覆盖的、呈孤立穹隆状的结晶岩构成的隆起。

根据经典地区变质核杂岩和我国一些地区变质核杂岩的发育状况和结构，一般认为变质核杂岩具备以下基本特征。

（1）变质核杂岩由深层抽拉抬升的变质基底（下盘）和变质较轻或未变质的盖层（上盘）组成，外形近圆形或椭圆形，直径一般十余千米至数十千米，呈分散孤立的穹隆状产出。

（2）基底与盖层以巨大规模的低角度拆离断层分隔；基底岩石属于韧性变形域，内部有岩体侵入，变形强烈；顶部总是发育一条厚达几十米甚至几百米的糜棱岩带，糜棱岩化随着与拆离断层距离的增加和减弱，向深部过渡为正常片麻岩。

（3）拆离断层原始产状近水平，在伸展拆离中变成犁式，其上盘以发育多米诺式断层为特征，亦有次级顺层断层并使地层拆离减薄和缺失，使得地层柱中的上部地层直接覆盖于基底变质杂岩之上，变形属于脆性域。盖层也可因侵入作用而变质，如安徽安庆洪镇变质核杂岩中的盖层已经发生不同程度的糜棱岩化。原始拆离断层可因穹隆作用而呈穹状。在长期发展中可形成不止一条拆离断层所组成的拆离断层带。

（4）拆离断层（带）是一条岩石强烈破碎带，与其接触的糜棱岩带的顶部可卷入碎裂岩化而形成绿泥石微角砾岩（超碎裂岩）；随着顺拆离断层倾斜向下趋近塑性域，碎裂带逐渐转变为狭窄的网状韧性剪切带，进而汇入糜棱岩构成的韧性剪切带。

变质核杂岩可因伸展于其周缘形成箕状断陷盆地，其中常常堆积了一套粗碎屑沉积。箕状断陷是与变质核杂岩同步或稍晚发育的，所以对其中沉积物的分析有助于确定变质核杂岩形成时期和发育过程；在以滑动摩擦作用为主导变形机制的拆离断层上盘底部形成了沿拆离断层面向下运动的连续倒转褶皱、平卧褶皱及伴生的低缓角度正断层组合，其构造样式类似于地壳浅层次的重力滑动构造样式。

### 6. 岩墙群

岩墙是横切围岩构造的板状侵入岩体，常成群出现，呈平行或放射状排列，是伸展构造的一种重要样式。我国大同、集宁地区古老变质岩系分布区的辉绿岩墙群、三峡地区黄陵花岗岩体内部的粗玄岩墙群，与加拿大、格陵兰等古老大陆上的基性岩墙群（1000～600Ma）一样，均反映了中元古代—新元古代全球范围内大陆壳的相对稳定性及大规模的伸展滑动。裂谷带、变质核杂岩的深部及大型隆起和坳陷的过渡带都是岩墙群发育的优选部位，因此可以借助岩墙群计算伸展量研究地壳在垂直和水平方向上不同部位的伸展变形之间的联系。

地壳不同层次的伸展构造具有不同的特点。浅层次控制裂陷盆地的正断层可以收敛于或终止在拆离断层面上，深层次的则表现为韧性伸展变形和发育岩墙群。研究整个岩石圈不同层次的伸展构造之间的联系，不仅具有理论意义，在寻找油气、地热等能源矿产方面也具有重要意义。

## 二、伸展构造背景下的褶皱作用

岩石圈上部的褶皱作用主要发生在挤压环境，但是在伸展构造环境，在一些与正断层相关的岩石中也可能引起褶皱作用，这种形成褶皱的过程就是伸展断层相关褶皱作用（extensional fault-related folding），由这种褶皱作用机制形成的褶皱就是伸展断层相关褶皱。

伸展断层相关褶皱总体上有两个特点：褶皱相对比较宽缓 / 褶皱规模相对比较小，无论在纵向还是在横向上褶皱作用涉及的范围都比较局限。

有利于发生伸展断层相关褶皱作用的构造环境主要包括：长期活动的同沉积正断层上盘；沉积速率较高的伸展环境；隐伏正断层上端点上覆区域。伸展断层相关褶皱的应力—应变特点、几何学特征及其褶皱类型与挤压环境下形成的断层相关褶皱均有明显差别。

### (一) 伸展断层相关褶皱作用发育的地质环境

1. 长期活动的同沉积正断层

长期活动的同沉积正断层上盘断面附近的逆牵引构造在传统上称为滚动背斜，实际上也是一种伸展断层相关褶皱。

同沉积正断层又称生长断层，是断盘滑动与沉积作用同时发生的长期活动正断层。

断层发生之前形成的地层称为前生长地层，断层活动时沉积的地层称为生长地层。这种断层在纵向上延伸的深度一般比较大，断面通常呈犁式，上盘在向下滑动的过程中，断面附近因失去支撑而被动地向下弯曲，从而形成逆牵引构造。

2. 沉积速率较高的伸展环境

沉积速率和断层滑动速率对伸展褶皱的形态具有显著影响，在不同沉积速率与断层滑动速率情况下伸展断层相关褶皱的形态特征不同。在高沉积速率和高断层滑动速率情况下，上盘断面附近生长地层的厚度和规模明显加大。生长地层中褶皱轴面的倾角随着沉积速率的增大而增大，随着断层滑动速率的增大而减小。

3. 与正断层端点传播相关的生长褶皱

在正断层被覆盖的情况下，断层活动有可能在上覆地层中引起褶皱作用，正断层的滑动速率和断面上端点的扩张方式将在很大程度上影响褶皱的几何学与运动学特点。在沉积速率相对较小或者断层滑动速率相对较大的情况下，正断层的断面有可能向上传递到地表，这将导致地面破裂。正断层沿断面走向方向逐渐过渡为单斜褶皱，断层与褶皱在平面上可以相互转化。

### （二）伸展断层相关褶皱类型

根据伸展断层相关褶皱作用过程中岩石的变形特点，可以把伸展断层相关褶皱划分为六种类型。

（1）断层上盘转褶皱：由断面倾斜角度变化而在上盘生长地层和前生长地层中产生的褶皱，类似滚动背斜。随着断面转折点增多，褶皱的形态将被复杂化。

（2）牵引褶皱：断面摩擦阻力致使断面附近岩石滑动滞后而形成褶构造。

（3）逆牵引褶皱：由于断面呈犁式，上盘在向下滑动过程中，断面附近因失去支撑而被动地向下弯曲后形成的褶皱，基本与滚动背斜同义。

（4）横向褶皱：断层位移沿着断面走向方向发生变化而产生的褶皱，这种褶皱的轴线与断面垂直或者以大角度相交。

（5）断层传播褶皱：隐伏正断层的断面向上传播（下盘上升）时，在上覆地层中被动地形成的褶皱。这种褶皱也称为强制褶皱。

（6）披覆构造：正断层上方地层中由于沉积差异和压实差异而形成的正向褶皱构造，通常是顶薄的穹隆构造，隆起周围无明显的向斜构造，褶皱幅度向浅部逐渐变缓。

### 三、伸展构造体系中的挤压构造

在区域性拉张背景下可能会形成伸展构造体系，但是在区域性的拉张构造背景下也有可能在局部形成挤压构造，这种局部性的挤压构造通常会出现在伸展受限部位（如断面弯曲或滑动方向受阻部位）。

土耳其安纳托利亚高原从古近纪以来由于受到地幔隆升影响，总体处于区域性伸展构造环境，在此伸展构造背景下形成了大规模的构造穹隆、变质核杂岩、低角度滑脱断层和图兹盆地，并从新近纪以来引起卡帕多基亚火山省的火山活动，在该地区以低角度伸展滑脱断层为特征的区域构造剖面上就发育局部挤压构造。

## 第二节　挤压构造背景下的伸展构造与断层相关褶皱理论

### 一、挤压构造体系中的伸展构造

在挤压构造背景下可以在岩石圈中、上部形成主要由逆断层和褶皱构成的挤压构造组合，其中通常还不同程度伴生线理、劈理、节理和反冲构造。逆断层和褶皱构造可以组合成叠瓦状逆冲推覆体系、褶皱—冲断带、双重逆冲构造构造楔（三角带构造）等组合样式，逆冲推覆体系还可能被改造出飞来峰和构造窗等特殊的构造样式。简单地说，挤压构造背景下地质构造组合的一个显著特点是通常会出现褶皱和逆断层。如果岩石受到的挤压力足够大，岩石对挤压作用可以有三种变形响应：体积损失、纯前褶皱和断层。岩石的非均一性和多期构造变形叠加可能会使这种构造响应复杂化。

在挤压构造背景下主体会形成以逆断层和褶皱为特征的挤压构造体系，但是在一些特定的构造部位也可能会伴生伸展构造。

根据伸展构造拉张方向与挤压构造挤压方向之间的相互关系，可以把挤压构造体系中的伸展构造划分为两种次级类型：一类是伸展方向与挤压方向一致的伸展构造。例如，在岩层通过纵弯褶皱作用机制形成背斜的过程中，背斜枢纽附近的岩层外侧就处于局部的拉伸状态，在枢纽附近有可能形成纵向张节理；逆冲推覆构造的根带通常处于伸展状态根带的拉伸方向与逆冲推覆体系的挤压构造方向基本一致，在根带有可能形成正断层。

另一类是伸展方向与挤压方向垂直的伸展构造。以青藏高原南部的伸展构造为例，青藏高原南部地区众多的新生代南北向地堑、半地堑和裂谷就发育在挤压构造体系中。青藏高原形成于印度板块与欧亚板块碰撞的构造背景之下，板块碰撞作用发生在 50 ~ 40Ma 之前，至今印度板块仍在向北推挤。在印度板块与欧亚板块碰撞期间，青藏高原地区至少发生了 1500km 的南北向地壳缩短量，并由此导致青藏高原地区的岩石圈厚度大幅增加，在地表造成高原地貌。印度板块与欧亚板块的碰撞作用造成包括青藏高原在内的中国西北部地区和中亚地区处于强烈的南北向挤压环境。

尽管青藏高原地区处于强烈的南北向挤压构造环境，但是在青藏高原南部广泛分布的南北向正断层、地堑半地堑和裂谷却反映东西向的伸展作用。在青藏高原南部发育至少 6 个近南北向的新生代地堑系，反映东西向的伸展作用开始于 8 ~ 4Ma 之前，至今仍在活动。其中一些地堑内部还发育钾质—超钾质火山岩，钾质—超钾质火山岩主要形成于 25 ~ 10Ma。目前对青藏高原南部东西向伸展作用的成因解释尚未取得一致意见，主要的观点有：①造山带塌陷；②中、下地壳流；③沿着一系列东西向剪切断层的剪切作用；④岩石圈拆沉作用；⑤岩浆作用；⑥下地壳底侵作用。

## 二、断层相关褶皱理论

岩石圈中上部的岩石在挤压作用下发生变形时，一般会先发生褶皱变形，当褶皱变形仍不足以调节持续挤压时，在岩石中就有可能引起断层。简单地说，岩石的变形过程是先褶皱，后断层。

但是当邻区已经发生的一条逆断层向前或向上传递时，在断层前方或上方的地层中就有可能引起褶皱作用。断层相关褶皱理论就是关于断层传播与褶皱形成之间相互关系的理论。断层相关褶皱理论主要包括断层转折褶皱作用、断层传播褶皱作用和滑脱褶皱作用三种模型。

### (一) 断层转折褶皱作用

断层转折褶皱作用指上盘断块沿非平板状断面滑动时发生弯曲而形成褶皱的过程。岩石的强度不允许上盘断块与断面之间存在较大空洞，上盘在滑动时必与断面紧密接触，从而使上盘断块在断面转折处 (断坡) 上方发生扭曲变形而形成褶皱在断层转折褶皱中，褶皱各几何学要素之间存在一定的函数关系。

在断层转折褶皱理论中，断面转折次数对褶皱形态具有显著影响。在断面发生多次转折的情况下，褶皱的轴面数是断面转折次数的四次方函数，由不同断面转折端形成的褶皱构造必然会发生相互干扰，由此将导致褶皱形态复杂化。

### (二) 断层传播褶皱作用

断层传播褶皱作用是正在向上扩展的冲断层前端上方地层由于吸收了下伏冲断层的位移量而形成褶皱的过程。

断层传播褶皱通常具有以下特点。

(1) 形态不对称，前翼陡且窄，后翼缓且宽；

(2) 向斜被相对固定在断面端点处；

(3) 随深度加大褶皱越来越紧闭；

(4) 背斜轴面的分叉点与断层端点在同一地层面上；

(5) 背斜轴面在断面上的终止点与断面转折点之间的距离即是断层的倾向滑动量；

(6) 断层滑动量向上减小；

(7) 断坡倾角变化对褶皱的形态具有显著影响。

在断层传播褶皱形成之后，如果下伏断层的位移量继续增加，断层有可能切穿先期形成的断层传播褶皱而成为突破断层。突破断层有可能分别沿着向斜轴面背斜轴面和褶皱翼部发生，这取决于褶皱的紧闭程度。

Amanda 等研究认为，断坡倾角较小强硬层之间间距较小且地层的强度反差较大是形成断层转折褶皱的有利地质条件，断层上方不利于滑动的界面 (如摩擦增加界面或固定的前陆边界) 有利于形成断层传播褶皱；如果断坡的倾角较陡、强硬层的间隔较宽且地层强度反差减小，则在构造生长期间局部有利于发生剪切作用，由此将可能导致断层转折褶皱和断层传播褶皱的混合样式。

### (三) 滑脱褶皱作用

滑脱褶皱作用是强硬岩层由于下伏塑性层中的断层滑动而形成褶皱的过程盐

岩、煤层和泥岩等塑性地层通常有利于发生滑脱褶皱作用，瑞士侏罗山的隔槽隔挡式褶皱就是典型的断层滑脱褶皱。

滑脱褶皱可以有多种生长方式。虽然褶皱的生长方式不同，但是最终的褶皱形态完全一样。因此，对最终的褶皱构造进行运动学解析时需要对褶皱层进行详细的应变分析，或者需要结合褶皱形成过程中沉积的生长地层特点才能完成运动学解析。滑脱褶皱通常具有以下基本特点：①底部软弱层在褶皱核部加厚；②底部发育滑脱断层；③褶皱发生前的能干性地层在变形过程中厚度和长度不变；④如果在褶皱生长期间有地层沉积，则生长地层向褶皱顶部厚度减薄，在褶皱翼部呈扇状旋转。

在对褶皱进行运动学分析时，通过对褶皱各部位变形特征的分析有可能揭示褶皱的生长方式。

### 三、褶皱相关断层

褶皱相关断层或调节褶皱断裂指在褶皱演化过程中，岩层因需要调节褶皱不同部位之间的应变差异而产生的次级断裂构造，这种断裂构造的规模较小，一般都是小型或微型断层。

智皱相关断层可归纳为四大类8种不同的具体类型：背离向斜逆冲断层、指向背斜逆冲断层；枢纽楔入逆冲断层、翼部楔入逆冲断层；前翼空间调节逆冲断层前翼—后翼逆冲断层、前翼剪切逆冲断层；反冲断层。

## 第三节　扭动构造背景下的地质构造组合

### 一、概述

地质体之间非共轴的挤压或拉张作用必然在接触带内产生扭动构造环境。从板块构造的角度来看，由于板块会聚和离散滑动矢量并不总是垂直于板块边界和其他变形带，这将导致板块之间的斜向运动与扭动作用，从而在岩石圈上部相当大的范围内产生扭动构造环境。

根据扭动构造环境中地应力场的特点，可以把扭动构造环境分为张扭与压扭两种次级类型。压扭作用和张扭作用分别由垂直变形带的缩短作用（压扭）或伸展作用（张扭）分量引起的不同于简单剪切的走滑变形带形成过程。压扭作用与张扭作用可以被看作非共轴和共轴应变共同作用的结果，非共轴应变表现为质点之间的旋转变形，而共轴应变表现为质点之间的伸缩变形。因此，在扭动构造环境下地质构造组合的一个显著特点是存在走滑断层与挤压构造（压扭）或伸展构造（张扭）的复合现象，其中的断层往往是既具有垂向滑动分量，又具有水平滑动分量的扭断层。

斜向挤压与斜向拉伸分别有利于形成压扭与张扭构造环境。岩石圈板块边界的不规则性和板块运动方向之间的非共轴性普遍存在，由此导致在岩石圈上部广泛发育压扭或张扭构造组合。

从较小的范围来看，一些特定地质构造组合也有可能造成压扭或张扭构造环境。右行平移断层断面的左阶弯曲处和两条右行平移断层的左阶叠置区都是有利于形成压扭环境的构造部位，右行平移断层断面的右阶弯曲处和两条右行平移断层的右阶置区都是有利于形成张扭环境的构造部位。与此类似，左行平移断层断面的右阶弯曲处和两条左行平移断层的右阶叠置区都是有利于形成压扭环境的构造部位，左行平移断层断面的左阶弯曲处和两条左行平移断层的左阶叠置区都是有利于形成张扭环境的构造部位。走滑断层带内的正花状构造就是一种压扭构造，负花状构造属于张扭构造，走滑拉分盆地是张扭作用的产物，而走滑双重构造既可以形成于压扭环境，又可以形成于张扭环境。

在扭动构造环境中有可能形成扭断层。Harding 提出了鉴别扭断层的五个主要标志：①窄长平直贯通、独一的主断层或变形带；②深处陡到中陡的主断层；③如果断层同时切穿了基底与盖层，则基底顶部的错开有可能是扭断层的标志之一；④主断层带内狭窄的断片在深处变陡和相接（负花状构造和正花状构造）；⑤同期的旁侧雁行构造。在这些标志中，花状构造是扭断层最可靠的剖面证据。雁行褶皱或次级断裂与同期主断层结合是鉴别扭断层最明显的平面标志。需要注意的是，并不是所有扭断层都发育相应的雁行构造。由于花状构造只限于主走滑断层带的辫状断层上，因此在雁行褶皱系中不应该出现花状构造。

## 二、压扭作用与压扭构造

在斜向挤压的情况下会引起压扭作用，压扭作用有可能在压扭带内产生压扭构造在岩石圈上部，在板块斜向俯冲和斜向碰撞的构造部位都存在压扭构造环境，都有可能发育压扭构造。

压扭性应变的一般过程模型为垂直拉伸模型—体积损失模型—侧向拉伸模型—斜向模型—不均匀模型—对称稳态模型—不对称稳态模型。随着挤压的持续，压扭变形带的复杂性逐渐增大，它们在自然界出现的可能性也逐渐增大。垂直拉伸涉及直立带中的恒定体积和不均匀应变，在这个模型中与直立带垂直的缩短作用（或拉伸作用）被直立的拉伸作用（或缩短作用）调节。通过修改这个模型的边界条件可以使垂直带发生体积改变或侧向拉伸，或者使垂直带在垂直与侧向方向都能发生斜向简单剪切分量。所有这些均匀应变模型相对于自然存在的剪切带来说都是理想化的。特别是在自然状态下，变形带的边界条件不可能被控制，因为它们在传递由简单剪切分量产生的剪应力时不能同时允许在所有方向的自由滑动。比较真实的模型是应变梯度从边界处的零滑动变到中央的最大垂直拉伸，由此导致非均匀应变。所有这些模型中变形带的宽度基本固定，应变速率将呈指数增加(压扭)或减少(张扭)。模型的进一步变种是稳态压扭或张扭模型，或者对称或者不对称，它们产生一个恒定的应变速率。稳态很重要，因为在有限应变中诸如涡度等流变学参数只有在稳态变形时才有效(涡度是一个用于描述流体旋转特性的物理量)。在比较简单的压扭与张扭作用应变模型中一个有限应变主轴在变形过程中保持直立状态，其他两个主应变轴在水平面内由于非共轴简单剪切而旋转，这种模型由此导致了单斜的几何学模型。与此相反，比较复杂的张扭作用与压扭作用应变模型一般需要一个倾斜简单剪切分量而导致三斜几何形态，其三个有限应变主轴均相对一个额外的参考面而旋转。

### 三、张扭作用与张扭构造

在非共轴伸展的情况下(如板块的分离方向与板块边界、盆地边界或区域构造线斜交)，在岩石圈上部就有可能引起张扭构造环境。根据张扭构造带中应变分布特征可以把张扭作用划分为两种次级类型。

(1) 均匀的张扭作用，张扭变形带内应变基本上均匀分布，在岩性均一的岩石中发生的张扭作用有可能属于这种情况。

(2) 非均一的分段性张扭作用，张扭带内应变分布不均匀。由于岩石的非均一性在岩石圈上部普遍存在，非均一的分段性张扭作用在岩石圈上部的张扭构造环境中应该是占主导地位的。

总长约 60000km 的洋中脊是新生洋壳产生的部位，那里处于张性构造环境。洋中脊又被一系列转换断层截切，表明洋中脊处应该有扭性构造应力存在。因此，洋中脊可能是全球最大规模的张扭构造发育区。

与大洋板块俯冲作用相关的弧后环境是张扭构造发育的有利地区。新生代以来印度—澳大利亚板块以约 70mm/a 的速率向他克拉通之下斜向俯冲，由此导致苏门答腊走滑断层系的形成和北、中、南苏门答腊盆地的形成；造成苏门答腊岛整体处于扭性构造环境。位于苏门答腊岛的北苏门答腊盆地是弧后盆地，盆地的基底主要由三叠系低级变质岩和花岗岩构成，始新世晚期印度—澳大利亚板块向欧亚板块之下的斜向俯冲导致苏门答腊右行走滑断层系的形成。北苏门答腊盆地的雏形同时出现。中新世末，盆地西南缘的巴里桑山脉隆升并向盆地逆冲推覆，盆地处于短暂的压扭作用阶段。晚中新世—上新世沿苏门答腊断裂的持续右行走滑活动导致盆地再一次处于张扭构造环境，盆地西南部一系列斜列的次级右行平行断层和盆地中的负花状构造清晰地反映出盆地的张扭构造特征。

在同一构造单元内，有时候可能出现从张扭构造向压扭构造逐渐过渡的现象，哥伦比亚中马格达莱纳盆地就具有这个特征。纳兹卡板块沿着秘鲁—智利海沟向南美板块之下的俯冲作用使科迪勒拉山脉所在地区成为大陆火山弧环境，中马格达莱纳盆地就发育在此构造背景之下。在盆地西侧，在邻近右行走滑断层 Palestina 断层的区域发育一系列呈雁行式斜列的正断层，正断层断面与走滑断层断面斜交，清晰反映出张扭构造特性。在盆地东侧，一系列叠瓦式逆冲推覆构造和背斜构造斜列，其走向与左行走滑断层—Bucaramanga 断层斜交，反映盆地的东侧具有压扭构造特性。从盆地西缘张扭构造与盆地东缘压扭构造卷入的地层分析，张扭构造与压扭构造可能大致同时发育。

　　断层有可能沿着断面走向方向从压扭向张扭构造过渡，土耳其境内的北安纳托利亚断层就具有这个特性。近东西延伸的北安纳托利亚断层在西 Marmara 地区有 17° 弯曲，该断层在西段呈现压扭构造特性，表现为狭长的地形隆起、逆断层和始新统浊积岩褶皱；断层东段呈现张扭构造特性，此段具有正断层的特征沿断层上盘发育非对称的半地堑和 Tekirdag 盆地，在盆地中沉积了厚达 2.5m 的上新统至今的同构造沉积地层。

# 第七章 矿产资源的成因分类与成矿构造

## 第一节 沉积矿床

沉积矿床作为外生矿床 (风化矿床和沉积矿床) 的主要组成部分, 是地表地质体 (岩石、矿化体、矿体等) 在风化作用过程中破碎和分解, 并在水、风、冰川、生物等外营力作用条件下, 搬运到有利的沉积环境中, 经过沉积分异作用而形成的, 达到工业品位、规模要求的矿床类型。

### 一、沉积矿床的成矿作用及形成

#### (一) 沉积矿床的成矿作用

根据沉积物质的搬运形式及特点, 沉积分异作用可划分为机械沉积分异 (成矿) 作用、化学沉积分异 (成矿) 作用和生物化学沉积分异 (成矿) 作用。

1. 机械沉积分异 (成矿) 作用

碎屑物质在水、风、冰川等营力搬运的过程中, 在重力分选作用影响下, 按颗粒大小、形状、密度的差异, 在不同部位依次沉积, 为机械沉积分异作用。一般情况下, 颗粒粗、密度大、等轴形状的碎屑物搬运距离短、沉积早; 颗粒细、密度小、片状形态的碎屑物则搬运距离较远, 沉积较晚。

机械沉积分异能力与流水的流速和碎屑颗粒的体积和密度有关, 流速大能搬运体积大和密度大的碎屑, 所以河流的上游比下游沉积物粗大, 大河的分选比小河好; 河床相主要沉积砾石和密度大的矿物, 而河漫滩相则为细砂和粉砂。这种按碎屑体积大小和密度大小分异的结果, 造成粒度小而密度大的矿物出现在粗粒沉积物中。如含金砾岩中的金矿物, 一般金粒仅达毫米级。许多耐风化、密度大的重砂矿物, 如自然金、锡石、金刚石、铂族元素矿物、黑钨矿、白钨矿、独居石、钛铁矿、铬铁矿、金红石及宝玉石类等, 可以在河流和海滩等有利场所形成砂矿床。

2. 化学沉积分异 (成矿) 作用

当成矿物质以真溶液或胶体溶液形式进行迁移时, 由于不同元素在同一搬运介质中溶解度各不相同, 从而在沉淀过程中产生成矿物质的分异作用, 包括真溶液化学沉积分异 (成矿) 作用和胶体化学沉积分异 (成矿) 作用。

（1）真溶液化学沉积分异（成矿）作用。易溶解的各种盐类物质以离子状态溶解于水中，即呈真溶液状态被搬运。当这些易溶盐类物质进入湖、海盆地中，在干燥的气候条件下，当水体的蒸发浓缩和碱化达到一定阶段时，便逐渐从溶液中析出并发生沉淀，从而导致盐类物质聚集形成矿床的作用称为真溶液化学沉积分异（成矿）作用。此作用可形成由钾、钠、钙、镁的氯化物，硫酸盐、碳酸盐、硼酸盐、硝酸盐等各种盐类堆积物组成的蒸发沉积矿床。由于其有用物质组分为各种盐类矿物，故又称盐类矿床。

通常盐类矿物在溶液中析出、沉淀的顺序与其溶解度大小相反，即溶解度小的碳酸盐类矿物如方解石、白云石首先沉淀，其次是硫酸盐和它们的复盐，如石膏、硬石膏、芒硝、无水芒硝等沉淀，继之为石盐，最后，以钾镁盐类矿物及它们的复盐，如钾石盐、光卤石、水氯镁石等的沉淀而告终。上述沉积顺序的反复进行，导致这种韵律反复出现，便构成了盐矿床中常见的韵律层。另外，盐类物质的搬运和沉淀还与溶液的温度、压力、pH、$E_h$ 值等因素有关。

（2）胶体化学沉积分异（成矿）作用。风化产物中，粒径在 $1 \sim 100\,\mu m$ 的物质，在水介质中常呈胶体溶液的形式搬运。胶体溶液的性质介于粗分散系（浊液，颗粒直径 $>100\,\mu m$）与离子分散系（真溶液，颗粒直径 $<1\,\mu m$）之间。胶体离子的特点是表面离子化，或带正电荷，或带负电荷体粒子相互排斥的电荷从其表面失去之后，即粒子所带电荷中和时，溶胶开始聚沉。

### 3. 生物化学沉积分异（成矿）作用

由生物或生物化学作用促使有机的或 / 和无机的成矿物质在各种水盆地中发生沉积分异而形成矿床的作用称为生物化学沉积分异（成矿）作用。简言之，就是有生物参与的沉积分异作用。生物参与沉积成矿作用可以是直接的，也可以是间接的。

（1）生物直接参与沉积成矿作用。指由生物有机体本身或其分泌物，以及死亡后的分解产物直接沉积分异而形成矿床的作用。如煤中碳的集中，石油、天然气、油页岩中碳、氢的集中，硅藻土中硅的集中，磷块岩中磷的富集，以及生物灰岩中碳和钙的集中等，都是由于生物机体的需要从介质环境中不断吸取使它们浓集起来的。一些海洋生物中某些元素的含量比海水高出几十倍乃至几十万倍。如 F、B、K、S、Si、P 一般高出几十倍，Br、Sr、Fe、As、Ag 高出几百倍，Cu、I 高出几万倍，Zn、Mn 则高出几十万倍。可见生物对某些成矿元素的富集具有十分重要的意义。

（2）生物间接参与沉积成矿作用。指在生物有机体的分解产物（如 $H_2S$、$O_2$、$NH_3$、$CH_4$ 等）及腐殖酸等的影响下，通过化学作用的方式促使成矿物质分异而形成矿床的作用。生物有机体分解的 $H_2S$、$O_2$、$NH_3$ 等气体可以改变介质的物理化学条件而促使金属元素分异沉积，特别是一些亲硫元素的沉淀富集；而河水中腐殖酸的存在可以阻止胶体聚沉作用的发生，有利于铁、锰、铝等胶体的迁移富集。此外，生物有机体的分解产物对某些成矿元素还具有吸附作用，从而在特定的条件下也可促进成矿元素的沉淀富集。

### (二) 形成受控因素

沉积矿床的形成，通常受控于以下因素。

1. 适宜的地质—古地理（主要指古地貌、古气候）条件

古地理条件不仅决定着地表地质体的风化、剥蚀强度和沉积特征、类型、速度及发育程度，同时也制约着沉积相、沉积建造和各种外生矿床的形成与时空定位。例如，寻找河流作用的砂矿时，应要重点研究河谷的各类地貌特征、水动力条件与砂矿沉积的关系；又如，在物源丰富的海洋中，寻找 Li、Na、K、Mg、Cl、Br、I、Pb、Zn、Au、Ag、U 矿和 Fe、Mn、Ni、Cu、Co、Ti、S、Au、U 稀土及各类盐矿、石油、天然气资源时，则应注明相应海洋构造盆地。

古气候条件是外生矿床（沉积矿床）形成的又一重要条件和影响因素。例如，盐类矿床和层状铜矿形成于干燥或干热的古气候条件；铝土矿、煤、硅酸镍矿形成于湿热环境。又如，太古代大气圈的严重缺氧，是沉积铁矿形成与广泛分布的重要原因，等等。

2. 物理化学条件是外生沉积矿床形成的重要控制因素

（1）元素或其化合物的性质因素。元素活化迁移的内在因素，主要是电价、离子半径电负性以及由它们所决定的离子电位、化合物的键性等，这些因素基本上决定了元素及其化合物的性质、搬运与汇聚，以及在水中的溶解度和胶体物质吸附性等。例如：

①离子电位小的碱金属离子 $K^+$、$Na^+$ 等，不仅易被风化淋滤，而且易形成大溶解度的各种卤化物、硫酸盐、碳酸盐等，并在干燥气候条件下蒸发、沉积成矿。

②离子电位大的碱金属离子 $Ca^{2+}$、$Mg^{2+}$ 等，由于其碳酸盐、硫酸盐溶解度小，因此常可形成大规模的石灰岩、白云岩、石膏等沉积，并形成相应的矿床。

③三价、四价阳离子电位的 $Fe^{3+}$、$Al^{3+}$、$Mn^{3+}$、$TR^{3+}$、$Sn^{4+}$、$Ti^{4+}$、$Zr^{4+}$、$Hf^{4+}$ 等，可形成晶格能大、在地表条件下稳定的氧化物或含氧盐矿物（独居石、锡石、金红石等）。

（2）温度因素。地表温度主要决定于地球纬度和海拔，温度直接影响着岩石的机械风化和化学风化、生物繁殖及矿物的稳定性与土壤水、地下水运动等，是外生沉积成矿的重要控制因素。

（3）压力因素。压力对于外生沉积成矿而言，尽管居次要地位，但压力的变化同样会影响元素的迁移。例如，压力可影响二氧化碳等在水中的溶解度；在深海的条件下，可使水的沸点高达 $200 \sim 300℃$，直接影响着外生沉积条件的改变。

（4）pH 因素。地表水的 pH，通常在 6～9，但在硫化物矿床氧化区、火山喷气影响区，由于强酸根或强阴离子等大量聚集并带入地表水中，则会导致水溶液 pH 明显降低，并引起一系列成矿元素的迁移与汇聚。

（5）胶体作用因素。外生带中广为分布的胶体，除带正电荷的 $Fe(OH)_3$ 和 $Al(OH)_3$ 等氢氧化物外，几乎都带负电荷。

天然胶体有很强的吸附能力和离子交换能力（腐殖质、二氧化硅和氧化铝的凝胶、铁—锰氢氧化物胶体等）。例如，在外生沉积成矿作用中，一些水中很难溶解的 Fe、Al、Mn 的氧化物和氢氧化物，就是在地表水中呈胶体，溶液被大量搬运，并在海洋构造盆地中形成大型、特大型胶体沉积矿床。

（6）生物作用因素。在外生成矿作用过程中，生物作用不仅能改变大气圈的成分，而且还促进很多相关元素活化、迁移、汇聚并富集成矿（石油、天然气、油页岩、煤、磷灰岩、硅藻土、石灰岩、铁、锰、铝、铜、铅、锌、铀、钴、镍等各类矿产资源），其中金属有机配合物就是由藻类物质的分解产物与金属离子相互作用形成的，并促进了外生成矿物质的运移。

## 二、海相沉积矿床与成矿构造

沉积矿床的成矿构造是在构造动力作用形成的断陷盆地的前提下，地表各类岩石和矿石等物质，在水、风、冰川、生物等外营力风化作用条件下，破碎、分解、搬运到有利的构造盆地（陆盆—海盆）和环境中，经过沉积分异作用而形成的有用物质，其富集到工业要求时的沉积物即为沉积矿床，可形成于各类盆地中。

### (一)海岭沉积构造盆地与成矿

20 世纪 80 年代以来，在东太平洋海岭上发现了黑烟囱和白烟囱，黑烟囱喷发物进入强电解的海水中，沉淀形成磁黄铁矿，其中含 Zn 25%、Fe 20%～40%、Cu 2%～6%；白烟囱喷发物混入海水，则形成重晶石。地中海塞浦路斯特拉多斯块状 Fe—Cu 硫化物矿床就属其例，石英包裹体测温资料表明，其温度为 350℃左右，盐度近海水，结合同位素资料，成矿溶液为海水。

在氧化条件下，Fe、Mn、Ba 在海水中沉淀，其中 $Fe^{2+}$ 的 Eh 值低于 $Mn^{2+}$，因此 Eh 值递减时，首先沉淀 Fe，其后是 Ba、Mn，这就形成了 Fe→Mn+Ba 的相序。此外，高温热液中的 $SO_4^{2-}$ 还原为 $S^{2-}$，与 Cu、Zn 结合为硫化物，在热液通道内或近出口处沉淀。因此，块状硫化物矿床通常产于下部，而 Fe、Mn 矿层沉积在顶部，垂向分带特征规律明显。

## (二) 海洋沉积构造盆地与成矿

现代大洋广布锰结核，资源量约 $1.7 \times 10^4$ Gt，其中 Mn 4000Gt、Ni 164Gt、Cu 88Gt，有三种产出地区。

(1) 陆源碎屑岩区。如北冰洋，无近代火山活动。

(2) 陆源碎屑岩区。有火山物质区，如大西洋、印度洋、太平洋，既有陆源碎屑岩，又有火山活动。

(3) 火山活动区。如太平洋海岭区。

鉴于 Mn 比 Fe 具有更强的化学活动性，因此，Fe 的氧化物和氢氧化物通常均堆积在喷发中心的海岭沉积构造盆地，而 Mn 的氧化物和氢氧化物则堆积在海岭附近的大洋盆地。

## (三) 岛弧沉积构造盆地与成矿

(1) 弧前沉积构造盆地。弧前沉积构造盆地位于岛弧靠大洋一侧，是火山喷发物和陆源物质混合、交替沉积的主要场所。

(2) 弧间沉积构造盆地。属岛弧扩张带，广泛发育着海相火山喷发岩系。

(3) 弧后沉积构造盆地。属岛弧与大陆板块之间的构造盆地，由于岛弧的隆起，导致部分海水与大洋分隔或半分隔，多以硅铝层为基底；如发育在老岛弧之上，则以硅镁层为基底。

岛弧中形成的矿床类型，主要为块状硫化矿床，其又分为早期岛弧型 Cu—Zn 矿和成熟期岛弧型 Cu—Pb—Zn—Ba 矿床。前者如日本四国晚古生代石炭—二叠系的别子型（Bcsshi-Type）层状黄铜矿—黄铁矿矿床；后者如产于中新世绿色凝灰岩中的日本黑矿型矿床。

## (四) 陆缘裂谷沉积构造盆地与成矿

陆缘裂谷沉积构造盆地位于大陆边缘，裂陷深浅不一。深者常导致基性岩浆上涌，浅者仅见热泉喷溢。

例如，红海裂谷在约 $50 \text{km}^2$ 的海域中，分布着平均 20m 厚的含金属沉积物，其中 Fe29%、Zn 3.4%、Cu 1.3%、Pb 0.1%、Ag $54 \times 10^{-6}$、沉积物间隙卤水 8%。又如，加拿大西部的沙利文巨型铅锌矿床（大于 1.7Gt 矿石量），产于元古界帕赛尔（Purcell）超群的奥尔德里奇（Aldridge）组，矿体呈大透镜状夹于粉砂岩和页岩层内。主要金属矿物有磁黄铁矿、闪锌矿、方铅矿，上部富 Pb、Ag，两者呈正相关关系。

我国陕西柞水—山阳矿田产于泥盆系中的多金属矿，同属其例。矿体呈层状、透镜状，与围岩整合。金属矿物主要为黄铁矿、磁黄铁矿、毒砂、闪锌矿、方铅矿、黄铜矿、黝铜矿、银黝铜矿、硫银锑铅矿、硫锑铜银矿、深红银矿、自然银、螺状硫银矿等；非金属矿物主要为重晶石、钠长石、石英、玉髓、铁白云石、菱铁矿等。

矿体中层状重晶石和似碧玉岩提供了海底喷发依据，岩石化学、微量元素、稀土元素、铅同位素等，统一地表明了成矿围岩——绿泥石、千枚岩和绿泥绢云千枚岩为中基性喷发岩。在区域上秦岭构造带、华北板块与扬子板块在加里东期至海西期连续碰撞、拉张而形成的扬子海北部的边缘裂谷，为该类型矿床的形成提供了优越的大地构造环境。

### （五）陆架沉积构造盆地与成矿

陆架沉积构造盆地是指基底为克拉通的陆缘浅海盆地，向海的一侧是大陆坡或陆缘裂谷。整个盆地通常是在地壳拉张条件下形成的，并导致海侵；如伴随着挤压则相对上升，导致海退，并伴有海相磷、锰、铁沉积成矿。例如，我国震旦纪荆襄磷矿、寒武纪的昆阳磷矿。

## 三、陆相沉积矿床与成矿构造

陆相沉积矿床的控矿构造可分山间内陆断陷沉积盆地构造、克拉通内陆断陷沉积盆地构造、岩溶内陆沉积盆地构造三类，均形成于造山或造山运动后期的拉张断陷。相关矿产资源多为流水冲蚀、差异风化等外营力作用条件下破碎—分解、搬运—富集成矿的。

### （一）山间内陆断陷沉积盆地与成矿

山间内陆断陷沉积盆地多形成于古老造山带内，其后因古老断层再活动，所控断块下沉而形成的内陆封闭盆地，由于控盆断裂多为俯冲带中的深断裂，因而该类型断陷盆地除了接受陆源成矿组分，还常有深部物质随热泉上升并参与成矿。例如，青海察尔汗盐田。

### （二）克拉通内陆断陷沉积盆地与成矿

古老的克拉通遭受漫长地质年代的风化剥蚀，有用组分的离子、胶体、重矿物等先后汇聚到克拉通内陆湖，并汇聚、富集成矿。例如，南非威特沃特斯兰德早元古代金铀古砂矿，其产于卡普瓦尔太古宙克拉通之上的断陷盆地中，太古宙含金绿岩带和其后的花岗岩分别为金和铀成矿提供了重要的物质来源。

### （三）岩溶内陆沉积盆地与成矿

地下水和重力塌陷导致了石灰岩地区岩溶盆地的形成，由于盆地底部凹凸不平，洞穴发育，为岩溶型铝土矿的形成提供了有利的成矿条件与环境。例如，南美牙买加铝土矿。

## 四、蒸发沉积矿床

### (一) 蒸发沉积矿床的特点

1. 盐层常常具明显的沉积韵律结构

盐类矿物均系易溶物，不同盐类矿物的溶解度是不同的，在成盐过程中，当它们所在的水盆地被蒸发浓缩时，盐类矿物从溶液中析出并发生沉淀，析出与沉淀的顺序与其溶解度大小相反。海相盐类矿床依次出现碳酸盐岩（石灰岩、白云岩、菱镁矿岩）、石膏、硬石膏、石盐，以及钾、镁盐；陆相盐类矿床依次出现石膏、钙芒硝、芒硝、石盐，以及钾、镁盐等。由于沉淀按上述顺序反复进行，就形成明显的沉积韵律。不过，完整无缺的韵律极少见，因为大多数情况下达不到钾、镁盐类沉淀所需的条件，不能形成完整的沉积韵律。在许多矿床中往往可清楚地看到更小的沉积韵律，表现为碳酸盐岩、黏土岩和各种盐层的互层，在钾盐层中常可见到石盐和钾盐的互层，反映盐类沉积过程中气候和卤水浓度的变化。

2. 含盐岩系的岩相岩性组合

基本上有两种，即由石灰岩、白云岩组成的海相 (潟湖相) 碳酸盐岩系和由红色碎屑岩系组成的内陆盐湖相岩石 (但含盐段一般为灰黑色、暗绿色等暗色的粉砂质泥岩和各类盐岩互层)。世界上已知规模巨大的盐类矿床都属海相盐类矿床。陆相盐类矿床主要出现在中新生代，规模一般较小，但在我国分布极广泛，也是重要的盐类矿床。

3. 矿体产状

矿体常与上下沉积岩层平行一致，呈较规则的层状、凸镜体状或大的扁豆体状，也有呈液态存在的 (卤水)。由于盐类矿物具有易溶、易熔、易变形的特点，在后期构造活动的影响下，受到构造挤压后易于发生软流，产生复杂形变，结果使盐层和围岩之间发生极不协调的褶皱构造，甚至形成盐丘构造。

4. 矿物性质及鉴定特征

盐类矿物多呈青白色或无色透明。但有时因不同程度地混入杂质也可呈现红、灰、褐、黄等色，密度小于 $3g/cm^3$，易溶于水，有明显的咸 (NaCl)、涩 ($Na_2CO_3 \cdot 10H_2O$)、苦 ($MgCl_2 \cdot 6H_2O$)、辣 (KCl) 等各种味感，这些是十分重要的简易鉴定特征。

蒸发岩分布形式，由于成盐盆地的演化大体是蒸发的结果，水体面积缩小，水盆地变浅，盐类物质依次沉淀，最后盆地干涸，因而岩相岩性及盐类沉积物在沉积剖面上，自下而上表现为粗至细粒碎屑沉积物、碳酸盐岩 (白云岩、石灰岩)、钙的硫酸盐 (石膏、硬石膏)、氯化物 (石盐)、钾镁盐类 (钾石盐、光卤石、杂卤石等) 沉积顺序。在平面上，按照沉积的先后次序，从盆地边缘向中心大体上呈同心圆状排列：最外围为碳酸盐岩，其次为钙的硫酸盐，最后为氯化物，中心为钾镁盐类，形成所谓"牛眼式"岩相分布模式。如果盐类物质的补给在盆地的一侧，则易溶盐类将集中在盆地的另一侧，形成所谓的"泪滴式"岩相分布模式。

### (二) 蒸发沉积矿床的控矿因素

蒸发沉积作用是最基本的成矿作用，充足的盐类物质、干旱气候、封闭或半封闭的集水盆地环境造成蒸发量远大于补给量，是形成盐类矿床的控制因素。

1. 充足的物质来源

盐类物质的来源是多方面的，如大陆岩石的风化、古盐层的溶解、来自地壳深部的火山气液等。各种来源的盐类物质经地表水或地下水的搬运，最后会汇聚于海洋和内陆干旱带的湖泊中，再经蒸发浓缩成盐。海洋被认为是盐类物质无穷无尽的宝库。盐度正常的海水中平均含盐量为 35‰，若在封闭的海盆中则含盐量更高，地中海为 37‰、红海为 42‰等。例如，地中海东南岸的约旦—巴勒斯坦地区的"死海"，以前曾是海湾的一部分，后因构造变动，被隔绝成为一个湖。死海地区气候炎热、少雨，海水蒸发很快，海水中含盐可达 27%。据计算，如果现在海水中的全部盐类都沉淀下来，可以把海底铺上一层厚达 60m 的盐层。因此，人们往往把海水看成成盐盆地盐类物质的直接来源。位于内陆干旱气候带的湖泊，是各种水的最终汇集地，漫长地质年代里积聚的盐类物质最终演化为盐湖及盐类沉积层。这些盐类物质不仅来自源区的风化物质，也有火山活动、古岩层溶解等迁移来的深部盐类物质。青藏高原星罗棋布的盐湖，包括面积达 5700 余平方千米的察尔汉盐湖，都是很好的实例。

2. 气候因素

成盐区必须是干旱和极端干旱的气候条件。盐类矿床只有在长期干燥炎热的气候条件下才能形成，同时，成盐盆地中水的蒸发量要远远超过补给量，这样就不断地发生强烈蒸发作用，使盆地中的水分大量减少，盐分逐渐增大，最后甚至干涸，使各种盐分达到过饱和而析出。特别是溶解度很大的钾盐，更要求蒸发量大大超过补给量才能形成。

在地质历史中，不同时代、不同地区曾经存在过干燥炎热的气候条件。一般认为每一次地壳运动旋回的末期都有一个干旱时期，为有利于成盐的时期。地球上干旱带的分布主要在南纬和北纬 15°~45°，为成盐有利地区。各地质时代的干旱带的分布，经地磁校正表明基本一致，不过由于每个地质时代的赤道位置不同，干旱带的分布也随着迁移。

3. 地理因素

巨型的海相盐类矿床都产于半封闭的海湾、封闭较好的内陆海、陆间海等古地理环境中，与大洋之间有联系不畅的狭小而隆起的地带，允许海水流入而限制浓卤水的流出，它们一般由沙洲、沙嘴、沙坝、沙堤、珊瑚礁、海底山脊等构成。内陆盐湖分布于大陆干燥气候地区的不泄湖泊，雨季时流水会把含盐的化学风化产物带到湖盆地中，而湖盆地又没有出水口与外界连接。由于长期的蒸发作用，其蒸发量大大超过降水量，这种内陆湖泊便咸化为盐湖，甚至成为干旱盐湖或沙漠盐滩。例如，我国青藏高原和新疆西北盐湖带，喜马拉雅山脉阻挡了来自印度洋的潮湿气流，使我国西北地区成为极端干冷的盐湖发育带。

4. 保存条件

盐类矿床形成以后，由于构造、地形、气候、水文条件等的急剧变化，盐层可能要遭受破坏。盐类矿床的后期破坏主要是淡水的溶解作用，特别是地表水的渗入造成的溶解作用。因此，盐类矿床形成后需要有不透水层（如黏土层）加以覆盖，才能保存下来。页岩是最有利于保存盐类的覆盖层。

## （三）蒸发沉积矿床（盐类矿床）与成矿构造

蒸发沉积矿床是在干旱气候，封闭、半封闭的水盆地环境中，蒸发量大于补给量的条件下，通过蒸发浓缩而产生各种盐类矿物沉淀而形成的矿床。主要是钾、钠、镁、钙的氯化物、硫酸盐、重碳酸盐、碳酸盐、硼酸盐和硝酸盐等。常富含锂、硼、铷、碘、溴等微量元素，蒸发沉积矿床按其形成环境的差异又可分为海相碳酸盐岩系中的盐类矿床与成矿和陆相碎屑岩系中的盐类矿床与成矿。

1. 海相碳酸盐岩系中的盐类矿床与成矿

加拿大萨斯卡切温钾盐矿床是一个典型的实例，其位于加拿大西部地台区，含矿岩系赋存于中泥盆统地层中，是世界上规模最大的钾盐矿床。

这类巨型海相蒸发盆地，还有西欧晚二叠世 Zechstein 盆地、俄罗斯西伯利亚的伊尔库茨克寒武纪盆地、美国西部的密歇根盆地等。

我国海相碳酸盐岩系中的盐类矿床（包括石膏—硬石膏、石盐、钾盐矿床）各形成于寒武纪、奥陶纪、泥盆纪和三叠纪，但对该类钾盐矿床的研究均未取得明显的突破。

2. 陆相碎屑岩系中的盐类矿床与成矿

陆相碎屑岩系中的盐类矿床其特点是陆相碎屑岩与膏岩盐交替沉积。中侏罗统、白垩系、古近系和第四系为我国成盐高峰期。陆相碎屑岩系主要由红色砂岩、泥岩组成，均产于示近源和干旱气候沉积物特征的"红层盆地"中。西藏含锂、硼的扎布耶盐湖矿床、青海柴达木盆地察尔汗盐湖钾盐矿床和云南江城勐野井钾盐矿床均属其例。

### 五、胶体化学沉积矿床

#### （一）胶体化学沉积矿床的主要类型

1. 沉积铁矿床

铁的克拉克值为 4.2%，在氧、硅、铝之后居第四位，因此地表条件下沉积铁矿床的物质来源极其丰富，可以来自大陆的风化物，也可以来自海底火山作用或海底含铁物质的分解的产物。铁是变价元素，有 $Fe^{2+}$ 和 $Fe^{3+}$。在地表条件下，二价铁化合物易溶于水，而三价铁化合物则难溶于水。通常在有氧存在的条件下，铁总是呈三价的 $Fe(OH)_3$ 胶体存在。至于二价铁，在有游离氧存在的情况下，也会很快地被氧化成 $Fe(OH)_3$ 胶体，所以自然界中铁胶体是普遍的。对于铁质的搬运方式至今认识尚不一致。有人认为铁呈细悬浮体状态迁移，但多数人认为，铁是呈 $Fe(OH)_3$ 胶体溶液被地表水带出风化壳，在适量腐殖酸的保护下，或者 $Fe^{3+}$ 离子与腐殖酸结合形成稳定的腐殖酸配合物，被河流搬运到汇水盆地中。

现有资料表明，不同情况下铁的运移可有很大不同，如在苏联普里皮亚特河中，25% 的铁呈悬浮形式运移，75% 的铁呈胶体形式运移。一般来说，山区河流落差大、水流急，铁主要以悬浮形式迁移，平原地区的河流则相反，铁以胶体形式运移为主。有机质含量高的河流往往呈胶体形式运移的铁所占的比例要高一些。对于自然界许多大型沉积铁矿床而言，其内广泛发育有鲕状、肾状等胶体沉积结构特征，由此可以断定，在其形成过程中，铁的迁移应以胶体形式为主。因为胶体溶液聚沉常常以某种悬浮体为中心发生，如石英、化石碎屑和微生物遗体等微粒。鲕粒是一层层的，因为聚沉的物质成分不断地变化，有时 SO 或 Al、$O_3$ 会多一些，鲕粒增大，不能悬浮，最终下沉，与鲕粒一起沉积的还有钙质、黏土质沉积物等。

铁的胶体沉积成矿作用已被现代沉积形成的鲕状铁质岩所证实。例如，非洲的乍得湖，湖面积约 $24000km^2$，平均水深约 3.5m，湖水有 83% 是由南部沙里河供给的。在湖的南部与沙里河三角洲连接地带水深 1~3m 的局部地区，正在形成现代鲕状铁质岩。据计算，这里在 320 年的时间里，沉积了面积为 $2700km^2$、厚达 40cm 的鲕状铁质岩，说明沉积成矿作用仍在进行中。铁质岩鲕粒完好，鲕粒平均直径为 0.25mm，最大达 1.2mm，其成分主要是蒙脱石、针铁矿以及少量高岭石、石英、方解石等。鲕铁岩层尚未固结，有的鲕粒仍是松软的。据研究，铁质岩中的铁质来源于湖泊南部沙里河水系周围的风化岩石，铁是呈氢氧化物胶体形式由沙里河搬运进入湖泊浅水地区聚沉而成。

沉积铁矿床可以分为海相沉积铁矿床和湖相沉积铁矿床。此类矿床探明储量约占我国铁矿总储量的 1/10，其中海相沉积铁矿最为重要。

海相沉积铁矿床一般分布于浅海边缘，在海岸线曲折程度较大，构造较为稳定的局限性海盆、半封闭的海湾区或潟湖区成矿最为有利。铁矿常常形成于海侵时期，特别是海侵开始不久的发展阶段，铁质沉积于砂岩向页岩或泥岩过渡的环境中。在海侵初期沉积的较为单一的碎屑岩相和海侵高潮所形成的较为单一的碳酸盐相中，铁矿通常较贫。

在海相沉积铁矿床中，铁矿在海盆地中沉积时，从海盆地边缘到海水较深处，随着介质的物理化学条件（pH、$E_h$ 值）不同，铁的矿物相呈有规律的变化，可依次划分出氧化物相、硅酸盐相、碳酸盐相和硫化物相四个矿物相带。

（1）氧化矿物相带。分布于海盆地边缘的浅水富氧地带。由于 $E_h$ 值较高（多大于0.2），是一个充分的氧化环境，在此地带形成的铁矿物为高价铁组成的氧化物和氢氧化物，如褐铁矿、赤铁矿等。伴生的沉积岩为从粗砂岩到粉砂岩的各种碎屑沉积岩类。

（2）硅酸盐矿物相带。分布于离海岸稍远的地带，海水变深，海水中氧的含量逐渐减少，$E_h$ 值变低（多介于0.2~0.1），处于氧化还原界面附近的过渡带，水中游离的硅酸开始起作用，形成铁的硅酸盐矿物，如鲕绿泥石、海绿石等矿物。伴生的沉积岩主要为细砂岩、粉砂岩等细粒碎屑沉积岩类。

（3）碳酸盐矿物相带。分布于离海岸更远、海水更深的部位，处于弱还原环境，$E_h$ 值为 0~-0.3，pH 在 7.0~7.8。在此地带，由于有机质分解产生大量的 $CO_2$ 气体，使环境富含 $HCO_3^-$，铁则以低价铁的形式与 $CO_3^{2-}$（由 $HCO_3^-$ 分解）相结合，形成低铁盐，如菱铁矿等矿物。伴生的沉积岩以黏土岩类和碳酸盐岩类为主。

（4）硫化物矿物相带。位于距海岸更远的深水地带，海水是停滞的，处于强还原环境，$E_h$ 值为 -0.3~-0.5，pH 在 7.2~9.0。在缺氧和细菌的活动下，有机物分解产生大量的 $H_2S$，使环境处于强还原状态，沉积的铁矿物主要为黄铁矿、白铁矿等。伴生的沉积岩为碳酸盐岩、燧石岩及黑色页岩等富有机质的岩石。

上述4个矿物相带常是渐变过渡的。4个矿物相连续而完整的发育形式在自然界少见，多数情况下只出现其中的一部分。铁矿物相的这种变化规律，不仅对于寻找和勘探沉积铁矿床，进行成矿预测，具有重要意义。同时还可作为确定古海岸线位置、海盆地的深浅和古地理环境的重要依据。

海相沉积铁矿床常位于海侵层序的下部，含矿岩系主要为砂岩、页岩。矿体主要呈层状，其次为透镜状，层位稳定。沿走向可延长数十千米，甚至数百千米，厚度变化大，由数十厘米至数米，甚至数十米。矿石矿物主要为赤铁矿、褐铁矿，有时为菱铁矿、鲕绿泥石等。脉石矿物有石英、绿泥石、方解石、高岭石等。硫化物仅见有黄铁矿。矿石呈鲕状、肾状及块状构造。矿石含铁品位中等，一般为25%~50%，硫、磷杂质元素含量低，矿石质量好。储量达数十亿吨，矿床规模大。

有时含锰、钒、磷等可综合利用。

中国沉积铁矿的形成时代较多，重要的有北方中元古代的宣龙式铁矿，南方中、晚泥盆世的宁乡式铁矿及新疆一带早石炭世的静和式铁矿。

2. 沉积锰矿床

沉积锰矿床是锰矿床中最重要的成因类型，其探明储量占我国锰总储量的71.4%。海相沉积锰矿床规模大、分布广；陆相湖泊中的锰矿床数量极少，规模也小。中国海相沉积锰矿床主要分布于扬子地台周边、华北地台北缘，以及柴达木地块和塔里木地块边缘。

由于锰与铁的地球化学性质相似，它们往往在类似的地质环境和条件下沉积。因此，两者在沉积矿床中常共生，锰矿石中经常含有大量的铁。在地表的风化产物中，锰亦形成胶体溶液或真溶液，由腐殖酸的护胶或络合作用，经地表水流搬运到低凹盆地中沉积下来。由于锰的活动性较大，锰的胶体或离子在河流搬运过程中很少发生沉淀，这样就有尽可能多的锰质被搬运到沉积盆地中。但锰在表生条件下的地球化学活动性比铁大得多。锰的化合物的溶解度比铁的化合物的溶解度大。通常情况下，在海盆地中，锰的沉积位置比铁距海岸更远些，也就是说，锰在水盆地中的沉积深度要比铁深一些。并由此引起锰和铁在沉积过程中相互分离，故又可以形成单独的锰矿床。

锰亦是一种变价元素，在氧化条件下呈 +4 价态，在还原条件下呈 +2 价态，在不同条件下，锰可呈高价的氧化物沉积（如软锰矿），也可呈高低价态混合的氧化物存在（如水锰矿），在还原条件下还可呈低价的锰碳酸盐存在（如菱锰矿、锰方解石等）。与沉积锰矿伴生的沉积物主要为硅铝质、黏土质、硅酸质和铁的氧化物、氢氧化物等，机械沉积物极少，在巨大的沉积锰矿床中，通常不存在机械碎屑物质。

沉积锰矿形成时，从海盆地边缘到海水较深处，随着海盆底部的物理化学条件（pH、$E_h$ 值）的变化，锰沉积矿床中也出现显著的矿物相的变化，这种变化比沉积铁矿的矿物相变化更为明显，可依次划分出如下 3 个相带。

（1）软锰矿—硬锰矿矿石相带。分布在近岸地带，pH 小、$E_h$ 值大，富含自由氧的近岸地带。由 +4 价锰的化合物（如软锰矿和硬锰矿）组成。此矿物相的矿石品位高、质优，含硫、磷杂质少。

（2）水锰矿矿石相带。分布在离海岸较远处的海水较深部位，处于近还原环境。由 +2 价锰和 +4 价锰的化合物（如水锰矿等）组成，常与蛋白石共生，此矿物相的矿石质量较软锰矿—硬锰矿矿石相的矿石差。

（3）碳酸锰矿石相带。此矿物相分布在离海盆地边缘更远的深水部位，盆地底部一般处于强还原环境，pH 一般大于8.5。由 +2 价锰的化合物（如菱锰矿、锰方解石等）组成。共生矿物有蛋白石、黄铁矿、白铁矿等。此矿物相矿石含锰量低，含硫、磷等杂质高，因此质量较为低劣。

必须指出，上述沉积锰矿床中矿物相的形成，与海底地貌、水的深浅、有机质的多少有关。如果盆地底部倾斜较缓，上述各相可稳定发育；如果在海岸附近，就处于还原环境，那么发育的将仅仅是碳酸盐相。

海相沉积锰矿床形成于海湾浅海陆棚地带。含矿岩系常由粉砂岩、黏土岩、硅质岩或硅质灰岩组成，沿古陆边缘呈带状分布。从剖面上看一般位于沉积间断面之上的海侵层序中部或中上部，层位稳定。矿体呈层状、似层状或透镜状，矿石具有鲕状、饼状、块状构造等。按照其矿物组成可将矿石分为原生的碳酸锰矿（以菱锰矿和锰方解石为主）、原生氧化锰矿（以软锰矿、硬锰矿为主）以及过渡型锰矿（水锰矿、硬锰矿、锰方解石及菱锰矿）三种类型，其中以氧化锰矿石质量最佳，碳酸盐矿石含硫、磷、硅等杂质较多，但经氧化后可变为质量较好的次生氧化矿石。

海相沉积锰矿床在中国有四个重要成矿期，即元古宙中晚期、早古生代、晚古生代和中生代。其中，晚古生代是海相沉积锰矿的鼎盛期，包括泥盆纪、石炭纪和二叠纪，并以泥盆纪最为重要。元古宙中晚期也是中国锰矿的重要形成期。早古生代成矿期包括寒武纪、奥陶纪。中生代成矿期主要集中于三叠纪。

3. 沉积铝土矿床

铝在地壳中的含量很大，其克拉克值仅次于氧和硅，居第三位，形成铝土矿床的成矿物质来源十分丰富。一般认为沉积铝土矿床的成矿物质主要来自大陆风化的铝硅酸盐岩石。在温暖湿润的气候条件下，铝硅酸盐分解可产生 $Al_2O_3$ 和 $SiO_2$ 的溶胶，因这两者具有特殊的亲和力，故常结合成为稳定的高岭石族矿物。然而在 pH 低于 4 的酸性溶液中，特别是在硫化物分解产生的硫酸溶液作用下，可使高岭石分解形成可溶性的硫酸铝带出风化壳，河水的 pH 一般大于 5，硫酸铝溶液在河流中是不稳定的，会发生水解形成 $Al(OH)_3$ 的溶胶，铝的胶体溶液如在腐殖酸的保护下可在河流中稳定搬运，Al 离子亦可与腐殖酸结合，形成稳定的腐殖酸配合物在河水中迁移。当它们被流水搬运到湖海盆地中，尤其是在最适于氢氧化铝胶体沉淀的海滨近岸地带，由于海水中的大量电解质可破坏腐殖酸的护胶作用，水中钙离子与腐殖酸结合可形成腐殖酸钙的沉淀，均可促使 $Al(OH)_3$ 胶体的聚沉富集形成铝土矿床。世界上规模巨大的铝土矿床，都毫无例外地产于碳酸盐岩的古侵蚀面上，这表明石灰岩的古风化壳不仅为沉积铝土矿的形成提供了成矿物质，而且可为氢氧化铝胶体的沉淀，提供了适量的钙离子和碱性介质条件。

陆相铝土矿床，产于内陆湖盆，常与湖相砂岩、页岩成互层或产于陆相煤系地层中，一般规模较小，在短距离内即相变为黏土层。矿石主要由三水铝石和一水铝石组成。

海相沉积铝土矿床产于海盆地的近陆边缘地带，产于碳酸盐岩层侵蚀间断面之上海侵岩系的底部。矿体呈层状，产状稳定，平行海岸线方向延伸很远，矿床规模大。矿石成分简单，主要由一水硬铝石和三水铝石组成，伴生有高岭石、伊利石等黏土矿物。矿石具鲕状、豆状、土状、块状等构造。

### 4. 现代深海沉积锰结核矿床

锰结核大小不一，一般直径在 0.5～0.25cm，个别大者可达 1m 以上。锰结核表面呈黑色至黄褐色，含铁高者呈红褐色，形状主要呈不规则球形或饼状，也见有浑圆状、半球状、板状、皮壳状、饼状及不规则状等，孔隙度很高，密度只有 2～3g/cm³。锰结核主要由核心碎屑物和含矿外壳组成。核心碎屑物主要为熔岩及火山碎屑岩的碎屑，尤其以晶屑、玻屑和玄武质凝灰岩的岩屑占优势，有时还见有浮岩、火山弹以及各种生物残骸等；含矿外壳成分主要是锰和铁的氧化物和氢氧化物，同时含各种杂质，不同成分的层围绕碎屑核心组成薄薄的同心圆或同心圆球状构造。大洋锰结核的铁锰矿物是主体，铜、钴、镍和其他金属元素富集在锰铁的氧化物和氢氧化物中，常呈黑色、棕褐色的粉末和胶状集合体。

从世界海洋来看，锰结核的分布具有以下特点。

（1）锰结核在海洋中广泛存在，结核富集的环境是沉积速率很低的海区，唯有此才能允许结核长期生长和积聚而不致被沉积物掩埋。这样的环境，一般是远离大陆的大洋深水区。

（2）从 114m 的浅海到 7700m 水深的深海沟都发现结核，而真正有经济价值的大量结核富集区，一般都处于水深 4000～6000m，因为这个深度区处于海洋碳酸盐的沉积补偿线以下。

（3）结核分布于大洋沉积物的表层，尤其是表层下 0.4～0.6m，深部的情况尚不很清楚。

（4）各大洋中结核单位面积的密度变化很大，目前认为有开采利用价值的结核分布区，其边界富集度应达 10kg/m²；Cu+Ni 的边界品位 1.76%。

（5）锰结核的生长需要一定的时间，根据板块构造理论，大洋中脊附近的年轻海底，结核的发育生长处于早期；而远离大洋中脊的较古老的大洋型地壳的表层，则更有利于多金属结核的积聚和生长。

据资料分析，世界各大洋的锰结核的总储量在 2 万亿～3 万亿吨，每年还以 1000 万吨的速率生长着。因此，这是人类未来金属的主要供应源。各种金属元素存储于锰和铁的氧化物和氢氧化物中，结核内疏松多孔，比表面积很大。因此，冶炼和矿石加工都较方便，估计会比目前陆地上从硫化物矿石中提取 Cu、Co 和 Ni 等元素可节省 50% 的能量，也可以改善大气污染。总之，海洋锰结核是人类巨大的财富，被誉为"大海奉献给人类的一份丰厚的礼物"。

### (二) 胶体化学沉积矿床的特点

胶体化学沉积矿床是指成矿物质主要呈胶体溶液形式被搬运到沉积盆地中，由于环境的改变而凝聚沉积形成的矿床。其矿床主要特点如下。

(1) 胶体化学沉积矿床以铁、锰、铝和黏土矿床最为重要，矿体的赋存位置主要是沉积间断面之上海侵岩系的底部 (铝土矿床)、下部 (铝土和铁矿床)、中部 (铁和锰矿床) 以及上部 (锰矿床)。

(2) 矿床常产于一定地质时代的沉积岩系中，层位稳定，产状与围岩一致。

(3) 矿体呈层状或透镜状，沿沉积盆地边缘分布。铝土矿和黏土矿在近岸处沉积，铁矿产在陆棚带的上部沉积，而锰矿则在距海岸稍远处的陆棚中下部沉积。

(4) 矿石成分主要为铁、锰、铝的氧化物和氢氧化物，以及碳酸盐和硅酸盐等，常常具有鲕状、豆状、肾状和结核状等构造，具有胶体成因的结构构造特征。

(5) 矿床规模大，具有很大的经济意义。

### (三) 胶体化学沉积矿床的控矿因素

#### 1. 成矿物质来源

胶体化学沉积矿床的成矿物质可有多种来源，但一般认为陆源物质是大多数矿床的最主要来源。因此，本类矿床常常分布在古陆边缘的浅海、滨海地带，并在剖面上总是位于侵蚀间断面之上的海侵层序的中下部或底部。表明成矿物质主要是由大陆岩石和矿石的风化产物提供的。在长期沉积间断期间，由于受到各种风化作用，使岩石和矿石中的铁、锰、铝等从中分解出来形成高分散的胶体溶液。此外，大量的资料表明海底火山喷发、海底热液活动及陆源岩屑在海底经海解作用和海侵使海水淹没大陆风化壳经海洋底水的分解作用亦可提供相当数量的铁、锰等成矿物质。

胶体物质的搬运介质是地表径流。众所周知，河流搬运成矿物质的能力是巨大的，如南美洲的亚马孙河，每升河水中约含 0.003g 的铁。若据此计算，仅仅在 17.6 万年内便可形成 20 亿吨的铁矿床。实际上还有许多河流的搬运能力，远比亚马孙河强大得多。

#### 2. 古地理因素

胶体成矿物质的沉积环境主要是海盆地，尤其是那些构造较稳定、海岸线较为曲折的海湾浅海区对成矿更为有利。至于内陆湖泊或富含有机质的沼泽盆地，也是成矿物质聚集的有利场所。

#### 3. 地质构造因素

地质构造运动对形成胶体化学沉积矿床起着重要作用。首先，地壳升降会引起海侵、海退的旋回性变化及海岸线变迁，稳定的海岸线对矿质的平稳持续沉积有利，可形成规模巨大的矿床。相反，海岸线移动很快时，反映成矿环境动荡，对厚大矿层的形成不利。其次，地壳升降运动还表现在沉积盆地沉降速度和沉积物沉积速度的相对关系上。两者配合可发生不同情况沉降的补偿性质，有利于成矿。巨厚矿层的形成往往与地壳长期缓慢下降密切相关。

胶体化学沉积矿床就产出的地质构造位置来说，一般是在地台内的陆表海盆地或其边缘的陆缘海盆地中。这是因为海侵从大洋向古陆方向推进时，这些长期下降地段是成矿的有利场所。因此，矿层常直接产于不整合面上的海侵岩系中。

### 六、生物化学沉积矿床

生物化学沉积矿床是有机体（生物）死亡后分解产生的气体和有机酸参与沉积成矿作用而形成的矿床。

#### (一) 生物化学沉积矿床的类型

生物化学沉积矿床主要有沉积磷块岩矿床、硅藻土矿床等。

1. 沉积磷块岩矿床

磷是一种典型的生物元素，一般不进入造岩矿物，主要以磷灰石形式存在。含 $P_2O_5$ 达 5% ~ 8% 的沉积岩通常称为磷块岩。磷块岩主要由非晶质的胶磷矿、细晶质的磷灰石和陆源碎屑矿物组成。陆源碎屑矿物包括石英、海绿石、黏土矿物、方解石、白云石等。当磷块岩中的 $P_2O_5$ 富集达到工业要求时，便成为磷块岩矿床。

沉积磷矿床中磷来源于岩浆岩中的磷灰石、火山喷发物，以及古老含磷沉积地层（包括古老磷矿床），它们在风化分解后，磷质被富含 $CO_2$ 和有机酸的地表水所溶解并带入水盆地，通过生物作用富集起来，沉积成磷矿床。例如，有人统计伏尔加河每年带入黑海的呈溶解状态的磷多达 6000 多吨之巨。

磷块岩矿床按其矿石成分和结构构造特点，可分为层状磷块岩矿床和结核状磷块岩矿床。

（1）层状磷块岩矿床。矿床中磷块岩呈层状产出，矿石矿物主要由细晶磷灰石或胶状磷灰石组成，并有方解石、白云石、石英、云母、黏土等矿物伴生。矿石多具致密块状或鲕状构造，鲕粒外形为圆形或椭圆形，内部具有同心层构造，胶结物有碳酸盐、二氧化硅和磷酸盐等。矿石一般含 $P_2O_5$ 较富（$P_2O_5$ 含量一般为 26% ~ 30%），规模一般较大，并常含有钒、铀、稀土元素等，可供综合利用。此类矿床是世界上最重要的磷块岩矿床类型，如云南昆阳磷块岩矿床。

（2）结核状磷块岩矿床。该类矿床多产于黏土层、碳酸盐岩和海绿石砂岩中，矿体为层状，矿层由球状、肾状、不规则状的磷酸盐结核组成，大小不等。矿石矿物主要为含水氟碳磷灰石，伴生矿物为石英、海绿石、黏土矿物、生物碎屑等。矿石品位一般较低，含 $P_2O_5$ 为 12%～28%。矿层中含有丰富的海藻、头足类和鱼类等化石，多已磷酸盐化。矿层较薄，且不稳定，含矿率变化大，矿床规模一般较小。如南京附近的结核状磷块岩矿床。

2. 硅藻土矿床

硅藻土是一种生物成因的硅质沉积岩，主要由生活在海洋和湖泊中的微体硅质生物遗体堆积形成。硅藻是一种个体很小，但数量极多的微体生物。硅藻借助光合作用，吸收和分泌硅质形成自己的壳和细胞壁。当有机部分腐烂，硅质介壳则保留下来形成硅藻淤泥，再经成岩作用形成了硅藻土矿床。因此，硅藻土的化学成分以 $SiO_2$ 为主，矿物成分是蛋白质及其变种。通常硅藻土呈黄色或浅灰色，块状而质轻，硬度 1～1.5，具有疏松多孔、吸附性强、能隔热隔音、热稳定性好、除溶于氢氟酸外，不溶于其他酸类等特点，故其工业用途极为广泛。

我国硅藻土矿床分布比较广泛，在地理分布上集中于我国东部和西南部，形成时代上大都出现在中新世、上新世和更新世。原因是这一时期构造活动强烈，形成了许多断焰式火山—沉积盆地。在岩浆喷溢的间歇期，断陷湖盆中有比较充足的源于火山物质的硅质，有利于硅藻的发育和沉积。我国绝大多数的硅藻土属陆相沉积，但世界上最大的硅藻土矿床，属海相沉积矿床。

**(二) 生物化学沉积矿床的特点**

通常把由生物有机体本身直接沉积而成的矿床，称为生物沉积矿床；而由有机体死亡后分解产生的气体和有机酸参与化学作用，并促使成矿物质聚集而成的矿床，称为生物—化学矿床。显然，这两者之间难以绝对区分，因此统称为生物化学沉积矿床。此类矿床主要有沉积磷块岩矿床、自然硫矿床、硅藻土矿床和生物灰岩矿床。其特点如下。

(1) 矿床主要产于陆棚浅海盆地的边缘，温暖湿热的气候条件提供了生物繁育的环境，矿层在含矿地层中有较固定的时代和层位。

(2) 含矿段岩层多为富含有机质的页岩、砂岩、碳酸盐岩，矿层与围岩中比其他沉积矿床保存更为丰富化石和更高的有机质含量。

(3) 矿体形状主要为层状、似层状、凸镜状和扁豆状，在垂直剖面上常具旋回性，出现几个矿层；单一矿层一般在走向上延伸较远，但沿倾向延长较小。

(4) 矿石中常有生物化石、生物组构和有机碳含量高等特点。

# 第二节　岩浆与岩浆期后热液矿床

　　岩浆活动是严格受构造活动控制的地质热事件，也是地球物质运动和成矿的一种重要形式，岩浆活动在软流圈、岩石圈和地壳底层均可诱发显著的成矿作用。

　　岩浆是岩浆矿床成矿物质的载体，起源不同的岩浆形成不同的矿床类型，其来源主要为地幔岩石部分熔融和地壳岩石的重熔。其既可是岩浆分异—分结成矿，也可是岩浆分异后期热液成矿（伟晶岩矿床、接触交代矿床、热液矿床）。

## 一、岩浆矿床的基本特征

　　在地壳深处的各类岩浆，通过结晶作用与分异作用，使分散在岩浆中的成矿物质聚集而形成的矿床称为岩浆矿床。

　　岩浆矿床具有以下基本特征。

　　（1）矿床主要与源于上地幔的基性、超基性岩石有成因联系，如纯橄榄岩、辉石岩、苏长岩、辉长岩以及斜长岩等，这是因为基性—超基性岩浆黏度较小，有利于分散在其中的元素和成矿物质扩散、对流和聚集。成矿作用和成岩作用基本上是同时进行，即岩浆矿床的形成过程和母岩体的冷凝结晶过程，在时间上大体相同，属于典型的同生矿床。少数岩浆矿床与碱性岩有关。酸性岩浆虽含丰富的各类成矿元素，但是由于岩浆的黏度较大，金属元素等成矿组分不易在其中扩散、对流和聚集，难以在岩浆的成岩阶段富集成矿，因此中酸性岩浆很少形成岩浆矿床。

　　（2）矿体多数呈层状、似层状、透镜状、豆荚状等产于岩浆岩体内，矿体围岩即为母岩；而由熔离作用或压滤作用形成的贯入式矿体则呈脉状、网脉状进入母岩体附近的围岩中。矿体和围岩之间一般为渐变或迅速渐变关系，只有贯入式岩浆矿床的矿体和围岩界线清晰。

　　（3）绝大多数岩浆矿床的围岩不具有明显的蚀变现象。

　　（4）矿石的矿物成分与母岩基本相同，仅有用矿物相对富集而已。例如，橄榄岩中一般都含一定数量的铬尖晶石副矿物，其中的 $Cr_2O_3$ 含量可达 1%，若其中的铬尖晶石局部富集，$Cr_2O_3$ 含量达到 5% ~ 8% 时，即构成了铬铁矿矿体。在岩浆矿床中，主要的矿石矿物有铬铁矿、钒钛磁铁矿、铜镍硫化物、铂族元素矿物及铌、钽、稀土矿物等。

　　（5）由于成矿作用是与岩浆作用大体同时发生的，因此多数岩浆矿床的形成温度较高，一般在 1500 ~ 500℃，但某些硫化物矿床形成温度甚至可低到 300℃左右。成矿深度多数在地下几千米至几十千米。

　　岩浆矿床具有十分重要的工业意义，世界上绝大部分的铬、镍、铂族元素以及大部分铁、铜、钒、钛、钴、磷、银和稀土元素等矿产资源均来自岩浆矿床。它们大多数在我国具有较丰富的储量，但有些比较稀缺，如铬、铂族元素等。

## 二、岩浆矿床的成矿作用

岩浆中有用组分析出、聚集和定位的过程称为岩浆成矿作用。根据成矿作用的方式和特点，岩浆成矿作用主要可分为结晶分异成矿作用、熔离成矿作用。此外，挥发分对岩浆矿床的形成也有一定的影响，现分述如下。

### (一) 结晶分异成矿作用与岩浆分结矿床

岩浆在冷凝过程中，各种矿物并不是同时结晶，而是按一定顺序，依次从岩浆中晶出。这种按顺序结晶分离出固体并在重力和动力作用下发生分异和聚集的过程，称为结晶分异作用。由岩浆结晶分异作用形成的矿床称为岩浆分结矿床，又称岩浆分凝矿床。

岩浆侵入地壳适当部位后，随着温度下降，岩浆中的矿物按照一定的顺序晶出。对于硅酸盐矿物的晶出而言，暗色矿物的晶出顺序依次是橄榄石→斜方辉石→单斜辉石→角闪石→黑云母；浅色矿物长石的结晶顺序是基性斜长石在前，酸性斜长石在后；有用矿物的晶出可有以下两种情况。

1. 有用矿物早于硅酸盐矿物或在硅酸盐矿物结晶早期晶出——早期岩浆矿床

随着岩浆熔融体温度下降，一些熔点高的金属如自然铂、铬铁矿等将最先或较早晶出，与它们同时或稍晚晶出的硅酸盐矿物有橄榄石、辉石和高牌号的基性斜长石等。

此后，若岩浆处在较稳定的地质环境中，上述从岩浆中晶出的金属矿物和硅酸盐矿物，由于受重力及岩浆内部对流作用的影响，密度大的矿物在岩浆中逐渐下沉，密度小的矿物在岩浆中相对上浮，于是岩浆发生了分异，在岩浆底部形成密度较大的暗色硅酸盐矿物和金属矿物的富集带，这种作用称重力分异作用。例如，铬铁矿（密度为 4.3～4.6g/cm³）、自然铂（密度为 14～19g/cm³）等矿物因其密度较大，在基性—超基性岩浆的底部聚集堆积，与密度较大的橄榄石（密度为 3.18～3.57g/cm³）、辉石（密度为 2.63～2.76g/cm³）和基性斜长石（密度为 3.1～3.6g/cm³）等硅酸盐矿物一起构成铬铁矿或自然铂矿体。

若在这一时期地壳活动频繁，使岩浆仍处于流动状态，则早期晶出的矿物和密度大的熔体便会在岩浆流动过程中，聚集在通道内，在流速减缓或流动阻力较大处形成不规则的异离体，这种作用称为动力分异作用（或称流动分异作用）。超基性岩中呈定向排列的铬铁矿矿条或矿带，一般认为是由这种作用形成的。

由于金属矿物结晶时间大多早于硅酸盐矿物或与早期硅酸盐矿物同时晶出，矿床形成于岩浆结晶的早期阶段，所以通常将其称为早期岩浆矿床。在这类矿床中，不论以上述何种方式使有用矿物富集成矿，矿体成分与母岩间并无本质区别，仅有用组分的含量增高而已。早期岩浆矿床矿体中的有用矿物，几乎是与母岩（也是围岩）中同类矿物同时形成的，所以矿体与母岩间往往没有明显的界线，通常呈渐变过渡关系，矿体边界需要依据工业品位加以圈定。矿体中的矿物成分，不论是脉石矿物还是矿石矿物，与母岩的矿物成分是一致的。由于矿石矿物较早地从岩浆中结晶出来，常见较规则的自形晶结构。矿石构造以浸染状为主，致密块状的矿石只在矿体下部偶尔出现。矿体常聚集在岩体的底部、下部（重力分异作用）或岩体内部的某些部位（动力分异作用），矿体形态一般为矿瘤、矿巢及透镜体，少数为似层状，通常规模不大。

产于纯橄榄岩、辉石岩中的铬铁矿矿床以及产于纯橄榄岩中的铂族金属矿床，是这类矿床中的主要矿床。

2. 有用矿物较晚晶出——晚期岩浆矿床

岩浆中的挥发组分如 $H_2O$、$CO_2$、B、F、Cl、S、P 等含量较高时，岩浆中的成矿元素可与挥发分结合，形成熔点较低的化合物，从而大大降低了自身的结晶温度。当硅酸盐矿物大量晶出时，这些低熔点化合物仍保持于残浆中。随着硅酸盐矿物的继续晶出，金属组分在残余岩浆中相对富集，逐渐形成富含成矿物质的富矿残浆，最后从残浆中结晶出来，并出现以下三种情况。

（1）如果富矿残浆比较快地冷凝结晶，它们一般充填在早期结晶的硅酸盐矿物颗粒之间，形成低品位矿石。

（2）如果富矿残浆冷凝缓慢，由于富矿残浆密度大，故可在重力作用下呈液态通过粒间空隙向下集中，而较晚结晶密度小的硅酸盐晶体向上浮，这样便在下部集中形成矿体。如产于基性岩体下部的钒钛磁铁矿矿床就是这种作用形成的。

（3）在地质构造活动比较频繁的条件下，由于受构造应力和由残余挥发分造成的内应力的作用，含矿残浆可被挤入岩体的原生构造裂隙或附近围岩的构造裂隙中，形成贯入式矿体，这种成矿作用也称为残浆贯入作用或压滤作用。由于残余岩浆是大量造岩矿物晶出后产生的，成矿作用发生于岩浆作用晚期，故所形成的矿床被称为晚期岩浆矿床。

由于晚期岩浆矿床大多数是由岩浆结晶分异末期聚集的残余含矿岩浆在原地冷凝结晶而成的，所以矿化的富集与岩体的分异程度有关。在分异过程中，由于含矿残浆的密度较大，在重力作用下，逐渐沉降而集中于岩浆槽底部，所以矿体大多位于岩体底部，与基性程度较高的岩相伴生。矿体多呈层状、似层状，分布面积广，厚度比较稳定，与围岩之间无明显界线。矿石构造以浸染状和致密块状为主，浸染状矿石多分布于矿体的上部，致密状矿石主要分布在矿体的中、下部，向外金属矿物逐渐减少。由于硅酸盐矿物结晶较早，晶形比较完整，金属矿物大多充填于硅酸盐矿物晶粒间呈他形胶结状产出，形成典型的海绵陨铁结构，又称陨石结构。由于成矿过程中有部分挥发分参与，在成矿作用的晚期，经常伴有程度不等的自变质作用，如蛇纹石化、绿泥石化、黑云母化、金云母化、碳酸盐化及黝帘石化等。

由残浆贯入作用形成的晚期岩浆矿床系含矿残余岩浆沿已冷凝母岩的原生裂隙或岩体接触面贯入而成，因此这类矿体大多呈脉状产出，矿脉几乎全部产于母岩体内，只有少数贯入附近的围岩中。矿脉成组、成群出现，矿体和围岩界线清晰，矿石也由金属矿物和硅酸盐矿物两部分组成。除形成海绵陨铁结构外，尚可见到金属矿物溶蚀、交代硅酸盐矿物的现象。矿脉附近的围岩常形成一定程度的蚀变现象，主要为绿泥石化和绿帘石化。贯入式矿体的矿石品位一般都较高，有时含一定数量的黄铁矿。脉状钒钛磁铁矿矿床是典型的贯入式晚期岩浆矿床，如河北大庙钒钛磁铁矿矿床；部分脉状铬铁矿矿体也可能是晚期岩浆贯入作用的产物，如西藏罗布莎铬铁矿矿床。

### (二) 岩浆熔离成矿作用与熔离矿床

岩浆熔离作用也称液态分离作用或不混溶作用，是指在较高温度下的一种成分均匀的岩浆熔融体，在温度和压力降低时，分离成两种或两种以上互不混溶的熔融体的作用。由于岩浆熔离作用而使有用组分富集成矿的作用称岩浆熔离成矿作用。由岩浆熔离成矿作用而形成的矿床，称为熔离矿床。

岩浆熔离成矿作用在铜镍硫化物矿床的形成过程中表现最为明显。根据实验，基性岩浆中可溶解一定数量的金属硫化物熔浆，其溶解度的大小在很大程度上取决于温度和压力。温度在1500℃以上的基性岩浆，尤其是富含挥发性组分时，可溶解一定数量的金属硫化物。实验证实，基性岩浆在1300℃以上时，可溶解6%~7%Fe—Ni—Cu的硫化物。在距地表25km~50km的超基性岩浆中硫化物的溶解度是地表附近的2~5倍。当温度一旦降低或熔体中挥发性组分外逸或岩浆上升时，都会引起硫化物溶解度的减小而发生溶离作用。除温度和压力外，影响硫化物熔离的因素还有熔浆的成分变化，特别是$SiO_2$、$Al_2O_3$、$CaO$、$FeO$的含量变化，如岩浆中铁的存在能使硫化物的溶解度提高几十倍 (媒介作用)，当岩浆结晶时，铁能结合到硅酸盐矿物中 (橄榄石、辉石等)，造成液态岩浆中$FeO$含量减少，$Al_2O_3$、$CaO$含量相对增加，而$FeO$减少，$Al_2O_3$、$CaO$增多会引起岩浆中硫化物溶解度的减小，从而发生熔离作用，使金属硫化物熔融体从硅酸盐熔浆中熔离出来。

熔离作用初期，熔离出来的金属硫化物熔融体是呈分散的液滴状悬浮于硅酸盐熔体中，随着岩浆的进一步熔离逐渐汇合、变大，并由于其密度较大而逐渐下沉，在岩浆槽的底部形成熔融的金属硫化物层，于是均一的岩浆熔体就分离成硅酸盐熔体和金属硫化物熔体两部分。随着温度继续下降，两种熔体先后结晶。金属硫化物的结晶温度较低，它们在硅酸盐完全结晶后，形成了岩浆熔离矿床。由这种方式所形成的岩浆熔离矿床往往分布于岩体的底部或边部，呈似层状，构成所谓的底部或边部矿体；当岩浆侵位深度较浅，冷凝较快，熔离过程较短，金属硫化物液滴来不及汇集，下沉到底部集中，而使其停留在岩浆房中部或上部时，经后期结晶成矿可形成透镜状的上悬式矿体；在动力作用较强时，硫化物矿浆也可向上或向旁侧围岩中贯入。上所述的熔离作用是在岩浆"浸入地壳后，温度和压力下降时产生的，因而此种作用发生于地壳浅部，故又称为"浅部熔离"。

按"浅部熔离"这一传统的观点，熔离作用既然是岩浆侵入地壳后发生的，矿体的规模一般应与侵入体的规模大体成正比，即大岩体可赋存大矿，小岩体只能赋存小矿。但是，若干实例却证明小岩体也可赋存大矿体。例如，按矿体和岩体的体积计算，甘肃金川镍矿矿区镍矿体占岩体的33%～50%，而吉林红旗岭镍矿七号岩体则几乎为纯矿体。此种情况表明：矿体的规模与侵入体的规模之间并不一定存在正比关系。

为了解释小岩体也可以赋存大矿体的这一客观事实，相应产生了深部熔离作用这一理论。深部熔离作用是指含硫化物的岩浆，在地壳深部高温高压的条件下发生的分异和熔离作用。分异后的富硫化物的矿浆与不含硫化物的熔浆，一起或分别上升到地壳浅部后再冷凝成矿。

熔离矿床的成矿岩体大多呈岩床或岩盘产出，矿化富集与否和岩体大小及分异程度有关，岩相分带越完全的岩体矿化越为富集。矿体一般产于岩体底部，形态和底部岩相带基本一致，大多呈似层状或透镜状，与围岩的界线是渐变的。贯入矿体多呈脉状、筒状及不规则状，与围岩的界线是清晰的。熔离矿床的矿石中经常含有相当数量的硅酸盐矿物，所以矿石出现典型的浸染状构造和海绵陨铁结构。就目前所知，产于基性—超基性岩中的铜镍硫化物矿床都属于熔离矿床。

这类矿床是铜、镍、铂族金属和钴的重要来源。中国甘肃、四川等省均有该类型矿床。

### 三、岩浆矿床的主要控矿因素

#### （一）控制岩浆矿床形成的岩浆岩因素

岩浆是岩浆矿床的首要控矿因素。它是成矿物质的来源和载体，因此，原始岩浆的类型和有用组分含量的多少、分异程度等对岩浆矿床的形成有重大影响。

岩浆岩具有明显的成矿专属性，即岩浆岩与岩浆矿床之间在成因上表现出有规律的联系，也就是说一定成分的岩浆岩可形成一定类型的岩浆矿床。

一般认为，岩浆岩体的规模越大，所含的有用组分就越多，因而越有利于成矿。这不仅是由于形成大岩体的原始岩浆所携带的成矿物质总量较多，而且岩浆所带的热量也多，且热量散失较慢，从而有利于分异和成矿作用的进行。反之，规模小、厚度也小的岩脉或岩床等，不仅成矿物质来源有限，热量也容易散失，冷凝过程时间较短，不利于分异和成矿作用的进行，故不易形成有工业价值的矿床。而异地熔离成因的矿床则可表现为小岩体伴随大矿床，如我国甘肃金川超大型的铜镍硫化物矿床伴随的超基性岩体出露面积仅约 $1km^2$，而矿体的贯入就位特征表明深部必定存在大的岩浆房。

岩浆矿床的形成是通过岩浆分异作用来实现的，因此岩浆的分异程度越高、岩性岩相越复杂，越有利于成矿元素的富集。一般来说，在比较稳定的地区岩浆侵入时，基性—超基性岩浆可按矿物反应系列进行完全的分异，一般是纯橄榄岩在下部，橄榄岩、辉石岩在较上部，辉长岩、苏长岩或斜长岩在最上部。分异完好的岩体，矿体多富集在岩体的下部，且产状稳定，矿石品位也较高。

大量的资料表明，含矿岩体往往是同一构造期形成的岩浆岩带中较晚期的产物，矿化主要与复式岩体的晚期岩相关系密切，如中国西南地区的铂族元素矿床，含矿岩体为一个先后连续侵入的基性—超基性杂岩体，其含矿性具有一定的规律性，即一般在闪长岩、辉长岩类中尚未发现矿化，而在继而侵入的橄榄辉长岩中则含铜镍硫化物，但不含铂和钯；辉石岩开始含铂钯矿体，但品位较贫；最晚侵入的橄榄岩—辉橄岩一般都含有铂钯矿体，品位也较富。此外，同源同期而不同阶段形成的复式岩体的含矿性往往较单一岩相岩体好，较晚侵入的含矿岩体往往分异较好，矿化较富。

### (二) 控制岩浆矿床形成的大地构造因素

大地构造对岩浆矿床的类型、分布等有重要影响。大多数岩浆矿床在成因和空间上与基性—超基性岩浆岩有关。由于基性—超基性岩浆系地幔物质部分熔融而成，所以切穿地壳而达上地幔的深大断裂对基性—超基性岩及与之有关的岩浆矿床有严格的控制作用。地壳中不同构造单元的结合带以及同一构造单元中次级构造单元的交接处，常常是深大断裂的所在部位，它们常控制着基性—超基性岩浆岩及其中的岩浆矿床的空间分布。与基性—超基性岩有关的重要岩浆矿床主要分布在古老的地盾和地台区、不同地质时代的活动带或造山带，常与深断裂带有关的环境中。

按板块构造学说，两个板块的交接带，是地壳的强烈活动部分，它提供了地幔物质熔化、分异所需的物理化学条件和上升通道，因此它是基性—超基性岩的侵入地带。如现今的环太平洋岛弧及其外侧的深海沟，就是太平洋板块向欧亚板块俯冲所造成的。从印度尼西亚南缘向西，北经缅甸、我国西藏，往西到伊朗、土耳其、原南斯拉夫，一直到阿尔卑斯和比利牛斯山，由于洋壳向两侧大陆之下俯冲，海槽逐渐变窄以致闭合。据此，可将世界基性—超基性岩的分布划分为以下几个带：①环太平洋带——岛弧形；②古地中海带——地缝合线型；③乌拉尔带——古地缝合线型；④非洲及欧洲层状铬铁矿带——裂谷型。

### （三）围岩因素

岩浆在其生成到就位的运移过程中可以熔化或溶解一些外来物质（如围岩碎块），使岩浆改变成分，这种作用叫同化作用，而不完全的同化作用叫混染作用。由于岩浆的同化混染作用从围岩中吸收了某些组分，可以影响岩浆的分异成矿进程。例如，西藏某花岗岩中的石墨矿床是岩浆同化了其围岩的煤层形成的。又如，含铜镍硫化物的基性—超基性岩浆同化碳酸盐岩石，可以降低熔浆的黏度，促进熔离作用的发生，使硫化物得以聚集而有利于成矿；但这类同化作用对铬铁矿石的聚集成矿及矿石质量十分不利，因为 $CaCO_3$ 的加入，使基性—超基性岩浆中的铁大量游离出来而形成磁铁矿，使铬铁比值降低，影响了矿石质量。同化作用的强度既取决于岩浆的成分和热状态，又与围岩的性质有关。一般来说，岩浆的温度高、含挥发性组分多、规模大以及侵位深度大，其同化围岩的能力就强；而围岩性质活泼、破碎强烈，则易于被岩浆同化。

### 四、岩浆成矿物源及其与成矿

岩浆矿床按其岩浆源区的不同及系统结晶分异的差异，又可分为幔源岩浆成矿系统和壳源岩浆成矿系统两类。

### （一）幔源岩浆与成矿

幔源岩浆成矿系统以镁铁质、超镁铁质岩成矿为特点，并形成 Ni、Cr、V、Ti、Co、Fe、P、PGE 等矿床。其主要成矿机制为重力—结晶分异、液态熔离、挤压贯入，主成矿期常与岩浆分异晚期的富含成矿组分的岩浆熔离作用密切相关。例如，产于超基性岩层状杂岩体中的布什维尔德铬铁矿，产于超基性岩带中的西藏罗布莎铬铁矿床，产于镁铁质超基性—基性杂岩体中的甘肃金川铜镍硫化物矿床和黑龙江依兰铜镍硫化物矿床、加拿大肖德贝里（Sudbury）铜镍硫化物矿床，产于辉长岩中层状、似层状四川攀枝花钒钛磁铁矿矿床，产于斜长—辉长岩中的河北大庙的贯入型铁矿床等均属其例。

### （二）壳源岩浆—岩浆期后热液活动与成矿

壳源岩浆成矿系统的岩类，多与花岗岩类岩石系列有关。因花岗岩类岩浆黏度大，不利于重力分异和熔离作用，但含气液丰富，成矿元素种类繁多。因此成矿方式多以气液分异为主，交代蚀变作用显著，有利成矿物质尤其是小丰度元素的富集；成矿深度相对较浅，成矿构造环境多为造山带和克拉通强烈活动的地区。

对于地壳重熔型花岗岩而言，通常 $n \sim 20km$ 深处的重熔岩浆区为矿源场，其上为含矿岩浆岩定位场及气液活动区，最上部（$0 \sim nkm$ 深）为花岗岩型、花岗伟晶岩型和岩浆期后热液型矿床的储矿场，垂向分带特征明显，其斑岩型矿床和伟晶岩矿床就是典型矿床类型。云南宁蒗白牛厂斑岩铜矿床和江西德兴斑岩铜（钼）矿就属其例。

1. 斑岩型矿床

斑岩型矿床是指产于斑岩及其附近大范围分布的浸染状、细脉浸染状矿床，是非常重要的金属矿床类型。尽管其矿石品位偏低，但规模大，易采、易选，是世界 Cu、Mo 矿的主要来源，此外还有斑岩型锡矿和钨矿。

斑岩型矿床多产于与大洋板块俯冲有关的岛弧和安第斯型陆缘岩浆弧的构造背景中，其特点如下。

（1）与成矿有关的岩浆岩主要为钙碱性系列的中酸性浅成—超浅成斑岩类岩浆岩。

（2）岩体多为岩株状小岩体。

（3）围岩蚀变强烈而普遍，空间分带特征明显。

（4）金属矿化主要发育于岩体内部，岩体围岩次之。石英绢云母化带是主要的矿化蚀变带。

（5）浸染状和细脉浸染状为主要矿石类型。

2. 伟晶岩型矿床

伟晶岩主要分布在构造活动带，并常沿区域断褶带分布，断续延伸可达几十千米至几百千米，宽达几千米至十几千米，新疆阿尔泰近东西向伟晶岩带就属其例。

伟晶岩是由结晶粗大的矿物组成。例如，伟晶岩中最大的微斜长石体，体积为 $100m^3$，质量为 100t；绿柱石 32t；铌钽铁矿 300kg；锂辉石长达 14m；黑云母面积达 $7m^2$；白云母达 $32m^2$ 等。它是在离地表 3km 以下至 8km 和相当高的温度（>374℃）、压力（>1000Pa）条件下，当有用组分（Li、Be、Nb、Ta、Cs、Rb、Zr、Y、Ce、La、U、Th、Sn、W 等）和黄玉、绿柱石、水晶石、电气石等矿石达到工业要求时，则形成伟晶岩矿床。

伟晶岩和伟晶岩稀有元素矿化过程，实质上是伟晶岩的钾化（钾长石化、白云母化）、钠化（钠长石化）和硅、钾、锂化（云英岩化）的过程。

伟晶岩多成群、成带出现，并形成具有一定规模的伟晶岩区，伟晶岩矿床中通常沿走向和倾向可分为边缘带、外侧带、中间带、内核带四个带。

伟晶岩体的形状复杂多样，并多呈脉状、透镜状、囊状、荷状、网状和不规则状等多种形态产出。

对伟晶岩矿床成因的解析，主要有三种观点：岩浆结晶成因、热液交代成因和岩浆结晶－热液交代综合成因，但目前大多数学者认为伟晶岩是在复杂的岩浆—流体系统中形成的，早期从岩浆熔体中结晶，中晚期在热液系统中发生了复杂而有序的交代－金属矿化作用，形成相应的伟晶岩型矿床。例如，新疆阿尔泰可可托海含稀有金属花岗伟晶岩矿床。

3.岩浆期后热液矿床

岩浆期后热液矿床是指岩浆分异晚期含矿气液富集阶段，通过气化－热液交代作用形成的矿床。

凡是产于岩浆岩，尤其是酸性—中酸性花岗岩类岩体与围岩接触带，通过气化－热液交代作用形成的矿床，均为接触交代矿床。例如，矽卡岩化、云英岩化、黑云母化、钾长石化、钠长石化、黄晶化、电气石化、萤石化、绢云母化、绿泥石、硅化、碳酸盐化等。

（1）矽卡岩型矿床。矽卡岩型矿床是指中酸性—中基性侵入岩与碳酸盐类岩石或富钙岩石接触带形成的矿床，是早期气化－高温热液交代蚀变的产物，受侵入接触构造系统所制约（岩体的规模、产状、形态、侵位深度、接触性质、围岩岩性、构造及交代作用等），影响因素多且复杂多变。矽卡岩矿物主要为钙、铁、镁的硅酸盐。

矽卡岩矿床除对成矿围岩建造有明显的选择性外，构造条件无疑是又一重要的控制因素，翟裕生等人根据主要控矿构造要素及其组合特征，将接触带矿床分为四种类型。

①产于大—中型侵入体侧翼接触带的矿床。

a.断裂－侵入接触构造带中的矿床：产于断裂－侵入接触构造带中的矿床数量多、规模大，常构成大型富矿床。如安徽铜官山矿床。

b.产于多期（次）侵入接触带中的矿床：由于多期（次）侵入接触带成矿期断裂构造叠加活动，多期、多阶段矿化蚀变发育，是大矿、富矿的最佳产出部位。例如，湖北铁山、程潮和云南腾冲滇滩等大型铁矿、湖南柿竹园超大型钨、锡多金属矿床。

c.产于断裂—捕房体中的矿床：这种断裂—捕房体中的矿床常发育于岩体的内接触带。例如，湖北铜官山大型铜铁矿床、鸡冠嘴铜金矿床、乌拉尔古姆别伊白钨矿床等。

②产于大—中型岩体顶缘接触带的矿床。产于大—中型岩体顶缘接触带的矿床多为剥蚀程度较浅的岩体顶缘部位，捕房体—残留顶盖发育。例如，湖北大冶灵乡铁矿田。

③产于小侵入体分布区的矿床。小侵入体分布区含矿岩体多为小型斑岩体，常

产于基底断裂与盖层断裂及其褶皱的交切处，是矿（田）床产出的有利部位。例如，长江中下游九江—瑞昌地区的矽卡岩—斑岩复合型矿床。

④产于层、脉复合接触带中的矿床。产于层、脉复合接触带中的矿床是指有利成矿岩层、断裂、裂隙带、岩墙与岩体组成的复合接触构造体系中的矿（田）床，这类矿（田）床有利部位多，矿体形态和规模变化大，云南个旧矿田就属其例。

（2）岩浆期后热液矿床。岩浆期后热液矿床是通过充填—交代等成矿作用而形成的，与其有关的矿产种类多，工业价值大。包括大部分有色金属矿产、稀有和分散元素矿产、贵金属矿产、非金属矿产等。

岩浆期后热液矿床、矿田和矿带多发育于造山带和克拉通强烈活动带的断褶带及断裂带中，断裂构造为其主要控矿构造类型，尤其是区域高级别压扭性断裂系统，其控制着相应矿体、矿床和矿田有序的空间定位与规律分布。

该类矿（田）床在地壳中分布广泛，在时序上主要产于地槽演化晚期和地台强烈活化时期形成的断裂—岩浆成矿带中，成矿母岩以花岗岩类侵入体为主。例如，我国南岭地区——世界著名的岩浆期后热液型钨、锡多金属矿（田）床。该类矿床和二级成矿带几乎无例外地沿一级深大断裂系统分布，但本身并不直接赋矿，属区域导岩、导矿构造系统，而矿床或矿田多产于导矿深大断裂上盘的浅部层位，受次级布矿—容矿构造系统所控制。

岩浆期后热液矿床的成矿流体易流动的特点，决定了它们沿控矿断裂破碎带远距离迁移，并在适宜的物理化学条件下，沉淀、富集成矿；部分岩浆期后热液矿床，在特定的条件下还可与矽卡岩矿床、岩浆矿床伴生或共生。

综上所述，该类矿床断裂构造活动——岩浆期后热液活动是主控因素，褶皱构造和围岩等明显居于次要地位。但值得说明的是，接触带围岩产状与岩体接触面产状的组合关系，在很大程度上决定着矿体的产状特征与形态规律性。

岩浆期后热液矿床的形成是一个复杂的地质构造、地球化学、地球物理演化与演变过程。该类矿床的矿产种类多，包括了大部分有色金属、稀有和分散元素金属、贵金属和非金属矿产资源，其分布广、工业价值大，是一种重要的矿床类型。

# 第三节　变质矿床

## 一、概述

由内生和外生地质作用形成的岩石和矿物，在地质环境、温度、压力改变的条件下，导致了它们的化学组分、矿物成分、物理性状和结构、构造发生变化的过程称为变质作用，由变质作用形成的矿床，即为变质矿床。

在变质作用过程中，岩石热力学体系，可以是封闭系统内的等化学平衡体系，使原岩在固态条件下发生矿物重结晶和部分组分重新组合形成新的矿物。但也可以是开放系统中的化学非平衡体系，即随着温度、压力的增高，原来岩石或矿物中所含的挥发组分（$CO_2$ 等）、水脱离原岩，形成化学性质活泼和渗透性较强的气水溶液——变质热液或变质热流体。这种溶液通过与原岩的交代作用，可使部分原岩的化学成分（如 K、Na、Mg、Ca、S、Cl、F、Si 等）进入变质热液中，并随之迁移，在适宜的环境中沉淀形成新的矿物。当达到高温、高压深变质条件时，原岩可发生部分熔融，形成硅酸盐流体相，并在开放系统中发生广泛的交代作用和混合岩化作用。因此，变质作用既可是原岩固态的重结晶作用、重组合作用和形变作用，也可是交代作用和混合岩化作用，并在变质过程中将原来的岩石或矿床经变质改造形成新的矿床——变质矿床；或原岩中的成矿组分在变质热液作用下，发生活化、迁移，并在有利的成矿环境中富集形成变质矿床。其中，变质作用前的先成矿床，其后受变质作用改造而形成的新矿床，称为受变质矿床。

变质矿床的形成，既受控于所处的宏观地质构造环境和构造活动，又取决于原岩组成、结构和性质。从热力学观点分析，变质矿床的形成主要取决于其所处热力学体系和物理、化学条件。

## 二、变质矿床形成的地质条件

在地壳不同的构造单元中，由于岩石建造—构造格局、控矿构造体系、构造热动力、热流体和埋深等的差异而产生不同的变质作用，形成不同类型的变质矿床，并进而决定了成矿组分的聚散、迁移、沉淀的空间定位、方向、规模和时序。

### (一) 地质构造背景条件

变质矿床自太古宙至新生代均有产出，但以前寒武纪的古老变质结晶基底中产出的变质矿床最为重要而广泛。

1. 前寒武纪克拉通

前寒武纪克拉通由太古宙早期至寒武纪前（38亿—6亿年）不同时期变质岩系组成，这些变质岩大多属角闪岩相和绿帘石角闪岩相，矿产资源丰富，特别是铬、镍、钴、钼、钒、钛、铁、锰、金、铀、硼、云母、石棉、菱镁矿、石墨以及稀有、稀土矿床等。

2. 显生宙造山带

显生宙造山带是古生代以来地壳中最重要的活动构造单元复合体。通常包含海相沉积建造、海底火山喷发建造、大洋残壳、岛弧火山建造等，并围绕着前寒武纪地盾呈带状分布，由于强烈的构造活动和热变质事件，在造山带形成过程中常伴有大量的变质岩系形成，并同步形成各类变质矿床。例如，阿尔卑斯山脉变质带、安第斯山脉变质带、祁连山变质带、秦岭变质带、喜马拉雅山变质带等。在显生宙各造山带矿产资源丰富，主要有铬、铁、铜、铅、锌、钨、锡、钼、锑、金、银、稀有、稀土和分散元素等，以及放射性元素、云母、石棉、石英等矿产资源。

3. 现代板块构造体系下的构造活动带

现代板块构造体系下的构造活动带主要包括离散板块边缘的裂谷、大洋中脊；聚敛板块边缘的岛弧、岩浆弧和板块内部的构造活动带（裂陷盆地、大型剪切带）等。尤其在岛弧和大洋中脊，壳幔物质和能量交换最强烈，有极强的活动性和增生性，常伴有带状变质带的分布，与之有关的矿产主要是受轻微变质的火山－沉积和火山热液黄铁矿型铜、铅、锌矿床以及铁、锰的氧化物矿床等。

**（二）原岩建造条件**

原岩建造的含矿性是形成变质矿床的物质基础。变质前原岩中成矿物质的初始富集程度通常是不同的，有些原岩在遭受变质作用之前，其所含的成矿物质已达工业品位和一定规模，变质过程中成矿物质再迁移，形成一定数量的富矿体。但更多情况下，原岩的成矿物质远未达到工业品位和规模，经过变质后才形成工业矿床。因此，原岩建造的含矿性研究，对研究变质矿床形成的条件、成矿作用机理、分布规律和指导找矿都有十分重要的意义。

含矿原岩建造有沉积型、古火山及火山－沉积型和岩浆型三类，前两类对于变质矿床的形成意义最大。

1. 沉积型

是由正常沉积作用形成的一套原岩建造，以富含某些成矿元素为特征，它们的富集主要决定于古气候、古地理和古沉积环境。沉积含矿建造原岩往往保存着明显的沉积成因标志。如变余沉积构造、变质沉积组合岩石（如大理岩、石英岩、云母片岩等）、层控性明显、有残余生物化石等。沉积型含矿原岩建造常可变质形成一些铁、铜、金、铀及石墨、菱镁矿、磷灰石、刚玉等非金属矿产。但也有些矿床，如某些铜、铅、锌和稀土元素矿床，由于变质作用改造强烈，具有不少热液成矿特征。如中国云南东川铜矿，通过多方面综合分析，普遍认为不应属岩浆热液成因，而是受变质的同生沉积矿床。

2. 古火山及火山－沉积型

含矿原岩建造是由古火山的喷发作用或喷流作用，同时还伴有沉积作用形成的。成矿元素的富集与古火山活动有直接或间接的关系。在前寒武纪区域变质岩系中，这一类型的含矿原岩建造的成矿意义甚至超过了正常的沉积建造，特别是对铜、锌、铅、金、铁、铀、硼、镍、磷等变质矿床的形成非常重要。

### (三) 变质热液条件

变质热液是在变质作用过程中形成的，主要由 $H_2O$ 和 $CO_2$ 组成，有时还有 F、Cl、B 等，变质热液部分来自受变质岩石，还有一部分挥发组分来自岩浆和地壳深部，且随着变质程度的增高，原岩中的水则逐渐成变质热液排出，并参与成矿。

在区域变质热液条件下，造岩元素是稳定的，通常不易进入变质热液，而氧、硫和亲铜元素等则可进入变质热液，并富集成矿。

其中，呈硫化物的一些亲铜元素，在区域变质过程中，当温度不断升高时，其活动性明显大于稳定的造岩元素；其中铅、锌、铜、镍、铅、金、铯、硫等，在不同温度、压力和化学条件下，都可变为活动组分，被变质热液带入或带出，如变质热液中同时富含 S、Sb、$H_2S$、Se、Te 等矿化剂时，在低温、中低温条件下开始活动。含有这些元素的原岩或矿床，在变质过程中，受变质热液的强烈改造，不但促使原有含矿地质体的形态、产状、组构发生重大变化，而且由于迁移、富集形成新的矿体和矿床。

## 三、变质矿床形成的物理化学条件

变质作用进行过程中，温度和压力的变化，是引起变质成矿作用最重要的热力学因素。

（1）温度条件。在变质成矿过程中，温度的升高或降低，直接决定着岩石中化学组分之间化学反应进行的方向、速度和强度。

通常温度的增高，促使吸热反应的进行，而温度降低则有利于放热反应的进行。接触变质和中深区域变质均属吸热反应；而动力变质和浅区域变质作用则属放热反应。前者有利于矿物发生重结晶和重组合作用，随着温度的升高，气水溶液可使原岩中的某些物质组分发生分异与迁移，在高温条件下，可使原岩部分熔融，出现长英质低熔组分的流体相，并引起复杂的混合岩化作用。

（2）压力条件。压力在变质成矿作用中同样具有重要意义。在一定深度下，因上覆岩层的重力而产生的静岩压力是控制变质反应以及成矿组分运移、矿物重结晶、变质矿物形成的重要因素。在相对封闭的岩石热力学体系中，压力的变化会影响变质反应的流体分压的改变，从而制约温度和矿物相变，并影响变质作用的进行。

综上可知，温度和压力是变质成矿作用过程中的两个相互关联又互相制约的重要因素。研究表明：不同的变质作用，在岩石热力学体系中存在物理化学条件的差异，因此在不同变质作用过程中，温度和压力范围也随之而异，并各具特定的温、压区间与范围。

## 四、变质矿床成因类型

根据变质矿床形成的地质条件和变质作用类型，变质矿床可分为四类，并有各自的相应矿产资源。

### (一) 接触变质矿床

接触变质矿床是指在侵入体与围岩的接触带附近，由于岩浆侵入引起围岩温度增高而使其中的矿物发生重结晶、重组合而形成的矿床。这类矿床一般环绕侵入体呈带状分布，在成矿过程中几乎没有或很少有外来物的加入、原有物的带出，仅在局部地段可出现蚀变现象，产生物质成分的改变。距离侵入体越远，接受的热量越少，热力变质也越弱，因此围绕侵入体的围岩常具有明显的分带现象，从侵入体向外一般可分为显著重结晶带、过渡带和原岩带。如湖南省郴州市石墨矿床，靠近侵入体为石墨，稍远为半石墨，再远则为未变质的煤层。

影响接触变质矿床形成的因素很多，但主要有以下三个方面。

（1）围岩的原始成分。原始成分不同的围岩变质后的产物不同，如煤变质成石墨，石灰岩变质成大理岩。

（2）围岩的物理化学性质。岩石的物理性质如粒度、脆性、导热性等，均对接触变质作用有影响。一般来说，粒度小、脆性大及导热性好的围岩，容易产生强烈的接触变质作用。岩石的化学性质也影响接触变质作用，一般来说，泥质及碳酸盐质围岩较敏感，易遭受变质；石英岩及花岗岩具有稳定的矿物组合，较难变质。

（3）侵入体的成分及大小。侵入体的成分和大小与其本身所带来的热量大小有关，以岩基状态产出的中酸性岩体所含热量较大，挥发分较多，故易形成接触变质矿床。而以岩枝、岩株状产出的中基性岩体，则不易形成大规模的接触变质矿床。

以上各影响因素是相互联系、相互制约的，因此对具体矿床要全面分析，找出其中的主导因素，为进一步勘探指明方向。

接触变质矿床类型不多，规模一般也不大，主要为一些非金属矿产，如大理石、石墨、金云母、刚玉、红柱石矿床，少数情况下可形成一些金属矿床，如铁、锰等（如较贫的沉积赤铁矿经接触变质后可成为较富的磁铁矿矿床）。

### (二) 区域变质矿床

在区域构造运动中，在区域强烈构造动力与构造热流体场和高温、高压的岩浆上侵活动的热动力及气水溶液联合作用的条件下，地壳中原来的岩石和矿床发生了强烈的改组和改造（重结晶、交代与变形），并导致了有用矿物组分的堆积而形成的矿床，为区域变质矿床。

区域变质的特点是区域范围广，温度可从低温至高温，变化区间大，成矿主要集中于前寒武纪结晶地块中，尤其是沉积变质矿床居重要地位。

区域变质成矿作用除重结晶作用和重组合作用外，变质热液交代作用是一重要成矿方式，变质热液促使成矿组分活化、迁移、富集成矿。

区域变质作用形成的矿种较多，其中铁、铜、金、铀、磷、硼、石墨、石棉、菱镁矿等金属—非金属矿产资源居重要地位和经济意义。

1. 区域变质铁矿床

此类矿床是世界重要铁矿工业类型，分布十分广泛，有不少大型、特大型矿床，如北美的苏必利尔湖型铁矿。在中国主要分布于鞍山、本溪和冀东地区。辽宁弓长岭矿床是重要代表，通称"鞍山式"铁矿。该类型占世界铁矿总储量的60%，占富铁矿储量的70%；在中国约占总储量的48%，占富铁矿储量的27%。

世界上已发现的变质铁矿实际是沉积—变质铁矿，是形成于前寒武纪（主要是太古宙到古元古代）的沉积铁矿床或沉积含铁建造，在受到区域变质作用或混合岩化作用改造后形成的。因其矿石主要由硅质（碧玉、燧石、石英）和铁质（赤铁矿、磁铁矿）薄层状互层组成，又称为条带状硅质建造（简称BIF型铁矿）。

（1）区域变质铁矿的一般地质特征。区域变质铁矿床多产于古老地台的前寒武纪变质岩系中，矿床的形成与前寒武纪地壳的组成与演化密切相关。根据矿床的形成时代及含矿建造的不同，可分为阿尔戈马型和苏必利尔型。

①阿尔戈马型铁矿。主要形成于新太古代（约2500Ma）。铁矿的形成在空间和时间上与活动陆缘裂谷海底火山活动密切相关，世界各地此类含铁建造都发育于上太古界的绿岩带中。阿尔戈马型条带状含铁建造（BIF）主要与绿岩带中上部的火山碎屑岩相伴生，并靠近浊积岩组合。原岩为基性火山岩及少量安山质岩石、中酸性火山岩和黏土质沉积岩，一般都经受了绿片岩相和角闪岩相的区域变质作用。原基性火山岩变质为斜长角闪岩、角闪片岩、角闪斜长片麻岩和麻粒岩、变粒岩等；原中酸性火山岩变成黑云母变粒岩和浅粒岩等。此类铁矿石建造常具灰色、浅黑绿色的铁质燧石和赤铁矿或磁铁矿组成窄条带状构造。单个矿体的厚度可在几米到几百米之间变化，走向延长从数十米至几千米。含矿建造中一系列连续的凸镜状矿体构成规模巨大的矿带。鞍山式铁矿属于此类型。

②苏必利尔型铁矿。主要分布在古元古代（2200—1800Ma）。含铁建造形成于被动大陆边缘的开阔海盆地中。其含铁建造中也常有火山岩存在。其层序自下而上一般为：白云岩、石英岩、红色或黑色铁质页岩、铁矿建造、黑色页岩和泥质板岩等。铁矿层中含铁矿物与燧石组成条带状铁矿石，含铁矿物中氧化物相主要为磁铁矿或赤铁矿，或是它们的混合物。碳酸盐相以菱铁矿为主，并与磁铁矿和铁硅酸盐类矿物伴生。硅酸盐相中的矿物随变质程度而异。硫化物相主要是黄铁矿，常含细

粒的富硅质泥岩。苏必利尔型 BIF 多沿古老地台边缘分布，一般可长达数十千米，建造厚度可以从几十米至几百米，偶尔达千米。大多数苏必利尔型 BIF 未遭受变质或仅遭受浅变质 (绿片岩相)，部分变质较深可达角闪岩相。此类铁矿在各大陆皆有分布，其中著名的有美国和加拿大的苏必利尔湖区。

（2）区域变质铁矿的成因。关于区域变质铁矿的成因，目前研究比较多的 BIF 型铁矿床，认为其形成经历了沉积和变质改造两个阶段，即早阶段由海底沉积铁质和硅质，初步富集铁质，后经晚阶段区域变质作用改造形成变质铁矿。磁铁矿为主的富矿体主要由混合岩化变质热液交代形成。关于铁的来源，目前多认为与海底火山作用有关。由于阿尔戈马型 BIF 总赋存于变质火山岩系中，且含铁建造总是在火山岩最厚的地方形成，因此铁矿起源于海底火山作用。而苏必利尔型 BIF 虽然与之伴生的火山岩较少，但铁也可能主要来源于火山碎屑溶解或火山喷流热水，铁质以胶体的形式经较长距离搬运至近海岸带沉积形成。

研究表明，条带状铁建造是以硅、铁质为主的化学沉积物，其中可夹杂一些次要的胶体物质和少量同沉积黏土矿物，形成于火山间歇期或宁静期。由于裂谷盆地构造环境和化学环境的不均匀性，可形成硫化物相、碳酸盐相、硅酸盐相和氧化物相，其中硫化物相代表强还原环境，碳酸盐相和硅酸盐相代表还原环境，氧化物相 $Fe_3O_4$ 到 $Fe_2O_3$，代表从还原环境过渡到氧化环境。中国规模较大的铁矿床多以沉积氧化物相为主，硅酸盐相含铁沉积建造只有当其变质程度达到或超过角闪岩相时，才能形成具有工业意义的矿体。目前矿床学家已提出海底热水喷流沉积成矿模式，很好地解释了一些大规模化学沉积的硅铁建造的成因。比较公认的看法是，热水沉积成矿是海底深部高密度的硅质热卤水通过同沉积断裂上涌，携带大量的铁质，喷出海底与冷水混合，在火山口或其附近喷口的低洼地带进行沉积成矿。

我国此类矿床称为鞍山式铁矿，广泛分布于华北地台北缘。鞍山群的变质年龄在 25 亿—26.5 亿年，原岩形成时间可能早于 28 亿年。

2. 区域变质磷矿床

变质磷矿床可以分为火山沉积——变质型和沉积——变质型两类。火山沉积含磷岩系经区域变质改造形成的区域变质磷矿床，由于含磷较低，一般不具工业价值。沉积 - 变质磷矿床主要是由海相沉积磷块岩经区域变质而成，其围岩主要为云母片岩、石英白云母片岩和白云质大理岩，少数含绿泥石片岩、千枚岩等。

沉积 - 变质磷矿床多产于前寒武系中深区域变质岩系中，含磷岩系由片麻岩、变粒岩、云英片岩、白云质大理岩、炭质板岩等组成，恢复其原岩主要是细碎屑岩、砂质黏土岩、有机质泥岩、碳酸盐岩等一套夹有中 - 基性火山岩的组合。矿体与变质白云岩层密切共生，呈层状或透镜状产出，往往有多个磷块岩矿层，一般产于各岩层的过渡带或碳酸盐岩层内。矿石主要由细晶磷灰石组成，次为白云石、金云母、石英，有时含菱锰矿等。矿石含 $P_2O_5$ 一般为 8% ~ 9% ，高者可达 20%。磷矿石具鳞片变晶结构，条带状、条纹状构造，有时还保留原生的沉积角砾状构造。这类磷矿品位高、规模大，具有重要的工业价值。中国主要分布于江苏、安徽、湖北、吉林等地区。

**3. 区域变质金矿床**

该类矿床以含金—铀砾岩型矿床和硅铁建造中的似层状金矿床为主要代表。

（1）含金—铀砾岩矿床。矿床具有沉积和变质热液成矿的双重特征，一般都把它列入变质矿床范畴。这类矿床产于前寒武系石英片岩系的变质砾岩层内，目前在世界上仅在南非、加拿大等少数国家和地区发现，但其规模巨大，具有重要的工业意义。这类矿床以南非维特瓦特斯兰德金—铀矿床为代表，故简称兰德型金矿。

（2）硅铁建造中的似层状金矿床。这类矿床产于前寒武纪硅——铁建造中，区域上具一定层位。含金层内的金矿化则受变质期的形变构造控制。矿石为含金硫化物型，由自然金、磁黄铁矿、毒砂和石英组成。该类矿床的金产量占世界金产量的13% 左右，矿床规模一般较大，仅次于兰德型金矿床。

**4. 区域变质石墨矿床**

石墨矿床主要有两种类型：一类是产于结晶片岩中的石墨矿床，属区域变质矿床；另一类是含煤岩系经岩浆接触热变质作用而形成接触变质矿床。

区域变质石墨矿床产于前寒武纪片麻岩、片岩及大理岩等区域变质岩系中，矿体多呈似层状或透镜状，长数百米至数千米，厚数米。矿石中石墨呈鳞片状，质量较好，石墨片径零点几毫米至几毫米，可选性好；但含量较低，一般为 3% ~ 5%，最高可达 20% ~ 30%。矿石中脉石矿物有云母、石英、方解石和长石等。经碳同位素测定，这类石墨的 $^{12}C/^{13}C$ 比值和有机碳接近，故认为是沉积岩中有机质经区域变质重结晶形成的，属变成矿床。

**（三）混合岩化矿床**

混合岩化作用是区域变质作用发展演化的高级阶段，在时序上，发生于区域变质作用后期。

**1. 混合岩化阶段**

混合岩化矿床是区域变质作用后期，由固态重结晶演化为重熔过程转化阶段形成的矿床，混合岩化阶段过程可分为两个阶段。

（1）主期阶段。这一阶段主要表现为新生的长英质熔浆，在交代过程中由于长英质熔浆的注入，温度增高，促使原岩组分发生重结晶和重组合作用，并基本原地或小距离迁移、富集成矿，因此又称原地交代型矿床，主要有伟晶岩型白云母和稀有金属矿床及混合花岗岩型铀——钛矿床等。

（2）中晚期阶段。中晚期阶段属变质热液（原生水、结晶水等）交代阶段，热液中常含主期交代后带出的有用组分，它们多呈配合物形式赋存于热液中，当热液与围岩发生交代反应时，常导致有用组分沉淀、富集成矿。常形成金、铜、铁、磷、硼、铀、稀有、稀土等的氧化物、硼酸盐、碳酸盐、磷酸盐矿床。

混合岩化热液硼矿床分布于我国辽东—吉南一带。其中，新太古界宽甸群以富硼变粒岩、浅粒岩为主，含硼岩系原岩为一套海底火山喷发沉积后经强烈混合岩化、重熔交代混合岩和层状混合岩发育，并同步富集成矿。该类矿床矿构组合复杂，客观地反映了矿床形成演化历史的复杂性。

2. 混合岩化矿床的特征

由混合岩化成矿作用形成的矿床称混合岩化矿床。根据对中国几个变质岩区混合岩化矿床的研究，它们的主要特征归纳如下。

（1）矿床的区域性分布和含矿建造的分布基本一致。成矿物质主要来源于含矿建造，是含矿建造中成矿组分活化转移、富集的结果。矿床一般分布于混合杂岩体的内部，或与混合岩化有关的某一类型的伟晶岩带、热液蚀变带中。

（2）矿体形态以透镜状居多，但也有许多产于构造裂隙中的脉状矿体和其他不规则矿体。

（3）矿床属于交代成因，是在有活动组分参加的开放系统中进行的，是原岩组分与长英质岩浆及变质热液之间相互作用时形成的。

（4）矿石和蚀变岩的结构、构造与混合岩的结构、构造有相似的地方，常出现条带状、角砾状、阴影状、肠状等构造。

（5）矿床形成的时代与混合岩化作用的时代基本一致。

（6）混合岩化矿床的主要矿产有刚玉、石墨、磷灰石、白云母、绿柱石、硼等非金属矿产和铁、铜、铀等金属矿产。

当混合岩化作用发展到最后阶段，岩石向着接近花岗质岩石的方向发展，形成混合花岗岩。这时它与岩浆作用已失去了明显的界限，很难区分。但一般的混合岩化矿床与花岗岩浆形成的矿床仍存在许多明显的差异：①含矿物质组分来自邻近的含矿建造；②矿床类型受混合岩化作用所支配；③成矿阶段以混合岩化作用的交代过程来划分。

### （四）动力变质矿床

动力变质作用通常发育于强烈构造挤压或以压为主兼扭性的造山带中（逆冲推覆构造体系和伸展走滑的滑脱构造与变质核杂岩带及大型平推走滑的韧性剪切带等），动力变质矿床是构造变动和变形—变质综合作用的产物，强烈的挤压和压扭构造活动的结果。在这个活动过程中，使巨大的机械能转化为热能，促使原岩的矿物成分、结构、构造发生了系列的改造与变化，并形成了各类构造动力变质岩和金、银、铜、蓝晶石矿床等。

### 五、变质矿床的基本特征

变质矿床一般都保留有原来的岩石、矿石特征和经过变质作用后新形成的特征。由于原岩、矿石性质各异，变质作用类型和变质程度不同，造成变质矿床的特征比较复杂，总体表现为以下特征。

#### (一) 矿物成分和化学成分的变化

变质矿床的矿物成分常见的有以下几种：①自然元素类，如石墨、自然金等；②氧化物类，如磁铁矿、赤铁矿、金红石等；③含氧盐类，如磷灰石、菱铁矿、菱镁矿等；④硅酸盐类，如红柱石、矽线石、蓝晶石、石榴子石、硅灰石、石棉、滑石、蛇纹石、叶蜡石、绿泥石、蛭石等。在某些变质的沉积型和火山－沉积型矿床中，还大量地出现铜、铅、锌等金属硫化物。

变质矿床的矿物成分和化学成分与原来的岩石或矿石相比，发生了显著的变化，这种变化主要由以下变质作用造成。

1. 脱水作用

原来岩石或矿石中经常含有大量的水或含水矿物，当变质时，由于温度和压力的升高，这些水分就会被排出而进入岩石裂隙和孔隙中；或含水矿物发生脱水作用，变成少含水或不含水矿物，如褐铁矿和铁的氢氧化物脱水后变为赤铁矿或磁铁矿；硬锰矿和水锰矿变为褐锰矿和黑锰矿等；高岭土、伊利石等黏土矿物变为云母、石英等矿物。

2. 重结晶作用

在高温、高压作用下，原来无定形的隐晶质矿物会逐渐结晶形成定形的结晶矿物，如蛋白石和玉髓变为石英，碧玉岩变为石英岩，石灰岩变为大理岩，煤变为石墨等。

3. 还原作用

原来高价的离子，在高温缺氧条件下，会还原为低价的离子，致使矿物晶体结构发生变化，形成新矿物，例如，赤铁矿变为磁铁矿，软锰矿变为褐锰矿等。

4. 重组合作用

因温度、压力或其他物理化学条件发生变化，原先达到稳定平衡的矿物组合，在新的条件下产生新的矿物组合。例如，黏土矿物高温低中压下可形成红柱石，高压中温下可形成蓝晶石，高温高压下可形成矽线石和刚玉；方解石和石英转变为硅灰石等。

5. 交代作用

在区域变质过程中，往往可产生变质热液，尤其变质作用强烈时，可产生大量化学活动性很强的热液流体，除水以外，还包含许多挥发分，如 $CO_2$、$CH_4$ 等。它们与原岩常产生广泛的交代作用，促使原岩中的组分发生变化，并经迁移和富集，形成矿床。

### (二) 矿石结构和构造的变化

变质矿床的矿石不仅有残留的变余结构和构造，还会有新生的变余结构和构造。变余结构和构造是指岩石或矿石经变质后保留下来的原岩或原矿石的结构和构造，它直接反映原岩的性质和特点。变余结构主要有变余鲕状、变余砂状和变余斑状等结构类型。变余构造有条带状构造、残余流纹状构造、残余杏仁状构造和残留斜层理构造等。

变成结构和构造是指在变质过程中经重结晶作用、交代作用和形变作用等新形成的结构和构造。变成结构主要为各种变晶结构，如隐晶变晶、花岗变晶、斑状变晶、鳞片变晶、纤维变晶等结构，当动力作用显著时，常见压碎结构。因变质程度不同，常见的变成构造有千枚状构造、板状构造、片状构造、片麻状构造、斑点状构造、皱纹状构造，岩石破碎时则形成角砾状构造，当变质热液作用显著时，可见各种交代结构和脉状构造。

### (三) 矿体形状和产状的变化

变质矿床的矿体形态和产状一般比较复杂。形态上有透镜状、串珠状及其他不规则状，也有较规则的板状或似层状矿体。矿体产状的变化也大，常具有不同程度的褶皱和断裂，矿体倾角有较平缓的，也有直立甚至倒转的。

变质矿床的矿体形态和产状的这种复杂性与多种因素有关。既受原来岩层或矿体的形态控制，也受变质作用类型和强度的制约。例如，原生的沉积矿床经变质后形态一般较为规则，而其他成因的矿床或岩石经变质后形态和产状一般较为复杂。又如，接触变质矿床的矿体常沿接触带发育，形态一般不规则，产状变化大，规模一般较小。而相对来说，区域变质矿床的矿体一般比较规则，产状较稳定，规模也较大。此外，在变质过程中，成矿组分的活化转移能力和塑性形变强度，对矿体形状和产状也有较大影响。例如，活化迁移形成脉状矿体，塑性形变强烈时形成各种褶曲甚至复杂的揉皱。

### 六、变质成矿作用

根据变质矿床形成时的地质环境和条件，将变质成矿作用分为接触变质成矿作用、区域变质成矿作用和混合岩化成矿作用三种类型。

### (一) 接触变质成矿作用

接触变质成矿作用主要是由于岩浆侵位引起围岩温度增高而产生的变质成矿作用。在成矿中以热力作用为主，而压力对其影响很小，因此也称为岩浆热变质作用。成矿作用方式主要是重结晶作用和重组合作用。成矿作用过程中几乎没有外来物质的加入和原有物质的带出，挥发组分的影响也很微弱。在高温作用下，隐晶质逐渐结晶，显晶质晶粒变粗，如蛋白石和玉髓变为石英，石灰岩变为大理岩，煤变为石墨等均为重结晶作用。由于温度和压力的作用，会使原岩脱水，如褐铁矿和铁的氢氧化物变为赤铁矿或磁铁矿，硬锰矿和水锰矿变为褐锰矿和黑锰矿等。接触变质成矿作用还可导致原岩物质重组合，如高铝质页岩变成含红柱石等高铝矿物的岩石。在某种情况下，局部地段也可发生一定的交代作用。当这类交代作用比较剧烈时，接触变质成矿作用就过渡为接触交代成矿作用，其形成的矿床属接触交代 (矽卡岩型) 矿床。

接触变质成矿作用主要形成于中深或浅成条件，围岩的性质、侵入体的岩性和规模、接触带的特征等都对接触变质矿床的形成有很大影响。首先，围岩的成分直接决定接触变质的产物，如煤变质后形成石墨。其次，钙质岩石较泥质岩石导热性强，因而常出现大面积的接触变质；规模大的中酸性侵入体更易使围岩重结晶和重组合；侵入接触面和围岩层理斜交时，更加有利于热的扩散和传导，可形成较宽的接触变质晕。接触变质晕常呈带状分布，一般可分为3个带，即显著重结晶带、过渡带和原岩带。

### (二) 区域变质成矿作用

区域变质成矿作用是由于受区域构造运动的影响，产生区域性温度、压力升高，并有岩浆和变质热液的活动，使原岩或原生矿床中的成矿组分聚集或改造形成矿床的作用。含矿原岩建造中的成矿物质通过两种方式得到改造和富集。一种是由于温度升高，原岩中的矿物经脱水、重结晶和重组合作用而富集成矿，其形成的矿体以似层状、透镜状为主，如磁铁石英岩矿床、磷灰石矿床、石墨矿床等；另一种则是更重要的交代作用和变形作用，在区域变质过程中，往往可产生变质热液流体，它们与原岩或原含矿建造发生广泛的交代作用，形成新矿物，促使原岩中的多种组分重新组合，并通过溶液使成矿物质溶解、迁移和富集，从而发生矿化和蚀变。有时含矿的变质热液，受原岩的构造裂隙控制，形成各种形态的矿脉，如绿岩带中的脉型金矿等。大量资料表明，交代作用在区域变质成矿中相当普遍，尤其是富矿体的形成。由于区域性构造运动产生较大的应力，在应力的持续作用下，原来的岩石或矿石会发生程度不同的变形，出现片状、片麻状、皱纹状、角砾状构造和压碎结构、鳞片变晶结构等。

区域变质成矿作用主要发生在前寒武纪古老的地盾或地台区，少数发生在后期造山带。区域变质矿床分布广泛，矿种繁多，规模一般较大，具有重要的工业价值。主要矿产有铁、金、铜、铀以及磷、菱镁矿、石墨和石棉等。

### (三) 混合岩化成矿作用

混合岩化成矿作用是在区域变质作用进一步发展的基础上，由于深部上升的流体或原岩在地壳深处发生部分熔融形成熔浆，这种成分和性质介于水溶液和稀薄熔浆之间的熔浆渗透到变质岩中，以交代方式带入 K、Na 和 Si 等组分，带出 Fe、Mg、Ca 等组分，使变质岩的矿物成分和化学成分不断地发生变化，最终向接近花岗质岩石的方向发展。形成各类混合岩和花岗质岩类。这种由变质作用向岩浆作用转化的过程称为混合岩化作用。在混合岩化过程中，强烈的交代作用使原岩中的成矿物质发生迁移和富集，从而形成混合岩化矿床。

# 第四节　层控矿床及其典型矿床剖析

## 一、概述

层控 (stratabound) 由德国 Alrert Maucher 提出后，曾一度成为国际矿床理论研究最热门的问题，在国内外引起高度的重视，其后无论在理论研究上，还是在找矿生产实践上，均取得了重大的进展与突破。

层控矿床是构造运动、岩浆活动和沉积作用的综合产物。各类沉积作用形成的矿源层，是层控矿床的物源基础；矿源层的厚度与规模及有用成矿组分的富集程度，及其物理—化学条件是层控矿床形成的前提与必需条件。其物源既可来自基底变质岩系，也可来自各时代、各类含矿岩系；成矿组分的富集过程是一个长期而复杂的累积演化过程；矿源层或矿源层系的形成往往可延续几个到几十个百万年；成矿大多历经了同生成矿作用和后继成矿作用的两大阶段，前者是沉积和火山—沉积原始成矿组分的富集阶段，后者是成矿期构造变动和不同来源、不同类型成矿热液对前期含矿层系的叠加、改造阶段，并富集成矿。

但值得提出的是，地壳岩石和岩层中的成矿流体水源有大气降水、海水、重结晶或变质作用水、岩浆水以及直接来自深部地壳与地幔的动力水，尤其以前两者为主，其中大气降水和深部循环形成的含矿热流体对同生成矿阶段形成的含矿层系的叠加、改造与成矿富集具有普遍性与重要性。

层控矿床的成矿组分即可在矿源层中做短距离活化—转移或就地改造富集，并在有利的改造部位富集成矿；也可使大气降水等各种流体通过水－岩作用活化—迁移成矿组分，含矿流体汇聚于不同深度的层状构造坳陷带（角度不整合带等），形成不同规模的成矿热流体场，其后在成矿期构造变动过程中，沿各类构造，尤其是控矿断裂构造系统的构造有利部位，形成脉状和似层状矿体和矿床。

大气降水—深部循环是一普遍而持久的流体活动形式与过程，各时代地层和岩石无不受其作用与影响，水－岩作用的普遍性也是一个不争的事实，实际上大气降水往地壳深部渗透的过程中，随着温压条件的变化，成矿组分的溶解度也依次增高，成矿热流体中的成矿组分含量也相应逐渐增高与富集；尤其是不同时代的含矿岩系或岩石，从太古宙至显生宙长期位于向形坳陷和构造盆地连续叠置的负向古地形、古构造区域和地区，无疑是层控矿床形成与空间定位的重要构造前提与条件。其中，各方向古地形的向形不同构造层的角度不整合带，其既是构造薄弱带，又是高孔隙、高渗透率的层状构造带，在负向古地形和古构造叠置地区或区域往往形成了不同规模的含矿热流体场，在成矿期构造活动期间沿控矿断裂破碎带上涌、分异、富集成矿。大型—超大型川东南重晶石—萤石矿、浙江萤石矿、四川团宝山铅锌矿、四川东北寨金矿、木里耳泽金矿、华北邯郸式铁矿、湖南水口山式铅锌矿、美国密西西比型和欧洲西里西亚型铅锌矿均属其例。

层控矿床的实际成矿事实表明：层控型矿床多受不同类型、不同性质、不同规模海盆和陆盆控制。前者规模大，物源多元化，跨越时间长，多属前印支期海盆；而后者多属印支期后陆相中生代火山—沉积断陷盆地，尤其是区域基底隆起背景条件下，局部向形坳陷基础上发育的中生代火山—断陷盆地，尽管盆地规模较小，涉及物源层相对较少，但却控制着萤石（$CaF_2$）、金、银、铜、铅、锌多金属等矿产资源。川东南超大型重晶石—萤石矿和浙江省特大型萤石矿就属其例。

## 二、川东南超大型重晶石—萤石矿

### (一) 物源层的厘定

川东南地区重晶石—萤石矿为一典型的层控矿床，涉及面积近百万平方千米（黔北、湘西、鄂南地区），品位高、储量大，为一超大型重晶石—萤石矿成矿区。

地壳上不同种类、成因各异的各类矿产资源，无例外地严格受建造—构造条件的双重控制，但随着矿产种类和成因的不同，建造和构造条件对成矿的控制作用或地位也随之发生改变。对于川东南地区热液成因的重晶石—萤石矿而言，前者是重晶石—萤石矿的物源基础，决定着成矿热液体的形成和成矿组分的富集；后者控制着成矿建造的时空分布和成矿热流体场与重晶石—萤石矿的时空定位与演化。

川东南地区在区域上近上扬子台陷的古生代坳陷中心，尤其是下古生界—上震旦系的富矿—赋矿黑色页岩和深黑色碳酸盐岩系广为发育，为重晶石—萤石矿的形成提供了重要的物源保证。

1. 下古生代前不同时代地层、岩石的含矿性与矿质（Ba、F）来源

（1）Ba 的来源与富集。川东南地区的黑色岩系，是 Ba 的主要富集层，总厚度达数百米，尤其是上震旦统—下寒武统牛蹄塘组黑色岩系是个区域性的高 Ba 岩系，其中，黑色岩系的粉砂岩和页岩 Ba 含量达 $1508 \times 10^{-6} \sim 13220 \times 10^{-6}$，为地壳页岩均值的 $2.5 \sim 23$ 倍；碳酸盐岩 Ba 含量为 $1135 \times 10^{-6} \sim 1165 \times 10^{-6}$，为地壳碳酸盐岩均值的 100 倍以上。且上述层位或黑色岩系中还发育有重晶石结核，客观地揭示了川东南及其邻近地区的下古生代黑色岩系，尤其是上震旦统—下寒武统黑色岩系是区域 Ba 的主要来源层和富 Ba 岩系。

（2）F 的来源与富集。川东南地区下古生界黑色岩系既是富 Ba 岩系，也是 F 的主要富集岩和来源层，尤其是上震旦统—下寒武统牛蹄塘组地层中，氟含量高达 $0.57\% \sim 1.46\%$，为克拉克值的 $11 \sim 29$ 倍，是沉积岩系均值的 $21 \sim 30$ 倍，且在中寒武统石冷水组含盐岩系中见有原生的萤石和天青石（$SrSO_4$），为萤石成矿提供了丰富的物源。此外，基底（$Pt_2$）变质岩系也是 F 的重要来源，共同组成了川东南地区重晶石—萤石矿成矿的矿源层和富 F 岩系。

2. 氢、氧、硫、锶的同位素地球化学特征与依据

（1）氢、氧同位素。中国科学院地质研究所范宏瑞的测试结果表明：川东南地区萤石—重晶石的成矿流体水主要来自大气降水、地层中的封存水（海水或同生水等），并经深部循环加温而形成含矿的热卤水或成矿热流体。

（2）硫同位素。据中科院地质所范宏瑞的测试结果表明：川东南及邻区（鄂西及黔东北、黔中等地）脉状萤石—重晶石矿床中重晶石的 $\delta^{34}S$ 均为高值（$+16.13‰ \sim +42.1‰$），属于重型硫。川东南及邻区的黔北、湘西及鄂西等地，自下寒武统开始，含膏白云岩系达 1500m 以上，并在彭水上寒武统发现盐泉和石膏，在鄂西五峰等县的中奥陶统发现盐泉，表明川东南及邻区的蒸发岩广泛发育，是成矿热流体中硫的潜在源层。

（3）锶同位素。岩石和矿物形成时的 $^{87}Sr/^{86}Sr$ 初始值是研究成岩成矿过程和物质来源的良好"示踪剂"。潘忠华选择了 15 件岩石和重晶石、萤石单矿物样锶同位素分析结果表明：萤石样的 $^{87}Sr/^{86}Sr$ 比值为 0.710856；重晶石样的 $^{87}Sr/^{86}Sr$ 均值为 0.709537，两者很接近，客观地显示了重晶石和萤石矿属同一成矿热流体分异的产物。而酉阳小坝桂花矿区萤石和重晶石的 $^{87}Sr/^{86}Sr$ 比值都分别高于武隆—彭水一带的萤石和重晶石，一定程度上揭示了在重晶石—萤石矿成矿过程中，由北西（NW）至南东（SE），由早至晚成矿热流体的演化趋势与过程。

3. 稀土元素地球化学特征与依据

稀土元素（REE）在自然界主要呈三价阳离子存在，REE 的三价阳离子半径只有很小的系统性差别，这是它们在自然界紧密共生、共同迁移的主要原因，也是 REE 发生分离的重要原因。不同的成岩成矿作用，其 REE 的丰度和地球化学行为不同，因此对 REE 进行研究所获取的各种信息，是追踪成岩成矿作用过程及物质来源的重要手段。

4. 水源

川东南地区的萤石、重晶石氢、氧的测试结果和锶同位素与稀土元素的地球化学及重晶石—萤石矿的实际成矿事实，均统一地表明了成矿热流体的水源层应属大气降水和地层中的封存水，客观地揭示了由震旦纪至第四纪、由海洋至陆地、由海水至淡水（大气降水）渗滤、循环、汇聚的时空演化总过程以及成矿热流体发生、发展与形成的总过程。

5. 热源

实际的地质事实表明：震旦系以来川东南地区既无岩浆活动的痕迹，也无放射性异常的迹象，但鉴于成矿热流体的水源主要为大气降水和深层封存水的这一事实，川东南地区重晶石—萤石矿的成矿热源应属大气降水和深层封存水在深部渗滤、循环过程中加热增温的，地热增温梯度而形成的热源，也是导致热流体成矿组分富集的一个重要因素。

## （二）川东南及其相邻地区重晶石—萤石矿热流体场及时空定位

川东南及其相邻地区，属近上扬子台陷，为震旦纪—古生代的坳陷中心地带，尤其是富矿—赋矿的下古生界地层更显发育。富矿层系多、厚度大、分布广、Ba 和 F 含量高，其中直接以区域性角度不整合坐落于基底变质岩系（$Pt_2$）上的震旦系—下寒武系牛蹄塘组黑色岩系和震旦纪海底火山活动，是区域最重要的高 Ba、富 F 含矿岩系。

此时，以北东向铜仁—花垣—大庸深大断裂为界，西侧川东南地区归属扬子型川、滇、黔碳酸盐台地的组成部分，东侧则属江南型非补偿性广海盆地。早寒武世初期湘—黔海盆发生扩张，川东南及其邻区处于川—滇隆起与湘—黔海盆的过渡带，直接就以缺氧环境下的边缘海接受沉积，形成了富矿（Ba、F、Cu、Pb、Zn 金属硫化物）的黑色硅岩与页岩，为川东南及其邻区重晶石—萤石矿的形成，提供了重要的富矿—赋矿建造和丰富的物源基础与环境；也为印支运动以来，大面积、长时期的大气降水淋滤，深部循环过程中卤水淡化和成矿物质的进一步富集及成矿热流体的形成创造了条件。

早寒武世末期（清虚洞期）—中奥陶世，川东南地区主要为台地碳酸盐沉积。早奥陶世早—中期（南津关—红花园期）主要为较开阔的浅海潮间—潮间带上部的高能环境；晚奥陶世晚期—早志留世，为深水闭塞滞流环境，为重晶石—萤石矿成矿提供了重要的区域控矿构造—建造前提。

川东南地区重晶石—萤石矿的实际成矿地质事实表明，震旦系—下古生界地层既是主要的富矿岩系，又是重要的赋矿层位，且各时代地层沉积连续，无明显的成矿热流体赋存、汇聚的区域性储存空间存在。从现有的资料表明：重晶石—萤石矿成矿已深达早寒武世，客观地揭示了重晶石—萤石矿成矿热流体场应定位于规模大、渗透率高、孔隙度大的基底变质岩系（$Pt_2$）与震旦系地层的区域性不整合带上，是川东南及其邻区重晶石—萤石矿成矿的一个规模巨大、面状产出的矿源库或富矿热流体层。

成矿期（喜山期）由于不同规模、不同切割深度、不同方向、不同控矿作用的控矿断裂系统，在成矿期的强烈再活动，在温压梯度的驱动下，淡化了的富 Ba-F 的 Na-Cl 型成矿热液体沿控矿断裂带上涌、侵位于地壳的浅部或浅层，促使了随温度和压力的下降及 $E_h$、pH- 的变化，导致了 $BaSO_4$ 及 $CaF_2$ 的先后沉淀。由于下奥陶统示脆性特征的碳酸盐岩中断裂破碎发育，且其上覆又有 $110 \sim 170m$ 厚的泥质岩类（大湾组）岩层的屏蔽作用，是萤石和重晶石沉淀作用主要发生在下奥陶统（红花园组—桐梓组）及其以下碳酸盐岩中的主要原因。但当构造活动较强时，也可驱使成矿热流体沿已突破大湾组的断裂上升至中奥陶统（如宝塔组）断裂破碎带中，甚至部分还可进入上奥陶统（五峰组）及下志留统下部页岩和粉砂岩中成矿。

### （三）川东南及其相邻地区重晶石—萤石矿的时空定位

川东南地区在区域上属上扬子台褶带（鄂、渝、黔台褶带）西缘川东南陷褶带的组成部分。

川—渝—黔北北东向（NNE）重晶石—萤石矿成矿带，其北西（NW）—南东（SE）两侧分别为北北东向（NNE）七窑山和大庸—石阡大型推覆断裂带所夹持，由一系列北北东向（NNE）褶皱—断裂所组成的陷褶束带，控制着重晶石—萤石矿有序的时空演化与空间定位。

重晶石—萤石矿成矿是成矿期构造变形场时空演变和成矿热流体场时序上同步演化、统一作用的产物。两者相互依存、动态递进、规律成矿；随着控矿构造变形过程的发生与发展，不但导致了含矿热流体侵位过程物理环境的改变，而且还同步制约着成矿热流体的成矿化学条件和成矿组分的改变与演化；决定着不同成矿阶段、不同矿物组分的按序析出与沉淀以及重晶石—萤石矿的成矿组分、矿石特征、成矿围岩蚀变等的三维分带、空间定位特征与规律。

# 第八章　褶皱构造与成矿

## 第一节　褶皱构造的主要类型及其形成的力学机制

### 一、褶皱要素

褶皱的各个组成部分就是褶皱要素，用于表述褶皱的形态特征。

被卷入褶皱的岩层就是褶皱层。如果一个褶皱卷入了多个褶皱层，有些褶皱要素只与单个褶皱层相关，而另一些褶皱要素则与卷入褶皱的所有褶皱层相关。如果同一褶皱中每一褶皱层褶皱要素的产状基本一致，则把单个褶皱层的褶皱要素笼统地称为该褶皱的褶皱要素。

与单个褶皱层相关的褶皱要素主要有：

（1）翼：褶皱中心两侧相对平直的部分，每一褶皱都有两个翼。

（2）转折端：褶皱层从一翼向另一翼的过渡部分。

（3）核：褶皱的中心部分，即被褶皱转折端和两翼包裹的部分。

（4）拐点：相邻背斜与向斜共用翼的褶皱面的凹凸分界点，同一翼同一褶皱面上拐点的连线称为该褶皱面的拐点线。

（5）翼间角：在正交剖面（垂直褶皱枢纽的剖面）上两翼间的内夹角。圆弧形褶皱的翼间角指通过两翼上两个拐点的切线之间的夹角。翼间角反映褶皱的宽缓程度，翼间角越大，褶皱越宽缓；翼间角越小，褶皱越紧闭。

（6）枢纽：褶皱面上最大弯曲点的连线。枢纽反映褶皱的延伸方向，在表述褶皱几何形态的时候，一般都需要指出枢纽产状。在垂直褶皱枢纽的正交剖面上，最大弯曲点可以用褶皱层最大曲率（或者最小曲率半径）确定，但是对一个褶皱层求取一系列的最大曲率点通常是不现实的。对圆柱状褶皱来说，通常把褶皱轴（褶轴）的产状视为枢纽的产状，或者用极射赤平投影求取褶皱枢纽的产状。

（7）褶轴：如果一个褶皱的形态可以用一条直线平行移动刻画出来，这种褶皱就称为圆柱状褶皱，这条直线就称为该褶皱的褶皱轴，简称褶轴。如果一个褶皱的形态不能用一条直线平行移动刻画出来，这种褶皱就称为非圆柱状褶皱。在非圆柱状褶皱中，如果一个褶皱的形态可以用一条端点固定的射线移动刻画出来，这种褶皱称为圆锥状褶皱，这条射线称为该圆锥状褶皱的褶轴。岩石中普遍存在的成分和结构构造非均一性可能导致岩石发生非均匀应变，所以岩石中的褶皱从严格意义上来说基本都是非圆柱状褶皱，但是如果把自然界实际存在的褶皱都按非圆柱状褶皱对待，对褶皱的研究将变得非常困难。在对褶皱研究的过程中，通常都把褶皱按照圆柱状褶皱对待。如果一个褶皱明显呈非圆柱状形态，则可以将其分段，使其在每一段内都可以近似地作为圆柱状褶皱对待。实际上，文献中论述的褶皱在没有特别说明的情况下都是以圆柱状褶皱对待的。

褶轴与枢纽是两个不同的概念，枢纽被固定在褶皱面上最大弯曲点处，而褶轴的位置是不固定的。但是对圆柱状褶皱来说，褶轴与枢纽产状一致，枢纽是一条特殊的褶轴。一般将圆柱状褶皱的两翼分别趋近为两个平面，两个平面的交线就是一条褶轴，其产状与枢纽相同。

（8）脊线与槽线：背斜与向斜都具有上述褶皱要素，唯有脊线与槽线是背斜与向斜分别具有的褶皱要素。脊线是背斜层面上最高点的连线，槽线是向斜层面上最低点的连线。在轴面直立的情况下，脊线、槽线与枢纽重合；在轴面倾斜的情况下，脊线、槽线与枢纽不重合。

（9）轴面：同一褶皱中所有褶皱层的枢纽所在面就是褶皱的轴面，轴面反映褶皱的倾斜方向。在纵弯褶皱作用过程中，轴面一般向着挤压力来源方向倾斜，所以轴面具有一定的动力学意义。在论述褶皱的几何学特征时，轴面的产状也是应该指出的。

（10）轴迹：轴面与任意平面的交线都是褶皱的轴迹。一个褶皱可以有无数条不同产状的轴迹，但是在褶皱研究中，经常使用的轴迹是轴面与地面的交线。

## 二、褶皱构造的基本类型

从褶皱面的弯曲形态来看，褶皱基本有两种形态：背形和向形。背形指褶皱面上凸式弯曲，向形指褶皱面下凹式弯曲。如果褶皱的轴面近水平，褶皱呈侧向弯曲，则难以分出上凸或下凹式弯曲，这种褶皱称为中性褶皱。

如果褶皱地层的新老关系已知，根据褶皱面弯曲形态和地层新老关系，可以把褶皱划分为两种基本类型：背斜和向斜。背斜是核部由老地层、翼部由新地层组成的褶皱，向斜是核部由新地层、翼部由老地层组成的褶皱。背斜通常呈上凸式弯曲（背形背斜，简称背斜），但是在轴面翻转的情况下，尽管褶皱在形态上呈下凹式弯曲，仍然是背斜，这种倒转背斜称为向形背斜。向斜通常呈下凹式弯曲（向形向斜，简称向斜），但是在轴面翻转的情况下，尽管褶皱在形态上呈上凸式弯曲，仍然是向斜，这种倒转向斜称为背形向斜。

### 三、褶皱形态描述与分类

#### (一) 褶皱形态描述

褶皱形态多种多样，即使同一褶皱在不同的切面上也可能显示不同的形态，所以在对褶皱进行几何学研究时应该尽可能从多个剖面去观察。剖面图中，只有在正交剖面 (垂直褶皱枢纽的剖面，也称横剖面) 上才能显示出褶皱的真实形态。因此，通常根据褶皱在正交剖面上的形态特征描述褶皱的形态。

#### (二) 褶皱形态分类

前述对褶皱几何形态的分析实际上就是对褶皱的分类表述，但是这些分类都是基于褶皱的局部特征或者单个褶皱要素进行的 (如转折端形态、翼间角、轴面产状等)，难以全面反映褶皱的几何形态特征。为此，构造地质学界通常采用兰姆赛 (Ramsay) 的褶皱形态分类和褶皱的位态分类。

1. 兰姆赛的褶皱形态分类

Ramsay 根据褶皱层的相对曲率提出了一套褶皱的形态分类方案，目前已被广泛采用。

褶皱层的曲率变化可以用等 (倾) 斜线表示，等斜线是褶皱内部上、下褶皱层切面倾角相等的切点的连线。

第一步，在垂直褶皱枢纽的正交剖面或照片上，用透明纸描绘出各褶皱层弯曲形态，并准确地画出轴迹或实地的水平线。

第二步，在绘好的褶皱层正交剖面上，以标出的水平线为基准线或以轴迹的垂直线为基准线，按一定角度间隔 (如 5° 或 10°，视褶皱层厚度变化情况和作图精度要求而定)，分别在褶皱层的顶面和底面上作一系列等倾角的切线。

第三步，用直线将上、下褶皱层面上等倾角的切点连接起来即得等斜线。

Ramsay 根据褶皱层的等斜线形式和相邻褶皱层的曲率将褶皱分为三类五型。

Ⅰ 类：褶皱的等斜线向内弧收敛，内弧曲率总是大于外弧曲率，故外弧倾斜度总是小于内弧倾斜度。根据等斜线的收敛程度，这类褶皱可以再细分为三个亚型。

$I_A$ 型：等斜线向内弧强烈收敛，各线长短差别极大，内弧曲率远大于外弧曲率，为典型的顶薄褶皱。

$I_B$ 型：等斜线向内弧收敛，并与褶皱层垂直，各线长短大致相等，褶皱层的真厚度不变，内弧曲率仍大于外弧曲率，为典型的平行褶皱或等厚褶皱。

$I_C$ 型：等斜线向内弧轻微收敛，转折端等斜线比两翼附近的等斜线略长，反映两翼厚度有变薄的趋势，内弧曲率略大于外弧曲率，这是平行褶皱向相似褶皱过渡的褶皱样式。

Ⅱ类：等斜线互相平行且等长，褶皱层内弧和外弧的曲率相等，即相邻褶皱层的倾斜度基本一致，为典型的相似褶皱。

Ⅲ类：等斜线向外弧收敛，向内弧撒开，呈倒扇状，即外弧曲率大于内弧曲率，为典型的顶厚褶皱。

2. 褶皱的位态分类

褶皱在空间的几何形态主要取决于轴面和枢纽产状，为此褶皱的位态分类同时考虑褶皱轴面和枢纽产状。以横坐标表示轴面倾角，以纵坐标表示枢纽倾角，并且分别以10°、30°、60°和80°作横坐标轴和纵坐标轴的平行线，可以将三角形区域划分为多个次级区域，每一区域就代表一种褶皱类型。

褶皱位态分类方案虽然能够比较全面反映褶皱的空间产出特征，但是该分类方案划分的褶皱类型过于烦琐。在实际工作中，人们更习惯于将褶皱的位态分类简化为七种主要类型。

(1) 直立水平褶皱：轴面近直立 (倾角80°~90°)，枢纽近水平 (倾角0°~10°)。

(2) 直立倾伏褶皱：轴面近直立 (倾角80°~90°)，枢纽倾角10°~80°。

(3) 倾竖褶皱 (竖直褶皱)：轴面和枢纽近直立 (倾角均为80°~90°)。

(4) 斜歪水平褶皱：轴面倾斜 (倾角10°~80°)、枢纽近水平 (倾角0°~10°)。

(5) 平卧褶皱：轴面和枢纽均近水平 (倾角均为0°~10°)。

(6) 斜歪倾伏褶皱：轴面倾角10°~80°、枢纽倾角10°~80°，两翼倾向不一致。

(7) 斜卧褶皱 (重斜褶皱)：轴面和枢纽倾角均为10°~80°，而且两翼的倾向基本一致，倾斜角度也大致相等，枢纽在轴面上的侧伏角为80°~90°。这种褶皱在三角图解中与斜歪倾伏褶皱在很大程度上是重叠的，但是二者的褶皱形态有很大差异。

## 四、褶皱构造的成因分类

褶皱构造按其形成原因可分为六类，由于不同成因的褶皱，其形成条件和形态特征各异，因此其控矿特征也各不相同。

### (一) 纵弯褶皱

成层岩层在侧向挤压应力作用条件下形成的纵弯褶皱，是自然界最常见的一种褶皱类型。在纵弯褶皱发生、发展和形成过程中，由于层间滑动的结果，在褶皱的枢纽部分，常形成鞍状的剥离空间和鞍状矿体，这种矿体在岩层组合有利的条件下，常形成少则一层至数层，多达十层至数十层的鞍状矿体，是一种常见而重要的褶皱控矿构造类型。

### （二）横弯褶皱

横弯褶皱是在垂向作用力作用的条件下，形成的一种褶皱构造类型，其既可是由构造岩块上隆而形成，也可是由深层侵入岩体向上侵位、上冲压力而导致的。

### （三）压柔褶皱

压柔褶皱是在侧向水平挤压条件下，层间滑动不明显的状况下而形成的褶皱剥离空间，是成矿有利的构造空间。

### （四）底辟（刺穿）褶皱

底辟（刺穿）褶皱是在横弯曲条件下，穹形褶皱形成时产生的一种特殊褶皱，是地下岩盐、石膏、黏土等低黏性、易流动的物质，在构造力或浮力的作用下，向上流动，以致刺穿或部分刺穿上覆岩层，并使其拱起而形成的构造。核部由盐类组成的构造，称盐丘或盐丘底辟。由岩浆强力侵位而形成的称为岩浆底辟。盐丘核部常形成具有经济价值的盐类矿床，其上部的穹状构造则是有利的储油构造。

### （五）流褶皱

流褶皱实际上是一种固态流变条件下的褶皱作用，尤其在高温、高压条件下，深层岩石发生塑性变形而形成的褶皱，是深变质岩和混合岩化岩石中常见的一种褶皱类型。在该类褶皱形成的晚阶段，常出现剪切面，并促使变形岩石进一步位移或滑动，因此又称剪切褶皱，与此同时，塑性物质或成矿组分由翼部向核部迁移、聚集，从而使核部矿体厚度增大，形成厚大矿体。

### （六）热流变褶皱

热流变褶皱是一种接触热动力变质构造，在岩浆侵位过程中，由于岩浆的热动力作用，使围岩具有高塑性特征，并变形形成热流变褶皱。热流变褶皱多分布于中、深成岩浆活动的前缘地带，该带往往又是矽卡岩矿床或接触交代型矿床的主要产出地带与部位，因此热流变褶皱又是间接找矿的一种重要标志。

## 五、褶皱组合

在地壳上部一定区域或一定的大地构造环境中，褶皱构造通常不是孤立产出的，在同一构造环境中形成的一系列褶皱在空间上的分布与排列形式构成褶皱组合形式。褶皱组合形式对于揭示大地构造属性、褶皱形成机制和地壳运动性质等都具有重要意义。褶皱组合形式主要有阿尔卑斯式褶皱、侏罗山式褶皱、日耳曼式褶皱等。

### (一) 阿尔卑斯式褶皱

阿尔卑斯式褶皱又称全形褶皱,是由一系列枢纽展布方向与构造带走向基本一致的线性褶皱构成的褶皱组合,包括两种次级类型:①背斜和向斜呈连续波状,同等发育;②一系列小型褶皱构成大型复式褶皱(包括复背斜和复向斜)。在复式褶皱中,次级褶皱大多比较紧闭,从复背斜或复向斜核部向两翼,次级褶皱通常由直立褶皱变为斜歪褶皱、倒转褶皱,甚至平卧褶皱,由此导致次级褶皱的轴面通常向复背斜核部收敛,向复向斜的转折端收敛。

复式褶皱通常形成于地壳运动强烈的造山带地区,一般认为是垂直褶皱枢纽方向强烈挤压作用的结果。

### (二) 侏罗山式褶皱——隔挡式褶皱与隔槽式褶皱

隔挡式褶皱又称梳状褶皱,由一系列枢纽平行或近于平行的紧闭背斜与宽缓向斜相间排列而成,其中紧闭的背斜类似挡板,形象地称为隔挡式褶皱组合。四川盆地东北部一系列 NNE 向褶皱组合就是典型的隔挡式褶皱。隔槽式褶皱是由一系列枢纽平行或近于平行的紧闭向斜与宽缓背斜相间排列而成的褶皱组合,其中紧闭的向斜类似沟槽,形象地称为隔槽式褶皱组合。在四川盆地东北部发育典型的隔槽式褶皱。

隔挡式褶皱与隔槽式褶皱组合最初在欧洲侏罗山被揭示出来,故这两类褶皱组合又合称侏罗山式褶皱。三叠-侏罗系煤系地层在南北向挤压作用下沿着基底顶面滑脱并形成隔挡-隔槽式褶皱样式。

### (三) 日耳曼式褶皱

日耳曼式褶皱又称断续褶皱,这类褶皱组合发育于构造变形十分轻微的地块盖层中,以卵圆形穹隆、短轴背斜或长垣为主。褶皱翼部倾角极缓,甚至近水平,但规模可以很大,延伸可达数十千米。穹隆或长垣可以孤立分布于水平岩层之中,向斜和背斜可以不同等发育,而且空间展布常无明显方向,有些穹隆或长垣也可稍有规律地定向排列。

雁行式褶皱又称斜列式褶皱,由一系列短轴背斜或短轴向斜斜列而成。雁行式褶皱组合可以视为日耳曼式褶皱组合的一种特殊情况,一般认为雁行式褶皱是剪切力矩作用的产物。柴达木盆地西北部红三旱地区的短轴背斜构造就呈现出典型的雁行式分布特点,其成因很可能与阿尔金断裂系的左行走滑活动相关。

## 六、褶皱的形成过程分析

褶皱运动学分析的目的是揭示褶皱的形成过程，以及褶皱内部应变与次级构造的空间分布特点。岩石中普遍存在的成分和结构构造的非均一性，以及地质体边界和受力条件的不规则性会导致岩石的褶皱过程复杂化。因此，褶皱的形成机制是一个十分复杂的问题，目前仍有许多问题有待解决或进一步深化。

从褶皱形成过程中岩石的变形行为来看，可以把褶皱形成机制分为主动褶皱作用和被动褶皱作用。所谓褶皱作用就是褶皱的形成过程。如果褶皱岩层的能干性差异比较显著，在能干层形成褶皱的过程中沿着层面必将发生相对运动，褶皱层的层面积极地控制着褶皱的形成过程，这种褶皱形成机制称为主动褶皱作用。主动褶皱作用通常发生在中浅构造层次(约10km以内)。如果被卷入褶皱的各岩层的韧性差趋于均一，则层面在褶皱变形过程中不再具有力学上的不均一性，只是被动地作为变形的标志，这种褶皱形成机制就是被动褶皱作用。被动褶皱作用通常发生在比较深的构造层次。

根据褶皱形成过程中物质的运动方式和岩石的受力方式，可以把褶皱形成机制分为纵弯褶皱作用、横弯褶皱作用、剪切褶皱作用和柔流褶皱作用。纵弯褶皱作用是岩层在顺层挤压力的作用下形成褶皱的过程；横弯褶皱作用是岩层在受到与层面垂直的挤压力的作用下形成褶皱的过程；剪切褶皱作用是岩层在剪切作用下形成褶皱的过程。

### (一) 纵弯褶皱作用

岩层受到顺层挤压力的作用而形成褶皱的过程就是纵弯褶皱作用。板块碰撞和造山带抬升都有可能造成区域性的挤压环境，从而有利于发生纵弯褶皱作用。在地壳上部形成的绝大多数褶皱都是通过纵弯褶皱作用机制形成的。

1. 单个褶皱层的纵弯褶皱作用

虽然自然界的褶皱通常都不是发生在某一单个岩层之中，但是对单个岩层褶皱作用的讨论将有助于更好地理解岩石中发生的纵弯褶皱作用。

单个水平岩层在顺层挤压力的作用下，层内质点可以通过两种变形方式形成褶皱：①平行层面拉伸与挤压作用；②平行层面简单剪切作用。以背斜形成过程为例，当褶皱层以平行层面拉伸与挤压方式变形时，在垂直褶皱枢纽的正交截面上，褶皱层的上半部将被拉伸，下半部将被压缩；向斜褶皱层的上半部将被压缩，下半部将被拉伸。对于背斜层而言，褶皱层上半部平行层面方向的线应变必然大于1，而下半部平行层面方向的线应变必然小于1。因此，从上面层到下层面必然有一系列点的线应变等于1(没有发生线应变)，这一系列没有发生线应变的点所在的面称为中和面，所以这种褶皱作用也被称为中和面褶皱作用。由中和面褶皱作用形成的褶皱就是中和面褶皱。中和面之下的部分在顺层挤压作用下，岩层在压应力方向上均匀缩短、在垂直压应力方向上均匀加厚的效应称为压扁作用。在挤压性褶皱形成过程中，压扁作用通常会贯穿始终。岩层通过这种方式形成褶皱之后，原来垂直于层面的标志线在褶皱形成之后仍然垂直于层面，褶皱层的真厚度没有发生变化。强硬层形成褶皱时通常会采取平行层面拉伸与挤压的变形方式。

当褶皱层以平行层面简单剪切方式变形时，褶皱层内不存在应变中和面，褶皱枢纽部位剪应变为零，从枢纽向两翼拐点剪应变逐渐增大。岩层通过这种方式形成褶皱之后，原来垂直于层面的标志线在褶皱形成之后不再垂直于层面，褶皱层的真厚度也可能发生变化。塑性相对较强的岩层形成褶皱时通常会采取平行层面简单剪切的变形方式。

单一岩层或彼此黏结很牢成为一个整体的一套岩层受到侧向挤压发生纵弯褶皱作用时，在岩层的不同部位可能产生一系列规律分布的内部小构造。如果岩层韧性较高，背斜的顶部有可能因拉伸而变薄，底部附近则有可能因压缩而变厚；如果岩层的脆性较强，在背斜顶部有可能形成与层面正交、呈扇形排列的张节理或小型正断层，而在下层面附近则有可能因压缩而形成小型逆断层；在一些特定的情况下（如微层理发育），则有可能在背斜的下层面附近形成小褶皱。

2. 多个褶皱层的纵弯褶皱作用

自然界的纵弯褶皱作用发生时通常都是多套岩层联合在一起进行的，与岩石变形方式对应，多个褶皱层的纵弯褶皱作用有两种基本类型：弯滑褶皱作用和弯流褶皱作用。

（1）弯滑褶皱作用。弯滑褶皱作用指岩层在顺层挤压力的作用下通过层间滑动而弯曲形成褶皱的过程。在此过程中枢纽部位没有发生层间滑动，向两翼拐点方向滑动量增大而且滑动方向相反。单个能干层内部以平行层面拉伸与挤压的方式变形。在顺层挤压的情况下，在强度反差比较显著的岩层中这种褶皱作用机制比较明显。由弯滑褶皱作用形成的弯滑褶皱具有以下主要特点。

①各褶皱层都有各自的中和面，但整个褶皱没有统一的中和面。各相邻褶皱层基本平行，各褶皱层的真厚度保持不变，典型的褶皱形态是平行褶皱或I$_B$型褶皱。

②弯滑褶皱作用发生时，背斜中各相邻的上层相对向背斜转折端滑动，下层则向相反方向（向相邻向斜的转折端）相对滑动。由于层间滑动，在翼部的强硬岩层中有可能形成旋转剪节理、同心节理和层间破碎带等，在滑动面（层面）上形成与褶皱枢纽近于直交的层面擦痕。在背斜转折端附近，在强硬褶皱层的上层面上有可能形成延伸方向平行于褶皱枢纽的张节理。在相邻褶皱层强度相差较大的情况下，在强硬层的转折端有可能形成空隙，造成构造虚脱现象，构造虚脱部位通常会被相邻的

软弱层充填，如果被成矿物质填充就会形成鞍状矿体。

③因为变形是通过围绕褶皱轴的弯曲和沿着褶皱层面的滑动而实现的，所以在理想情况下，褶皱形成过程中仅发生了平面应变，由此导致褶皱层内任意一点的中间主应变轴都与褶皱轴平行。

④如果在两个强硬岩层之间夹有层理发育的韧性岩层，在弯滑褶皱作用过程中，强硬层之间的薄层韧性岩层在层间滑动的力偶作用下有可能形成层间小褶皱。位于主褶皱翼部的层间小褶皱多为不对称褶皱，小褶皱的轴面与其上、下相邻主褶皱层所夹锐角指示相邻层的相对滑动方向。除平卧褶皱和翻卷褶皱外，可以根据上述层间滑动规律并结合"相邻层中的上层向背斜转折端运动，下层向相邻向斜转折端运动"判断岩层顶、底面，从而确定岩层层序是否正常以及背斜与向斜的位置。如果弯滑褶皱内部发育层间劈理，则层间劈理与其上、下相邻主褶皱层所夹锐角也指示相邻层的相对滑动方向，也可以用层间劈理判断岩层层序是否正常以及背斜与向斜的位置，判断方法与次级褶皱的判断方法类似。

（2）弯流褶皱作用。弯流褶皱作用指岩层在顺层挤压力的作用下通过层间和层内简单剪切滑动而弯曲形成褶皱的过程。在此过程中，枢纽部位剪应变为零，向两翼拐点剪应变增大，剪切作用发生于晶粒或晶格尺度上。虽然褶皱层内没有明显的滑动面，但是在某些岩层内部可以发生显著的相对流动，并由此导致褶皱层厚度变化。在顺层挤压的情况下，在岩石整体塑性比较强而且强度反差比较小的岩石中这种褶皱作用机制比较明显。由弯流褶皱作用形成的褶皱主要有以下特点。

①褶皱层内的质点从翼部流向转折端，由此导致岩层在转折端部位不同程度地增厚，在翼部相对变薄，从而形成Ⅱ类相似褶皱或Ⅲ类顶厚褶皱。

②在垂直褶皱枢纽的正交剖面上，可以看到最大主应变轴方向从两翼向转折端收敛；在转折端基本没有剪应变，翼部受到的压扁作用最强（或者说垂直压缩方向的拉伸作用最强），由此导致在强烈压缩的情况下，褶皱层最先从翼部被顺层拉断（同时可能伴生压溶作用），从而在转折端形成次级无根的钩状褶皱。

③在软弱层中可以形成顺层流劈理、顺层展布的构造透镜体、石香肠等小型构造，在褶皱转折端部位的软弱层中有可能形成反扇形流劈理。

**（二）横弯褶皱作用**

岩层受到垂直层面的非均匀横向应力作用而形成褶皱的过程就是横弯褶皱作用。沉积岩层的原始状态是水平的，所以在沉积岩中引起横弯褶皱作用的外力主要是垂向的。地壳差异升降、岩浆或盐底辟作用以及同沉积褶皱作用都有可能提供垂直层面的外力，在这些环境中有可能发生横弯褶皱作用。与纵弯褶皱作用相比，横弯褶皱作用在地壳内褶皱的形成机制中仅具有次要意义。由横弯褶皱作用形成的背斜构造一般具有以下特点。

（1）褶皱岩层整体处于拉伸状态，一般不存在中和面。

（2）褶皱顶部受到强烈的侧向拉伸，如果褶皱层具有一定的塑性，有可能被拉薄而形成 $I_A$ 型顶薄褶皱。但如果褶皱层脆性较强，由底辟作用引起的横弯褶皱中易于形成放射状或同心圆状环形断层。如果放射状或环状断层再被矿液充填，就会形成放射状或环状矿体。

（3）横弯褶皱作用引起的弯流作用使岩层物质从顶部向翼部流动，易于形成顶薄褶皱。褶皱翼部的韧性岩层由于重力作用和层间差异流动可能形成轴面向外倾斜的层间小褶皱，层间小褶皱的轴面与主褶皱上、下层面的锐夹角指示上层向着背离背斜转折端的方向运动，而下层向着背斜转折端运动，这一点与弯滑褶皱中次级褶皱轴面指示的运动方向相反。

### （三）剪切褶皱作用

剪切褶皱作用指岩层沿着一系列与层面不平行的密集劈理面发生差异滑动而形成褶皱的过程。在此过程中，岩石中的原始层理面（$S_0$）对岩石的相对滑动不具有控制作用，只是反映滑动结果的标志。换句话说，$S_0$ 是被动弯曲的。因此，这是一种典型的被动褶皱作用。剪切褶皱作用一般发生于韧性较大的岩系（如盐岩）和劈理发育的变质岩区。与纵弯褶皱作用相比，剪切褶皱作用也是一种相对次要的褶皱形成方式。

由剪切褶皱作用形成的剪切褶皱具有以下特点。

（1）褶皱沿着密集劈理面发生差异性简单剪切变形而形成，剪切面对应着应变椭球体中的圆截面或无应变面，在褶皱过程中沿着劈理面发生了平面应变。

（2）发生简单剪切活动的密集劈理面平行于褶皱轴面，劈理面与岩层交线平行于褶皱轴。由于剪切作用的方向不一定垂直于岩层与劈理面的交线，所以褶皱轴不一定是中间主应变轴。

（3）在横剖面上，同一褶皱层在平行轴面方向的视厚度基本相等，故剪切褶皱作用通常会形成典型的相似褶皱。褶皱层垂直层面方向的真厚度在不同部位可能不同，通常会在转折端加厚，在翼部变薄，但是这种层厚变化不是由褶皱层内物质流动造成的，而是沿着劈理面的差异滑动引起的几何效应所致。

（4）同一劈理面两侧差异滑动的方向可以相同，也可以相反。如果差异滑动的方向相同，则相对滑动的量值不同。

（5）在褶皱层中不存在中和面。

（6）垂直轴面方向岩层的长度在褶皱前后保持不变。

上述经典的剪切褶皱作用只考虑了沿着密集劈理面的差异性简单剪切滑动，并没有考虑垂直劈理方向可能存在的压扁作用（或者与劈理面大角度斜交方向的压扁作用)。岩石在发生剪切褶皱作用时,实际上通常可能会伴随着垂直劈理方向的压扁作用,由此将导致剪切褶皱几何形态进一步复杂化。

膝折褶皱作用一般被认为是兼具弯滑褶皱作用和剪切褶皱作用特点的褶皱形成机制,主要发育在岩性均一的脆性薄层岩层或片理化岩石之中。膝折是两翼平直且转折端呈尖棱状的褶皱,通常所说的膝折一般指由众多膝折组合而成的褶皱。膝折由层理面(或片理面)、膝折带和膝折面构成,其中的膝折面实际上是褶皱轴面。在膝折褶皱两翼倾斜的情况下,根据膝折带的相对错动方向可以把褶皱两翼膝折带分为左行(或左旋)膝折带和右行(或右旋)膝折带。判断左行或右行膝折带时,观测者站在膝折面附近面对另一侧膝折带,如果观测者脚下的岩层延伸到另一侧膝折带后向观测者左侧移动,另一侧膝折带就是左行膝折带;如果观测者脚下的岩层延伸到另一侧膝折带后向观测者右侧移动,另一侧膝折带就是右行膝折带。同一膝折面两侧的膝折带互为左行与右行膝折带,即如果一侧膝折带是右行膝折带,则另一侧膝折带一定是左行膝折带。根据膝折两侧的对称性可以把膝折分为不对称膝折、对称膝折和共轭膝折。

膝折是岩层通过围绕两翼交线(或枢纽、膝折面)的旋转和层间滑动而形成的。顺层和与层面斜交的挤压作用都有可能形成膝折构造。在与层理平行的挤压作用下,在岩层中有可能形成对称共轭膝折构造,在这种膝折构造中既有左行膝折带,又有右行膝折带。在挤压方向与岩层层面斜交的情况下,如果平行层面的挤压分量具有右行特征,则在岩层中形成左行膝折构造;如果平行层面的挤压分量具有左行特征,则在岩层中形成右行膝折构造。

一般认为膝折多发育在弹性或黏弹性材料中,岩性均一且岩石成层性好、岩层间黏性较差但单层内部黏性较强都有利于形成膝折构造。

### (四)柔流褶皱作用

柔流褶皱作用指高韧性岩石在受到外力作用时发生类似黏稠流体那样的流动变形从而形成褶皱的过程,高韧性岩石可以是浅—表构造层次的岩盐,泥岩、石膏和煤层,也可以是中—深构造层次的强塑性岩石。

在柔流褶皱作用过程中,岩石的固态流变作用既可以层流的方式进行,也可以紊流的方式进行,以紊流方式发生的固态流变作用将导致褶皱形态复杂化。较简单层流条件下形成的柔流褶皱有时也可以视为剪切褶皱。

在古老高级变质岩或混合岩化的岩体中由长英质岩脉形成的褶皱通常就是柔流褶皱,它们或者是早期侵位的脉岩在围岩发生变形和变质过程中发生流变作用而形成;或者是在围岩强烈变形时期贯入围岩中的脉岩,后来随着围岩一起变形而成;或者是在围岩变形变质过程中,从围岩中析离出来的长英质析离体逐渐固结而成。

冰川中冰层流动时形成褶皱的过程就是一种典型的柔流褶皱作用。

柔流褶皱经常被用来说明褶皱形成之时的物理化学环境。

## 七、褶皱的力学性质分类与鉴别

褶皱是成层岩石在侧向水平挤压或以压为主兼扭的受力条件下塑性变形的产物。因此，根据褶皱形成的受力条件，褶皱又有压性和压扭性之分，如表8-1所示。

**表8-1 褶皱的力学性质分类与鉴别**

| 鉴定特征 | 压性 | 压扭性 |
| --- | --- | --- |
| 单个褶曲的平面形态，轴面、轴线和两翼岩层产状 | 褶曲往往呈直线状，特别是水平褶曲，轴面比较平直，轴线也呈直线状，两翼岩层走向与轴线大体平行延伸，如稍有局部变化，其总体趋势不变 | 褶曲常呈弧形弯曲，其轴面、轴线和两翼岩层走向一般也跟着发生弧形弯转，岩层分布往往呈一端收敛，另一端散开，与伴生的褶曲分布规律一致 |
| 褶曲枢纽起伏变化和高点的排列方式镜像对称（斜方对称型） | 枢纽可以是水平的或高低起伏的，枢纽高低起伏时，其高点呈串珠状直线排列，都反映出是单向挤压作用引起的褶曲，不过是挤压不均匀所致 | 枢纽往往呈弧形倾斜或高点起伏，然而其上的高点及其延展方向不成直线形，而是斜鞍相接，雁形排列，弧形展布 |
| 褶皱的组合形式 | 背斜、向斜相间排列，纵有参差不齐，但总体互相平行延展 | 褶皱大多呈弧形展布，并呈一端收敛，另一端散开，显示扭动作用所造成 |
| 褶曲两翼岩层层面上擦痕的产状 | 由于挤压，当岩层褶皱时，沿着层面发生上下错移，产生的擦痕与褶曲的枢纽垂直，或阶步与枢纽平行，显示上覆岩层往上冲移 | 其所产生的擦痕和阶步，往往与褶曲的枢纽是斜交的，显示上覆岩层斜向上冲 |
| 褶曲两翼岩层层间小构造与层面之交线的产状（层间破劈理、拖拽褶皱、张性裂隙、旋扭构造等） | 褶曲上的滑移交线（低级序构造与层面的交线或旋扭轴线）或滑移轴线近水平或平行枢纽产出，上覆岩层向上滑移 | 褶曲上的滑移交线或滑移轴线呈倾斜或与轴线斜交产出，上覆岩层向斜上方滑移 |
| 与褶曲有关的断裂面特征 | 与褶曲轴线平行的冲断层和二次纵张断裂，分别显示压性和张性破裂面特征；与褶曲轴线垂直的横张断裂，显示张性破裂面特征；与褶曲轴线斜交的两组扭裂面，显示扭性破裂面特征。因而，在这种情况下的褶曲为压性结构面 | 与褶曲轴线平行的冲断面显示斜冲，为以压为主的压扭性破裂面特征；二次纵张断裂显示斜落，显示以张为主的张扭性破裂面的特征；与褶曲轴线斜交的两组扭裂面，一组示斜落，一组为斜冲，分别显示以扭为主的扭张性或扭压性断裂特征，且常一组发育，另一组不甚发育 |

由此可见，受力的对称性直接决定着变形的对称性与规律性，为褶皱力学性质的厘定提供了重要的科学依据。

褶皱控矿的实际地质事实表明，褶皱的转折端和翼部的虚脱或剥离空间部位，是各类矿体的主要赋存部位。但压性和压扭性褶皱，由于受力对称性的差异，直接决定着赋矿剥离空间三维定位的差异性：前者（压性）由于受力的斜方对称性（镜像对称），剥离赋矿空间和矿体在三维空间上均呈串珠状排列与产出；而压扭性褶皱，由于受力的单斜对称性（反镜像对称性），则决定着赋矿剥离空间和矿体定位的单斜对称性特点。

### 八、褶皱构造的观察与研究

#### （一）概述

褶皱主要形成于挤压构造环境，前文论述的褶皱形成机制也主要是针对挤压背景下褶皱的形成过程来说的。虽然在挤压和伸展背景下都有可能形成褶皱构造，但总体来说，在两种不同构造环境下形成的褶皱构造具有不同的特征：在挤压背景下形成的褶皱构造通常相对比较紧闭，褶皱规模一般相对较大，而且褶皱数量比较多，许多同期形成的褶皱构造可以构成相当规模的褶皱系；而在伸展背景下形成的褶皱构造通常相对比较宽缓，褶皱规模一般较小，而且褶皱数量较少，有时甚至可能出现单个褶皱构造孤立存在的情况。

由于在挤压和伸展构造背景下都可以形成褶皱，所以在对褶皱进行研究时，首先需要根据褶皱所处的区域构造背景，或者根据褶皱构造的具体特点判断褶皱究竟是在挤压背景下形成的，还是在伸展构造背景下形成的，在此基础上再进一步研究工作。在岩石圈上部观察到的褶皱构造主要是在挤压构造背景下形成的，所以下文关于褶皱观察与研究的内容主要都是针对挤压构造背景下的褶皱而言的。

对褶皱构造进行观察与研究的主要内容如下。

（1）褶皱的几何学分析，查明褶皱的形态、空间产出状态和组合特点。

（2）褶皱的运动学分析，查明褶皱的形成机制和形成时代，在此过程中涉及褶皱的动力学分析。

（3）褶皱的动力学分析，查明褶皱形成时的动力来源、大小、性质和方位等特点以及褶皱与周围其他地质构造的时空配置关系。

（4）根据褶皱构造分析，为研究区域地质构造特征、矿产地质、水文地质、工程地质、环境地质等提供基础地质资料。

### (二) 褶皱几何学分析

褶皱的几何学分析是对褶皱进行进一步研究的基础，需要格外重视。对中小型褶皱，如果褶皱的形态能够在野外一览无余，对其进行几何学分析就相对比较容易进行。但是在实际的地质工作中，由于受到植被、建筑物或第四系覆盖的影响，褶皱构造往往出露不全；或者褶皱的规模相当大，即使褶皱完全出露，但由于受到视域限制而不能直接看清褶皱全貌，在这些情况下进行褶皱的几何学分析就会比较困难，需要采取一些相应的研究手段 (如地质填图) 才能进行。

1. 分析研究区总体构造特征

褶皱构造都是在特定的区域构造背景下形成的，区域构造背景在一定程度上制约了褶皱构造的形成过程。因此，深入了解褶皱构造所在地区的区域构造特征有助于正确理解褶皱构造的几何学和运动学特征。例如，造山带腹部、造山带前陆地区与克拉通盆地内部通常就具有不同的褶皱构造特征。

对区域构造特征进行分析可以从以下几方面进行。

(1) 收集和阅读研究区相关地质文献，特别是 1：20 万、1：25 万和更小比例尺地质图，了解研究区及附近区域主要地层、断裂、褶皱等地质体和地质构造的空间展布规律。

(2) 收集和解译研究区的航空照片和卫星影像，通过对航空照片和卫星影像的分析加深对相关地质图件的理解，并有可能在地质图上确定便于进行野外地质观察的考察路线。

(3) 在研究区选择露头良好的地质路线进行野外地质考察，正确认识研究区的地层、岩石、岩性、岩相和构造特点，特别关注褶皱卷入的地层以及褶皱周围地层。在野外地质考察时一定要注意利用沉积岩层和火山岩层的原生构造和次生构造 (如层间劈理) 判别地层层序是否正常。如果能够观察到褶皱构造，需要测定褶皱要素。

2. 通过测定地层产状和追索标志层识别褶皱，必要时填制褶皱地区大比例尺地质图

在地层层序已知的情况下，可以通过对横跨褶皱两翼的地层进行连续的地层产状测定进一步确认褶皱的存在，并且有可能间接求得褶皱要素。如果把地层出露点按照产状标定在大比例尺地形图上，就有可能绘制出褶皱区域的大比例尺地形地质图，这样有利于对褶皱进行进一步分析。

如果褶皱地层的岩性相对比较单一 (如大套的砂岩或灰岩、泥岩等)，或者由于褶皱的规模较大，构造比较复杂，地层的层序尚未完全调查清楚，在这种情况下要识别并确定褶皱构造通常比较困难。此时需要在地层中注意寻找标志层，通过对标志层的追索在地形图上填绘出褶皱的形态并进一步分析褶皱的几何学特征。标志层

指一层或一组可作为地层对比标志的具有明显特征的岩层，标志层具有所含化石和岩性特征明显、层位稳定、分布范围广，易于鉴别的特点。例如，在安徽省巢湖市凤凰山地区进行地质填图时，下石炭统和州组炉渣状灰岩就是很好的标志层；在扬子地块北缘的陕西省南郑区梁山地区，上震旦统灯影组巨厚的硅质—白云质灰岩中发育褶皱构造，但是由于灰岩层理的连续性较差（岩性太脆，破碎强烈），加之地表植被覆盖相对比较严重，在灰岩中难以识别褶皱，但是在该套灰岩中夹一层长石石英砂岩，追索该长石石英砂岩夹层就能很清楚地反映出灯影组灰岩内部的褶皱构造，这层长石石英砂岩就是很好的标志层。

3. 分析褶皱的几何形态特征

（1）测定褶皱要素产状，特别是枢纽和轴面产状。对较小规模的褶皱，如果在冲沟、山坡、悬崖等剖面上能够观察到转折端的完整形态，仔细观察褶皱转折端的形态特征（如圆滑程度、翼间角大小、对称性、轴面倾斜程度等），并系统测量两翼地层产状，进一步确定褶皱枢纽和轴面产状。

对于较大规模的褶皱或出露不全的褶皱，则需要系统测量两翼地层产状和轴迹产状，并利用极射赤平投影求解褶皱枢纽和轴面产状。

由于褶皱横剖面可以反映褶皱转折端的真实形态，所以在对褶皱进行几何学分析时应该根据露头资料和求得的枢纽与轴面产状，尽可能绘制褶皱的正交剖面图。

（2）判断褶皱类型。根据同一地层在不同褶皱部位的真厚度与视厚度变化情况，并结合褶皱所处的区域构造背景分析并判断褶皱属于何种类型（如平行褶皱、相似褶皱、顶薄褶皱，或Ⅰ类、Ⅱ类、Ⅲ类褶皱等）。

（3）分析褶皱向地下深部的延伸特点。不同类型的岩石可能具有不同的岩石力学性质，不同深度的岩石所处的变形条件不同，这些都可能导致同一褶皱在不同深度具有不同的形态特征。可以通过以下途径分析褶皱在深部的形态特征：①基于同一地层层厚守恒原则，根据褶皱在地表的形态特征，分析推断其向地下的延伸特征；②基于特定褶皱类型在空间上的变化规律，根据已经确定的褶皱类型推断褶皱向地下延伸特征；③如果在褶皱发育区有地球物理资料和钻井资料，充分利用这些资料分析研究褶皱在地下的形态特征。

**（三）褶皱运动学分析**

在上述褶皱几何学分析的基础上，根据褶皱形成机制的基本理论，反演褶皱的形成过程，分析褶皱形成之时的地应力场特点，为区域地质研究提供构造依据。

确定褶皱的形成时间是褶皱运动学分析的一项重要内容。确定褶皱形成时间的一个基本原则是，褶皱形成于被卷入褶皱的最新地层之后、覆盖褶皱的最老地层之前。有时候被褶皱的最新地层与覆盖褶皱的最老地层的形成时间相隔较大，可以利用间隔时间段内周围地区的地层发育情况和区域地质特征进一步限定褶皱的形成时间。在褶皱翼部有生长地层发育的情况下，生长地层虽然也被卷入褶皱，褶皱却是从生长地层发育之初就开始形成的。因此，在判断褶皱的形成时间时，要注意识别褶皱翼部可能存在的生长地层，利用生长地层的层厚变化特点就有可能识别生长地层。

# 第二节　叠加褶皱与成矿

叠加褶皱又称重褶皱，是指已经褶皱的岩层再次弯曲变形而形成的褶皱。叠加褶皱是两次或两次以上构造运动褶皱变形叠加的产物。两者既可斜交叠加，也可正交叠加。唯前者叠加部分多留下斜向压剪活动的痕迹，尽管叠加褶皱由于先后期褶皱强度、受力方向和褶皱岩石的力学性质的差异，叠加褶皱形态各异，但归纳基本可分为横跨、限制、重褶三种叠加褶皱构造类型。

## 一、叠加褶皱的形成机制

叠加褶皱形成机制主要有纵弯褶皱作用、横弯褶皱作用、剪切叠加褶皱等。

### (一) 纵弯褶皱作用

地壳浅部，褶皱的岩层再次发生褶皱变形时多属主动变形行为，因此，与主动褶皱相关的纵弯褶皱的干涉类型更易发育和常见。而在纵弯叠加褶皱作用下，褶皱面在运动学上是主动的，早期褶皱并不是被动褶皱的面或线，它明显控制晚期褶皱的发育，影响其几何形态及轴向。故晚期褶皱不是一组规则的波，实现再次褶皱的关键是晚期褶皱横过早期褶皱轴的协调相容问题，具体存在以下三种方式。

(1) 由于早期褶皱两翼的旋转剪切导致轴面发生断裂滑动，使两翼独立褶皱。

(2) 早期褶皱变紧闭甚至同斜而趋于平行，使两翼一致再褶皱。

(3) 在褶皱面内发育附加的剪切应变，形成叠加的斜向纵弯褶皱。

Ramsay 强调斜向纵弯褶皱作用是实现纵弯叠加褶皱的一个重要途径，指出为使早期褶皱两翼不同方向的晚期褶皱以相容的方式进行，早期褶皱两翼的晚期褶皱的差异流动方向很可能不再垂直于这些翼部任何不同方向的晚期褶皱轴，这不同于总体位移垂直于褶皱枢纽的正向纵弯褶皱，其位移面多类似于剪切褶皱中的位移面，因此称为斜向纵弯褶皱。这种纵弯褶皱仅在特定的条件下形成，主要为逆冲系统相关的褶皱叠加变形导致的协调构造，据其形态、产出部位等差异，不同研究者分别称为接合褶皱、角褶皱等。这些构造往往局部产出，其控制因素仍存争议。

此外，早期褶皱的枢纽置换是纵弯叠加褶皱的另一重要形成机制。当中等紧闭的非同斜褶皱在与轴向大角度相交的挤压应力场中再次纵弯褶皱时，由于早期褶皱两翼方向不同的晚期褶皱，导致原始枢纽所在质点线失去枢纽属性，并发生扭曲变形，而被一新生成的强烈弯曲的枢纽替代，即早期褶皱发生了枢纽置换作用，在早期褶皱两侧形成一系列对应新生成的枢纽的晚期褶皱。新生褶皱枢纽在褶皱展平后仍为曲线，其原始迹线不能恢复。在引起褶皱变形的两期挤压应力方向交角较低（小于 60°）时，早期褶皱会发生旋转、变位，并直接转变成晚期褶皱，而不形成真正意义上的叠加褶皱，类似于 Ramsay 类型无效叠加褶皱现象。此过程中往往伴随早期褶皱枢纽迁移作用，即原枢纽位置发生了主动、连续的旋转、变化而位于褶皱面的不同质点线上。枢纽迁移是非常普遍的纵弯褶皱变形机制，不仅在多世代褶皱相关叠加变形时存在，在同一期褶皱的生长过程中也会发生。褶皱层的能干性对枢纽迁移强度有明显影响，一般情况下，二者呈正相关，枢纽迁移量决定于纵弯缩短及层面应变的速率。

进一步研究表明，枢纽置换与枢纽迁移两种褶皱变形机制多伴随着早期褶皱翼间角的变化，虽然人们很早就认识到叠加褶皱变形过程中存在早期褶皱变开阔与紧闭，但关于这几种变形机制的相互联系与作用方式，目前缺乏具体研究。

**（二）横弯褶皱作用**

岩层受到与岩层面垂直的外力作用而发生弯曲形成褶皱的过程称为横弯褶皱作用。地壳物质的垂直升降运动是产生这种作用的基本条件，如岩浆的上升顶托，以及岩盐、石膏或黏土等低黏度、低密度易流动物质的上拱刺穿上覆岩层，基底的断块升降等，均是导致横弯褶皱作用的重要因素，因此也称为底辟褶皱作用。

底辟构造一般包括三部分。

（1）高塑性物质组成的底辟核，核内物质往往呈现复杂的塑性变形。

（2）核上构造（上覆岩层）往往是外形不规则的穹隆或短轴背斜，其内部构造特征如上述横弯褶皱的基本特征。

（3）核下构造一般比较简单。

当底辟核为岩盐时，称为岩丘构造。典型的盐丘直径为 2km ~ 3km，边部陡倾，可以向下延伸达几千米。内部构造通常十分复杂，大量发育紧闭陡倾伏褶皱、重褶皱和多次重褶皱现象，如美国 Utah 州中部出露的典型底辟叠加褶皱。许多学者研究认为盐丘的形成是盐层与其上覆密度较大的围岩间密度的差异所致。如果底辟核是侵入岩，岩浆上升侵入围岩，并使上覆岩层上拱形成穹隆，这种作用过程也称岩浆底辟作用。岩浆底辟作用是一种重要的地质作用，它不仅导致广泛的沉积岩层发育地区出现以岩浆岩为底辟核的穹隆形成，太古宙高级变质岩区发育的典型构造样式"卵形构造"或称"片麻岩穹隆"，也多认为与岩浆底辟作用有关。

### (三) 剪切叠加褶皱

剪切褶皱作用又称滑褶皱作用，是岩层沿着一系列与层面不平行的密集劈理发生差异滑动形成的褶皱，属于典型的相似褶皱。原始层面在这种褶皱作用中已不起控制作用，只是反映滑动结果的标志。剪切叠加褶皱与主动—纵弯叠加褶皱存在很大差别，其形成机制一直存在争议。剪切叠加褶皱是被动褶皱作用形成的，其褶皱面在运动学上是完全被动的，褶皱面的质点和质点线的位移与横过层面的滑动、流动或剪切有关，而与褶皱本身的空间位态无关，因此相关的叠加褶皱系统可比拟为两组独立波的干扰形式，其形成的褶皱叠加类型仅受控于叠加的收缩或伸展应力场的大小及其相对早世代褶皱的方向，与早世代褶皱的剖面形态无关。一些研究者认为大多数剪切褶皱是在强烈变形条件下，在先期褶皱的基础上再发生的，不是单纯地与层面斜交的剪切作用的产物，而是纵弯和剪切两种机制联合作用的产物。解决剪切褶皱形成机制的关键在于滑动面的成因，学者们对轴面劈理的成因进行了许多研究，指出其作为一个物质面，初始和最终的发育均垂直于应变椭球体的最小应变方向，并认为其具有挤压和剪切的双重力学性质。

目前叠加褶皱的研究一般集中在单一褶皱形成机制，而自然界的褶皱实际上并非形成于单一机制，褶皱的几何形态往往是其相关构造、位置、时间等变化的综合反映，显示了大陆地壳变形在时间和空间上的非均一性，是几种机制联合作用的结果，具有复杂的变形应力场。在同一构造事件的递进变形过程中，因挤压方向的连续变化或多个方向同时作用的收缩变形也能导致叠加褶皱或类似叠加褶皱作用的发生，其产生的叠加褶皱比两期构造事件引起的叠加褶皱的几何形态往往更无序，难以区分。研究表明，前陆挤压变形带中断裂相关褶皱的叠加褶皱类型及形成机制基本能用纵弯褶皱机制得到解释；而断裂相关的膝折褶皱的叠加干涉与纵弯褶皱的干涉机制不同，褶皱叠加的形式主要受逆冲断层控制。由于断裂切割深度、时空活动变化更能引起一些特殊的叠加褶皱干涉形式，因此探讨叠加褶皱的形成机制时，需要根据实际情况，在详细的构造解析工作基础上，才可能作出合理的解释。

## 二、叠加褶皱类型与成矿

### (一) 横跨褶皱与成矿

横跨褶皱是指一组形成较早的褶皱被另一组形成较晚的不同方向的褶皱所穿插、跨越的现象，并各自保持着固有的轴向，叠置部位常导致流体资源的汇聚。

### (二) 限制褶皱与成矿

两组不同方向的褶皱叠加时，形成较早的一组褶皱常限制形成较晚的一组褶皱，并在其一侧发育褶皱叠加现象，是流体矿产资源的重要构造屏障。

### (三) 重褶褶皱与成矿

重褶褶皱通常发育于先期高角度、紧闭褶皱发育地区，该类褶皱在再次不同方向褶皱叠加时，其再变形强度明显低于宽缓先期褶皱区。

叠加褶皱是经受两次或两次以上不同方向、不同方式构造变形的产物，其不但改变先成褶皱控制的剥离构造和矿体的空间定位，而且也同步促使了先成矿体的矿石特征和矿石品位的贫富变化，辽宁鞍山市铁矿就属其例。更由于不同方向、不同方式构造活动的多次叠加，也同步改变了原有褶皱赋矿剥离空间定位，而且不同程度地加剧了构造的破碎程度与规模，为后期成矿热流体沿层间破碎带的运移、富集与沉淀提供了更有利的赋矿空间。

在通常情况下，成矿热流体在构造动力和流体热动力驱动下，总是沿层间构造破碎带，从相对高压的翼部向相对低压或负压的转折端鞍状剥离空间和褶皱的仰起端迁移，并聚集成矿，若经纵弯叠加，则形成双轴或多轴式叠加穹窿，从而产生良好的闭合环境或新的穹窿状剥离空间，成矿热流体就会从多通道层间构造破碎带向穹窿顶部剥离空间运移、聚集并沉淀成矿，也即由纵弯褶皱的单拱型卷入晚期叠加褶皱的双拱型，成矿热流体则沿双向层间构造破碎带运移，并于双拱型鞍状层间剥离空间充填，富集成矿，贵州万山汞矿就属其例。贵州万山汞矿主干构造为轴向北北东向的凤晃背斜和玉铜向斜，控制着矿带的区域展布，而凤晃背斜西翼的中下寒武系碳酸盐含矿层中发育着一组横跨褶皱，并叠加于主干背斜西翼的倾斜层内，导致其枢纽统一地向北北西方向侧伏，汞矿床各矿体均定位于各倾伏叠加褶皱的穹形背斜轴部和陡翼层间剥离带中。

## 三、横跨、限制、重褶褶皱形成的力学机制

### (一) 褶皱形成基本条件的分析

褶皱是重要而常见的构造现象之一。尽管褶皱大小悬殊、形态各异，但其形成则主要由下述两个基本条件所决定。

第一，褶皱的岩层必须具有良好的成层性，以促使岩层的层间面，尤其是不同岩性或岩性组合的分界面之间的相对滑动和流动。正由于这种层间剪切滑动面和褶皱岩层上部一面临空自由空间的存在，为各种类型褶皱的形成提供了重要的构造

前提。

第二，成层的岩石必须在一定方式、方向外力作用的条件下，当由外力所决定的侧向压应力超过岩层的临界力(或临界载荷屈服强度) $p_k$ 值时，受力的成层岩石才会发生弯曲，并发生顺层的塑性流动而形成褶曲或褶皱。

1. 岩块几何形状是褶皱形成的一个重要影响因素

在上述条件下，具有一定弹塑性的成层岩石，在受力变形过程中，是否首先发生弯曲变形而形成褶皱，这在一定程度上决定于岩块的几何形状。因为层状岩石在侧向挤压条件下，随着岩层本身几何尺寸的改变，岩层是否失稳，从而形成褶皱的条件和状况也会随之而发生相应的变化。

2. 地层产状对褶皱形成的控制作用

固然，水平产状的岩层在侧向挤压的条件下，当其力超过岩层的临界载荷($p_k$)值时，岩层就会失稳而形成褶皱。但首先是失稳形成褶皱，还是首先超过极限载荷($p_B$)值而发生断裂呢？这主要取决于岩层的几何尺寸和几何参数。

### (二) 褶皱横跨、重褶和限制复合现象形成的力学分析

1. 褶皱横跨现象的力学分析

两组褶皱相跨越时，在跨越的部分，形态上有一些改变，但总体却各自保持固有的轴向，是反接复合现象中的一种特殊类型。

当层状岩层遭受南北向侧向挤压的条件下，同一套原始产状的层状岩层，在构造变动前，保持该岩层最大或最小的几何参数的基本特点，岩层易于失稳而形成东西方向的褶皱。但当褶皱出现后，随着变形的加强，褶皱两翼岩层的倾角也相应逐渐变大。这时，尽管外力继续作用，但由于空间方位的变化，变形的性质也相应要发生变更，岩层由稳定问题而转变为强度问题，当其力超过该岩层的极限载荷($p_B$)值时，随之会产生断裂而破坏其连续完整性。

但当东西向褶皱幅度不大，岩层倾角比较平缓的条件下，由于褶皱岩层一面临空，所以当遭受另一方向侧向挤压时，尤其是遭受与褶皱轴向相平行的东西向侧向挤压时，促使岩层失稳而发生褶皱的临界载荷($p_k$)值要比与褶皱轴向斜交的任意方向要小。所以，在相同大小的侧压力作用下，直交横跨穿插或跨越先成褶皱的能力要比斜交者强，且随着斜交角度的变小，其穿插或跨越先成褶皱的能力也随之而变小。因此，前者穿插、跨越的先成褶皱的幅度一般要比后者大。

尽管横跨褶皱和被横跨褶皱，从形态而言，它们的构造强度很可能相当或近于一致；但从临界载荷值而言，横跨褶皱却远大于被横跨褶皱。所以，横跨褶皱和被横跨褶皱的构造强度与岩层失稳时所需施加的临界载荷值的大小，无论是量级上，还是概念上都是讨论问题的两个不同的方面。前者是变形的结果，后者是促使构造

变形产生的力的大小和原因。

2. 褶皱重褶现象的力学分析

褶皱的重褶现象，是指早期褶皱在后期另一方式、方向构造运动的影响下，使先成褶皱明显得以改造，并改变了早期的褶皱方向，而卷入晚期不同方向褶皱中的一种复合现象。

长期的地质实践表明，在紧闭的线状褶皱展布地区，尤其在构造变动强烈，褶皱紧闭，岩石塑性显著的变质岩地区，重褶现象较为常见。

所以，较之褶皱的横跨现象而言，重褶的形成又有着自身不同的几何的和力学上的要求。

# 第三节　叠加褶皱的室内—野外判析与厘定

鉴于叠加褶皱是多期次强烈地壳运动过程中岩层或层状岩石受力变形的产物，因此，通常情况下，随着时序的由老到新或由早到晚，褶皱的变形强度、叠加褶皱的发育程度也相应具有由强到弱、由高到低的变化趋势与规律。因此，叠加褶皱在古老或相对古老的地层发育区，尤其是结晶基底和褶皱基底出露区更显常见、更为发育。

值得说明的是，褶皱构造经过两次或两次以上的褶皱叠加变形，先成褶皱的形态特征与产状变化，通常制约或影响着第二次叠加褶皱的几何形态特征，而第二次叠加褶皱又对早期褶皱进行了改造，使赋矿剥离空间的空间定位变得复杂，但却增强了其后再叠加褶皱的变形强度，从而导致了新的构造格局的基本定型。叠加褶皱强变形地区，由于岩层层序的复杂化，提高了叠加褶皱判析的复杂程度和难度，因此在实际判析与研究过程中，必须遵循动态的三维空间的变化与规律来分析与厘定，只有这样才能得到接近实际地质情况的判析与结果，鉴于构造变形复杂多样，因此其识别标志众多。

（1）褶皱轴面的再次变形是叠加褶皱的常见现象，也是叠加褶皱厘定的重要标志，早期近南北向排列的轴面面理被后期北西向褶皱的劈理所叠加、切割，不但导致了轴面的弯曲再变形，同时又决定着褶皱的右列展布，客观地揭示了两组不同方向、不同时期褶皱的复合叠加裂隙。

（2）褶皱枢纽产状的强烈起伏与变化和褶皱几何图像的畸变。通常情况下，褶皱枢纽是从一个方向沿走向另一方向侧伏，由高向低依次按序变化、点阵式有规律排列的，但当褶皱群枢纽产状在三维空间上变化大，褶皱枢纽呈"S"状、反"S"状、"V"形、"W"形正弦曲线状等，且枢纽"高点""低点"变化急剧的构造变形图像时，则多属叠加褶皱。

（3）与褶皱同时形成的面理（劈理、片理）和断裂面的再变形、再弯曲。

（4）两种不同受力变形条件下形成的片理和裂隙系统有规律地交切或穿插。

（5）各类脉体（岩脉、矿脉、石英脉等）的褶皱或弯曲变形。

# 第九章 断裂构造与成矿

## 第一节 断裂（层）构造的主要分类及其变形的力学机制

### 一、断裂（层）构造的几何分类及其受力机制

不同几何形态和三维空间位移特征的断裂构造，是受不同力学条件破裂、位移变形的产物，可分为以下几类。

#### （一）正断层

正断层是上盘相对下降、下盘相对上升的断层。正断层一般具有以下四个特点。

（1）主要发育于伸展环境。

（2）正断层的断面一般较陡，断面倾角大多大于45°，以60°左右最为常见。自然界也存在一些低角度的正断层，如发育于结晶基底杂岩与上覆沉积盖层之间的大型低角度正断层或伸展断层（拆离断层）。

（3）被错断岩石单元产生水平伸长（伸展）效应。

（4）在同一高程剥蚀面上，断面附近上盘地层一般比下盘新，但是在断面倾向与地层倾向一致且断面倾角小于地层倾角的情况下，断面附近上盘地层则老于下盘地层。

#### （二）逆断层

逆断层是上盘相对上升、下盘相对下降的断层。逆断层一般具有以下五个特点。

（1）逆断层一般发育于挤压构造环境。

（2）逆断层的断面倾角一般较小。现在一般把断面倾角为45°或小于45°的逆断层称为冲断层，但是在一些较老的中文文献中把断面倾角大于45°的高角度逆断层称为冲断层。逆冲断层通常指位移量很大的低角度逆断层，断面倾角一般在30°左右或更小，位移量一般在数千米或更大。逆冲断层在一些文献中也称为逆掩断层。

（3）逆断层带内常常显示强烈的挤压破碎现象，形成构造角砾岩、碎裂岩和超碎裂岩等断层岩。

（4）在断面附近的两盘地层中经常发育牵引褶皱、劈理化带和构造透镜体等现象。

（5）被错断岩石单元产生水平缩短效应。

正断层和逆断层的两个断盘都是沿着断面倾向方向发生相对运动的，合称倾滑断层。

### （三）平移断层

平移断层指两盘顺着断面走向相对滑动的断层。规模巨大的平移断层通常称为走向滑动断层，简称走滑断层。根据两盘的相对滑动方向，平移断层又可进一步划分为左行平移断层（或左旋平移断层）和右行平移断层（或右旋平移断层）。判断左行平移断层和右行平移断层时，观测者面对断面观察另一盘，如果另一盘向左侧滑动，该平移断层就是左行平移断层；如果另一盘向右侧滑动，该平移断层就是右行平移断层。

平移断层有两个特征：①断面一般比较陡直，时常直立；②在拉张和挤压环境中都有可能形成平移断层，特别是在非共轴的拉张与挤压环境中更容易形成平移断层。

### （四）旋转断层

正断层、逆断层和平移断层的两盘相对运动都是直移运动。实际上一些断层两盘之间常常有一定程度的旋转运动，这种断层称为旋转断层，两盘相对旋转量比较大的旋转断层称为枢纽断层（hinge fault）。两个断盘的旋转运动又分为两种情况。

（1）旋转轴位于断面一端，表现为横切断面走向的各个剖面上的位移量不等。

（2）旋转轴位于断面中部的一点，表现为旋转轴两侧相对位移的方向相反，如上盘的一侧上升，则上盘的另一侧必然下降。枢纽断层在岩石圈上部相对较少。

### （五）平移断层与正断层、逆断层复合而成的斜向滑动断层

正断层、逆断层、平移断层和旋转断层是根据断层两盘相对运动方向划分出来的四种模型。实际上断层两盘往往不是完全顺着断面倾向或断面走向滑动，而是沿着与断面走向斜交的方向滑动，于是平移断层与正断层、逆断层复合构成斜向滑动断层，斜向滑动断层可能是自然界断层存在的主要方式。对斜向滑动断层一般采用组合命名，分别称为平移—正断层、平移—逆断层、正—平移断层和逆—平移断层，组合名称中的后者表示主要运动分量。斜向滑动断层是非共轴挤压或拉伸作用的产物。

## 二、断裂（层）构造的力学分类及其受力机制

断层是岩石和岩层受到不同方向、方式和受力条件，超过岩石破裂强度后并具

明显位错特征的一种构造现象。由于受力性质的不同，断层的力学性质和相应的断层破裂特征也随之而异。

**(一) 压性断裂 (层) 构造及其受力机制**

压性断层是岩石或岩层在斜方对称型侧向水平挤压受力条件下，超过岩石或岩层抗压强度而产生的一种压缩变形的断裂构造。由于该类断层近地表时，围压逐减，常出现仰翘现象而呈现上盘下掉的正断层现象。

**(二) 张性断裂 (层) 构造及其受力机制**

张性断层是岩石或岩层在斜方对称型侧向水平拉伸受力条件下，超过岩石或岩层抗拉强度而产生的一种拉伸变形的断裂构造。

**(三) 扭性断裂 (层) 构造及其受力机制**

扭性断层是岩石或岩层在不同方向、方式受力条件下，变形岩石或岩层超过剪切破裂强度，并发生明显水平位错变形的断裂构造。

**(四) 压扭性断裂 (层) 构造及其受力机制**

压扭性断层是在压—扭应力同时作用的前提下，显示上盘斜冲特征，并具有显著逆冲和水平位错的斜向逆冲断裂构造。如平移逆断层、一部分压扭性弧形断层和一部分平移断层等。

**(五) 张扭性断裂 (层) 构造及其受力机制**

张扭性断层是在张应力与扭应力同时作用条件下，具有明显斜落位错的断层，如平移正断层、一部分旋扭断层、平移断层等。

# 第二节　断裂力学性质的综合识别信息与标志

在一定方向和方式的地应力作用下，在组成地壳的岩块或地块中，从构造变形到物质组分变化、从宏观到微观，必然会留下与其相适应的构造—物质组分痕迹。它们可以是连续性的构造面，也可以是非连续性的断裂面，即各种断裂力学性质和排列形式，必然由产生它们的地应力性质、作用的方式和方向所决定。因此，根据这种力与形变的关系，从现象着手对各种性质断裂进行力学性质的鉴定，如表9-1所示。

表9-1 断层的力学性质鉴定

| 力学性质 | | |
|---|---|---|
| 断盘在空间上的相对位移特征及其所产生的构造现象 | 断盘在空间上的相对位移特征 | 逆断层面在剖面上应是一组剪切面，但由于其在水平方向上的明显缩短，且其走向又与压应力方向垂直，加之断面及两侧一系列的压性构造现象的存在，所以本类断面应属压性构造面。<br>平面上的伸长和短缩是正应力作用的一种形变效应，但伸长和缩短的产生是受力物体沿断层倾向或垂直断层走向垂直位移的结果，所以断盘的上冲或下移直接反映了压应力的作用方式和性质。<br>但从物理和力学的概念来说，当物体受力超过破裂强度以后，只可能发生张裂和剪裂，而没有压性构造面的存在。这主要是力学上的材料试验，当破裂出现就宣告变形终止。而地质上岩体或岩块受力超过其破裂强度后发生张裂或剪裂，由于地质上的构造变形是长期的、持续的、反复多次的变形，所以早期出现的扭裂面在压应力的作用下发生变化而转化为压性构造面，如某些陡立的挤压带 |
| | 断面擦痕 | 擦痕阶步发育，擦动方向与断面倾向一致，阶步与断面走向一致，上盘逆冲，但压性构造面由于裂面舒缓波状（且又常沿两组扭裂面发育），在弯曲的外凸岩块和内凹侧岩块的运动方向或应力状态是不相一致的，故压性结构面的擦痕方向常显示不稳定的特点，所以在野外工作中要注意断面倾向与应力作用方向的关系，尤其是擦痕发育比较差的性状者，综合进行分析，应用擦痕鉴定结构面力学性质时要慎之又慎 |
| | 断面两侧岩层产状的变化特征和派生的次级构造（羽裂、拖拽褶曲、劈理、片理、叶理及施卷构造等） | ①断面两侧或断裂带内，由于应力最易集中，所以在其两侧地层陡立、倒转、褶皱显著，拖拽属逆冲式，但在野外要注意这种局部性的现象与区域性现象之间的区别，因前者属派生构造，后者属与断裂同时生成的伴生构造，级别、序次均不相同<br>②断面两侧常见派生的低级次构造，但派生构造与主断面的交线呈水平，旋卷构造轴也呈水平，上盘逆冲<br>③常见压性劈理、片理和叶理，在走向上、平面上平行主断面，剖面上与主断面可以有不大的交角，但它们的宽度要视断裂的规模、岩性和应力作用的时间长短而定 |

| 力学性质 | | |
|---|---|---|
| 断面及组合特征 | 断面的形态特征 | 断层沿走向倾向均呈舒缓波状，产状不稳定，断面总体倾角一般较缓，断层连续性好，断层舒缓波状的成因主要为：<br>①断层上盘或推覆体，在前进过程中，由于断层一面压紧，一面错动，所以当切过不同岩相的地层时，由于抗压强度和摩擦阻力不同，形成波状断面，但某些逆—逆掩断层上盘推覆时，当遇到硬而陡立的岩层时或应力近于消失阶段时，不能克服前进中的阻力，断面倾角就变陡，或反倾向向地面翘起，形成仰翘现象<br>②断裂在萌芽阶段已经有片段的存在，每个片段一面向前逆冲，一面向两端伸长，这时每个弧形片段串联起来，就形成了波状断面<br>③追踪两组先成扭裂，并使之压扁而成，尤其是在地应力持续作用，塑性变形比较显著的条件下。<br>④早期出现的平缓的断层面，在变形发展的过程中，跟着岩层一起褶皱而成，或先成的断层，由于受到另一方向应力作用时，就可形成反复曲折的背斜、向斜形态，这种情况在两个构造体系的复合部位较常见 |
| | 断面的组合形态特征 | 断裂成群出现，走向大体平行，组成挤压带或冲断带，常具分而合、合而分的现象，中夹透镜状岩块。在剖面上，走向平行，倾向和仰冲方向一致的冲断带组成叠瓦式构造和对冲、反冲断裂带 |
| | 脉体特征 | 单脉厚度较大，沿走向、倾向多呈舒缓波状，具分而合、合而分的现象或呈尖灭再现现象出现；剖面上脉体、矿体在缓处往往增厚变富，在陡处则变薄或尖灭 |
| 断裂构造岩 | 不同力学性质断裂构造岩的基本特征 | 常具压裂岩、压碎岩、压扁角砾岩(压性角砾岩)、糜棱岩、断层泥等。<br>(1)压裂岩(无显著位移的压性破裂岩)<br>①微具压扁现象，压扁面平行断裂面<br>②有时可见与压扁面平行、垂直和斜交的压、张、扭裂<br>③虽无明显位移，但由于挤压作用，有时面部常显光滑滑动面或应力矿物<br>(2)压碎岩(压性碎裂岩)：产生于岩石在挤压扭动过程中<br>①岩石受力破碎，组成岩石的矿物颗粒和大矿物颗粒 |

| 力学性质 | | |
|---|---|---|
| 断裂构造岩 | 不同力学性质断裂构造岩的基本特征 | 的边缘，均被压成细小颗粒，并发生各种扭曲变形，形成碎裂岩，主要是压性构造面的产物<br>②碎粒本身有压扁、拉长和圆粒的现象，具定向排列。<br>(3) 断层角砾岩 (压性角砾岩)<br>①压性角砾岩有时虽呈棱角状，但其长轴一般仍垂直挤压方向，斜方对称特征明显，且角砾间的泥质破碎物常具带状构造，是压性断裂早期的产物<br>②压扁角砾岩是断盘错动过程中，角砾经研磨、压扁而成，扁头体长轴平行断面，破碎基质具有断续的带状构造，沿滑动面常有绿泥石、绢云母等片状应力矿物产生<br>③由于是在挤压封闭条件下形成，所以胶结物多为原岩破碎后的粉末，外来物质较少<br>(4) 糜棱岩<br>岩石及其组成矿物大部分被粉碎，肉眼已难以鉴定，碎粒定向排列，外观为浅色、隐晶质 (0.2～0.5mm 以下)，有明显的带状和层纹状构造，糜棱岩碎基常经重结晶和水化学作用，产生绢云母、白云母、绿泥石、绿帘石、滑石、蛇纹石等新矿物<br>(5) 超糜棱岩：极度粉碎糜棱岩 |
| | 构造岩的定向排列特点及其与主断面在三维空间上的几何关系 | 在具体分析时，除根据构造岩的定向排列与断面产状的关系来确定断层的力学性质外，还应根据相伴生的两组扭裂与张裂在平面上或剖面上的发育情况，判断在断裂变形过程中，变形轴的变化情况，并以此来推断构造岩的形成属于断裂变形的哪个阶段的产物，这在矿田构造的分析中，具有重要的实践意义和理论意义 |
| 交代与重结晶现象 | 压熔重结晶现象 | 压熔重结晶现象是因石英和方解石，在压应力的作用下，具有比较高的溶解度，因而在低温高压下，便可促使这些矿物溶解、分泌、迁移，在断裂附近沉淀、重结晶，由于裂隙纵横交错，所以石英、方解石晶片、晶块也呈不规则的性状产出，由于应力主要集中于断裂带，所以远离断裂则逐渐减少或消失。由于压熔现象系压应力作用下的矿物重结晶现象，所以在压性断面附近有时常可见到 |

| 力学性质 | | |
|---|---|---|
| 交代与重结晶现象 | 钙化硅化等层理消失现象 | 其是钙硅质岩石在挤压应力作用下，有时并不一定以晶片或晶块的形式结晶析出，而以渗透、交代作用的方式出现为主，同样沿断裂带由于应力集中，故沿断裂带及其两侧常见钙硅质物质分布，并使断裂两侧附近的岩层层理等原始结构、构造消失或模糊 |
| | 矿物的结晶状态 | 方解石 |

# 第三节　断裂构造的复合叠加变形与成矿

　　断裂构造的复合叠加变形与成矿关系是断裂控矿的重要内容，主要研究成矿期断裂，当其以不同方式、不同方向复合于成矿前断裂构造时的控矿特征与成矿富集的规律性。

　　断裂构造的复合叠加，是指成矿期控矿断裂复合叠加于成矿前不同方向、不同力学性质断裂时的构造复合叠加现象，根据成矿前—成矿期断裂复合的方向性和重叠性，又可分为重叠式复合控矿断裂和交切式复合控矿断裂两类，但前者的控矿性能和成矿概率明显高于后者，而复合叠加型断裂的控矿概率和成矿性能更高于、好于非复合叠加型控矿断裂，这一断裂控矿现象与规律已被大量的成矿地质事实所证实。

## 一、重叠式复合叠加断裂

　　重叠式复合叠加断裂是指不同时期、不同构造动力作用下形成的不同力学性质的断裂在成矿期均沿同一方向断裂带的断裂复合叠加现象。

　　实际的成矿地质事实表明：成矿前的主构造带多属舒缓波状的压性或压扭性构造带，破碎空间形态特征相似，作为成矿构造先成的几何边界，一定程度上影响并控制着矿体赋存空间的几何形状、产状和空间展布。但由于成矿期力学性质、运动方式和位错距离的差异，当其复合叠加于成矿前、显示不同变形强度或不同曲率半径的弧形和波状弯曲的挤压构造破碎带之上时，不但促使先成构造破碎空间的进一步扩大、迁移和新的破碎空间的出现，而且由于成矿期构造力学性质和位错距离的差异，常导致赋矿空间形态特征和空间展布规律的变化。

　　该类复合叠加型断裂，带状复合叠加距离长，成矿组分来源多元化、规模大，是成矿最重要的断裂控矿类型。

## 二、交切式复合叠加断裂

断裂交切复合叠加现象，是自然界发育普遍的断裂复合叠加现象，其既可是同期、同构造体系或构造系统不同方向断裂的复合，也可是不同时期、不同构造体系或构造系统的不同方向、不同力学性质断裂的交切复合叠加。但明显以后者为主，其构成了重要的断裂交切复合叠加型的控矿构造形式，矿体多富集于成矿期断裂与被复合叠加的成矿前断裂的交切复合叠加处，但远离主控矿断裂则逐渐尖灭、消失。

重叠式复合叠加型断裂，叠加与被叠加控矿断裂属同一断裂，方向不变，但变形强度和构造破碎程度明显增强和变迁，成矿组分的多元化特征更加明显，而且属同步、同构造的带状构造复合叠加，通常情况下其延伸长度达数千米至十余千米，甚至几十千米，延伸长度大而稳定，矿床规模大，多属大中型、大型、特大型—超大型矿床。例如，华贝山锶矿带、川东南重晶石—萤石矿带、浙江各萤石矿田的各萤石矿带、云南宁蒗树扎铁矿带和重晶石矿带等，矿体、矿床均呈带状产出。

交切式复合叠加型断裂所控制的矿体或矿床，其单体多呈透镜状、扁头状和柱状，其总体通常呈棋盘格状，常控制着小型、中小型、中型、大型矿体和矿床的产出与空间定位，它们常构成大型、特大型的工业矿田。

## 三、断裂形成时代的厘定与识别

国内外同位素年龄的测定结果表明，自地壳形成以来，已有将近40亿年的历史，历经了太古代、元古代、古生代、中生代、新生代各期构造强烈运动影响，后期次构造不断地反复叠加、置换、继承，改造先期各类、各期次构造并产生新生的构造及成矿组分的再调整、再分配、再迁移、再富集。随着构造时代的变新，成矿组分的来源也逐渐向多元化演化，成矿也逐渐复杂化、富集化，多矿种伴生和共生特征也逐渐普遍化。成矿概率、矿种、矿床类型、规模及其富集程度也相应多样化、聚集化、规模化。而世界不同时代的成矿概率也统一表明，随着构造运动和相应成矿时代（吕梁运动→晋宁运动→加里东运动→华力西运动→印支运动→燕山运动→喜山运动）的按序变新，成矿概率也依次增高。其中，喜山期形成的矿产资源不但矿种、矿床类型多，而且成矿概率也约占各时代成矿概率总量的50%。因此，断裂控矿时代的厘定，不仅是基础理论问题，也是成矿远景评价的重要内容之一。

### (一) 成矿作用演化趋势与规律

成矿作用与成矿系统是地球物质运动的一种特殊形式，大量的成矿地质事实表明：随着地球的地核、地幔、岩石圈、水圈、大气圈、生物圈各圈层的形成和发展，成矿作用随着时间的推移，也同步发展着、演化着，决定着全球地质历史时期的成矿作用演化趋势与规律。

### 1.成矿组分来源由少到多

从太古宙到显生宙，地壳中的成矿组分（元素及其化合物）随着时间的推移，构造运动的发生、发展与演化，也相应由简单变为复杂，矿种也相应由少变多。例如，太古宙主要由 Fe、Ni、Cr、Cu、Zn 等少数几种元素成矿，而发展到中—新生代时，则有几十种元素富集成矿，除 Fe、Cu、Ni、PCE、Cr、Cu、Zn 外，还新增了一大批有色金属、稀有金属、放射性金属等矿产资源，而一些低丰度、高分散度的碲、锗等元素，从作为金属矿床的伴生元素或伴生有益组分，至中—新生代，由于成矿环境的改变与发展，从而高度富集形成独立矿床。例如，四川石棉县的燕山期大水沟硫矿；云南省临沧新近系和第四系煤系中的锗矿；内蒙古锡林郭勒盟煤田的锗矿等。

### 2.矿床类型由简到繁

太古宙仅有绿岩型金矿、火山岩型铜–锌矿、阿尔累马型铁矿和科马提岩型镍矿等少数几种矿床类型，客观地反映了其时代成矿环境和成矿组分或含矿介质种类的单一性。但随着时间的推移，成矿环境、含矿介质（热液和大气降水等）、成矿组分的多元化，成矿逐次复杂化、多样化，至中—新生代时，矿床成因类型已多达数十种。其中，生物成因矿床（金属、非金属和能源矿床）只在显生宙以来，由于生物的大量繁衍，才逐渐增多、显著发育、富集成矿，而多成因复杂叠加矿床，不但叠加类型众多，矿床类型也逐渐增多，复杂程度也依次增高。

### 3.成矿概率由低到高

成矿概率是指单位地质时期内发生成矿作用的次数。据叶锦华统计，中国 631 个大中型金属矿床（包括铁、锰、铬、钛、铜、铝、铅、锌、锡、钨、锑、汞、钼、镍、金和稀土共 17 个矿种）各成矿时代的成矿概率也随着成矿时代的变新而逐次增高，成倍或数倍增长，这一变化趋势与规律的呈现，显然是与成矿环境的改变、成矿组分的多元化、成矿介质及其浓度的增高密切相关。

### 4.聚矿能力由弱到强

聚矿能力或矿化强度是随着时间的推移、地质历史的演化而增强，而多元化的，其直观的辨认标志是矿床的规模、品位和成矿概率。裴荣富等资料的统计结果表明：已知超大型矿床的数量，从太古宙至新生代是不断增加的，新生代达到了高峰，各时代已知的大型—超大型矿床数量如以 10 亿年为单位核算，则太古宙为每 10 亿年 9 个，中生代为 589.2 个，至新生代则高达 2507.7 个。这一事实客观地表明：随着地球演变和各圈层的发育和发展，成矿系统动态推进、拓展，成矿强度显著增强，导致大型—超大型矿床数量从太古宙到新生代，呈近似等比级数增长。李人澎将各地质时期金的储量做了统计、对比、分析，统计分析结果表明：从太古宙、古生代、中生代至新生代单位地质时期产金率或成矿强度之比为 $1：1：3.8：6.9$，表明金矿的成矿强度是随着地质时代的变新而增强的，特征清晰、趋势明显。

综上可知，随着地球自太古宙早期（约自 38 亿年前，发现有铬、铜等的成矿作用）至今的演化过程，成矿物种、矿床类型、成矿概率和成矿强度都统一地显示了由少到多、由小到大、由弱到强的发展趋势与规律，但这一演化趋势与规律同步受到下述地质因素的控制、制约。

（1）成矿元素的地球化学性质制约因素。化学元素在地幔和地壳中的丰度和化学活性，直接影响着成矿的物源前提和时空演化的趋势与规律。例如，一些 Fe、Al、Ti 等大丰度元素，只要成矿地质作用将其丰度提高、富集十倍至几十倍，就可达到矿石品位，并形成具一定规模的矿床；而一些小丰度元素，如 Hg、Sb、As、Ag 等则要富集到上万倍至十万倍，才能形成工业矿床。因此，前一类元素，经过 1~2 次地质浓集作用即可成矿；而后一类元素，则需要经历多次成矿地质作用的反复浓集，才能富集成矿。其中 Fe 为大丰度元素，在太古宙基性火山喷发广泛发育时，Fe 的地壳丰度值应高于现代地壳丰度值，其富集比明显小于现代值，因此就构成了前寒武纪广泛发育的铁矿，与 Fe 类似的 Cr、Ti、Co、Ni、PGE 等元素也多在地史早期富集成矿，而 W、Sn、Be、Hg、Sb、As、Ag、Mo、Bi 等元素，则多在地史较晚时期（中—新生代）形成数量多、规模大的矿床。

元素化学活性的差异性，也同步制约着不同元素的演化轨迹，稳定元素成矿后较易保存、不易活化，并参与到新的地球化学循环中；而化学活动性大的元素，一般易受热动力扰动，较易参与到新的地球化学循环环境中，经历多重富集作用而成矿。

（2）水圈、大气圈、生物圈的演化制约因素。地球表面的海平面变化、海水化学成分、大气和大气降水成分及生命活动等因素，直接制约着地表的物理—化学状态和不同类型矿床的形成与时空分布。以古元古代至中元古代间（1800Ma）突变事件为例：在河流—三角洲相中，通常的碎屑状黄铁矿和沥青铀矿不再出现，苏必利尔型条带状铁矿的比重也明显下降，取而代之以红层铜矿（著名的扎伊尔—赞比亚铜矿带），且基鲁纳型海相火山—沉积铁矿和克林顿（Chinton）型铁矿也相继出现。这种新旧矿床类型的更替，与变价元素 Fe、Mn、Cu、U 密切相关；与沉积环境的氧化—还原状态的急剧变化密切相关；与这一时期大气圈、水圈中自由氧的含量剧增，$CO_2$ 相对减少，生物活动在沉积过程中的显著活动密切相关。

（3）地球构造运动演化的制约因素。全球构造运动涉及核—幔作用和壳—幔作用，大陆聚散及大陆动力学等众多方面，但陆壳演化与成矿演化的同步性是不争的事实。

①太古宙的高活动性：陆核形成，原始地壳的高热流值逐步降低，镁铁质火山活动广泛而强烈，形成了大量与火山岩和火山—沉积岩直接或间接相关的矿床和矿源层。

②元古宙稳定克拉通：在漫长的古陆形成并日趋扩大的过程中，非造山成因的富钾花岗岩提供了丰富的金属矿源，经过长期、长距离的剥蚀、风化、搬运，在古陆盆地或陆缘裂谷中形成了众多的层控型 Pb、Zn、Cu 等矿床和矿田，而在显著增厚的陆壳中，由幔源岩浆上升、侵位而形成的层状火成杂岩体中，则分异形成巨型的 Cu—Ni、Cr—Pt 和 V—Ti—Fe 矿床系列。

③显生宙板块构造运动开始了大地构造演化成矿过程的新纪元。在聚离板块结合部，壳幔物质组分显著混染、交换，广泛发育构造—岩浆—成矿带，并形成火山岩型、斑岩型、花岗岩型等多种矿床类型。云南腾冲地块中—新生代构造—岩浆—成矿区就属其例：在离散板块伸展构造发育地区，幔源物质上涌，地壳增生，形成了蛇绿岩套以及与海相沉积有关的成矿系列；在大陆边缘裂谷中，喷流沉积成矿作用普遍而强烈，形成了大量的大型沉积喷流矿床。

Goldfarb 等人提出克拉通汇聚边缘和克拉通内主要矿床类型，在不同地质时期的成矿演化趋势、成矿强度变化趋势及不同演化阶段（汇聚阶段—稳定大陆阶段—裂解阶段）由近陆缘至远陆缘所形成的主要矿床类型与成矿系列。

（4）控矿断裂系剪切力学属性由弱增强。分调整、迁移、汇聚、富集的主控因素之一，且大量的实际成矿地质事实和流体在压、张、扭（压）受力条件下运移的定向性和汇聚性统一地表明：压剪构造活动是保证成矿流体定向运移和相应封闭—半封闭构造空间沉淀、富集的最佳受力条件和构造变形前提。

从太古宙到显生宙，随着地壳运动和构造动力的规律演变，主控矿断裂构造系统其力学性质随着时间的推移，各方向控矿断裂构造系统也多由以压为主，逐渐演化为以压扭或扭压为主的力学性质演变过程，导致聚矿能力的逐渐增强，成矿概率的按序增高，这也是显生宙中—新代为成矿最重要的形成时代的重要原因之一。

尤其是在成矿期压扭性构造组成不同类型的旋钮构造时，其旋扭运动更有利于不同性质、不同类型成矿组分或含矿流体的定向运移与富集成矿。

总之，成矿的时序演化是一个复杂、多变的过程，但又有重要科学价值和实践意义。一定类型的矿床及其时空分布规律是特定大地构造环境的信息与标志，深入研究成矿时序演化的历史轨迹所得出的丰富信息将会深化对全球历史演化过程的认识，而成矿演化过程所获得的矿床时空分布规律性又能为矿产资源远景评价和勘查指明方向，两者相互关联、互相依存。

## (二) 控矿断裂相对地质年代的判析与厘定

构造世代或控矿断裂的地质年代，实际上是不同构造运动旋回和不同构造带中所形成的构造顺序。因此，控矿断裂相对地质年代的判析，主要是依据构造旋回—构造层和各类建造 (沉积建造、岩浆建造、变质建造) 时代与成矿关系来判析与厘定的。

## (三) 控矿断裂绝对年龄的测定与判断

控矿断裂相对地质年代的判析与厘定是一种简单而快速的分析方法，尽管其只能提供构造的相对新老顺序和形成的时代区间，但当某些控矿断裂由于采样原因导致同位素测定值离散性比较大时，相对地质年代却是控矿断裂年龄判析与厘定的重要依据。

断裂构造活动的产物，实属动力变质的结果。因此，控矿断裂在成矿活动过程中所形成的蚀变矿物和所控矿体的元素和矿物组成，甚至所控岩体，多属同位素年龄测定采样的直接对象，但采集样品，必须是未受后期各种叠加改造的岩、矿样品，以保证所测定同位素年龄的准确性和可靠程度。

常用的同位素测年方法主要有 U—Pb 法、Rb—Sr 法、K—Ar 法、$^{40}$Ar—$^{39}$Ar 法、$^{14}$C 法和 Re—Os 法等。

1. U—Pb 法

铀—铅法是根据同位素衰变进行测年，其样品一般采自晶质铀矿、锆石、金红石、独居石等矿物。随着分析技术灵敏度的提高，铀—铅法也由测定矿物的同位素年龄扩大到测定某些岩石 (碳酸盐岩、大理岩、基性岩和片麻岩) 的同位素年龄。对控矿断裂活动期间侵位的富闪深成岩类同样可采用铀—铅法测年，而难以用 Rb/Sr 法或 Sm/Nb 法进行测年。

2. K—Ar 法和 $^{40}$Ar—$^{39}$Ar 法

钾—氩法和氩—氩法测年可采用的矿物种类多，包括钾长石类、云母类、角闪石类、辉石类和海绿石等，适用的地质年龄范围宽 ($10^4 \sim 10^8$ 年)、方法简单、速度快、精度较高，因此是一种常用的测年方法，是断裂活动测年的一种重要同位素方法。

3. Rb—Sr 法

铷—锶法是根据 $^{87}$Rb/$^{87}$Sr 的 $\beta$ 衰变进行测年的。铷—锶法可广泛地利用全岩进行测定 (除富含铷的矿物外)，还可利用钾长石、云母类矿物和含量达 0.01% ~ 0.001% 的酸性岩进行测年，也可用控矿断裂中的应力矿物进行测年，其中原岩样的 Rb—Sr 法测年是简便可靠的。

4. $^{14}C$ 法

$^{14}C$ 法利用碳质黏土岩类和植物等样品进行测年，主要适用于活断裂和控矿活断裂（如腾冲控矿热泉型金矿）的同位素年龄测定。

5. 电子自旋共振（ESR）法

Grun 对断裂活动的电子自旋共振（ESR）测年方法的研究认为，对天然断层泥的实验室试验和研究表明，用电子自旋共振确定断层活动的年龄是可行的。

6. Re—Os 法

Re—Os 法主要应用于富铼、锇的金属矿，尤其是辉钼矿（$MoS_2$），由于其高度富含铼，用 Re—Os 法测年，精度极高，是辉钼矿测年的常用方法。

**（四）成矿前、成矿期、成矿后断裂的识别方法与标志**

控矿断裂既是成矿流体上升的通道，也是矿体直接的赋存空间。但断裂在控矿时序上，又可分成矿前、成矿期、成矿后断裂构造，它们对各类矿产资源的形成与时、空分布又分别起着不同的建设和破坏作用。

1. 成矿前断裂构造

成矿前断裂构造是指成矿作用前已经存在的不同方向、不同力学性质的断裂和断裂构造系统与格局。它对矿体、矿床、矿田的形成常常起着重要的建设性作用。例如，浙江香县黄双岭萤石矿床的东西向成矿前压性断裂带，成矿期由于控矿帚状旋扭构造的复合叠加和改造而形成了赋矿的东西向萤石矿带。

2. 成矿期断裂构造

成矿期断裂构造是各类矿床形成过程中所发生的控矿断裂构造变动，从时序上而言，应包括成矿作用开始至成矿作用结束前的整个控矿断裂活动与过程，成矿期构造既可以是继承成矿前同方向而不同力学性质的断裂构造，也可以是新生的控矿断裂构造，但通常情况下，前者的控矿性能要明显优于后者，是成矿构造研究的重要构造内容。

（1）鉴于成矿期断裂通常直接控制着矿体的产出与空间定位，因此查明控矿断裂的力学性质、规模与产状，是了解、分析成矿富集部位与空间展布规律的重要依据。控矿断裂的力学性质尽管有压性、张性、扭性、张扭性和压扭性五种之多，但实际的成矿事实表明，压扭性断裂是主要的控矿断裂或主要的控矿断裂系统。

（2）在成矿组分迁移、富集、沉淀的过程中，由于构造多期次活动或脉动，导致矿体矿石特征和富集—沉淀构造空间的复杂化和规律性。因此，可以通过成矿期断裂活动判析矿体的形成过程和成矿演化特征。

（3）不同力学性质的控矿断裂，各自有三维构造分带特征与规律，而控矿断层的三维构造分带特征又制约着成矿组分、矿石特征三维有序的定位和按序变化，这为隐伏—半隐伏矿体的定位预测与评价提供了重要的地质依据。

（4）研究成矿期控矿断裂的时序演化特征与规律，从一定程度上说，不但是恢复成矿过程的重要依据，而且也是矿体、矿带甚至矿田空间贫富变化规律判析的科学依据。

（5）对于层控矿床和叠生矿床而言，成矿期控矿断裂的研究，有助于查明断裂中有用组分或成矿组分活化迁移机制和成矿富集过程，及原生沉积矿体和含矿岩系被改造、被叠加的过程。

（6）成矿期断裂构造系统是地壳运动的产物，也是地壳演化过程的一个重要组成部分。因此，研究成矿期断裂构造及其演化特征与规律，是恢复、重建地质演化历史与过程的重要的构造变形与物质组分依据。

3. 成矿后断裂构造

成矿后断裂构造是指发生在成矿作用以后的断裂构造。成矿后断裂活动通常对已成矿体、矿床起着破坏和建设的双重作用，其经常改变着已成矿体的厚度、产状和埋藏深度，增加了找矿与勘探的难度，但有时也因矿后断裂活动的影响，把深部隐伏矿体抬升至地表或地壳浅部，从而有利于勘探工程的部署与设计。

成矿后断裂活动的识别标志如下。

（1）当成矿后断裂横切或斜切先成矿体时，断层两侧均能找到与其相应的矿体，在断裂破碎带中（两个被错断矿体之间）常见有矿石角砾，角砾形状与展布规律多由矿后断裂的力学性质而定。

（2）矿脉与矿石断裂交汇处，常见有不同程度的矿脉再变形或牵引现象。

（3）矿体内可见矿后断裂滑动镜面、擦痕或矿体不同粒度的矿石构造破碎物。

（4）充填于断裂中的成矿后脉岩穿切矿体现象，则该断裂为矿后断裂。

综上可知，断裂的活动过程，也是断裂活动所涉及的岩石和岩层的元素和成矿组分再调整、再分配、再迁移与富集—贫化的过程。当深部有成矿热液体上涌、侵位参与的条件下，已有用元素或成矿组分进一步活化进入成矿热流体，在构造—物化条件适宜的部位沉淀、富集成矿。而控矿断层的活动过程自早至晚贯穿、参与了整个成矿过程。因此，断裂形成时代和时序演化过程的研究，意义不言而喻。

# 第四节　断裂构造的导矿、布矿、容矿与成矿作用

不同尺度、不同序次的断裂构造系统，尤其是不同级序的压—压扭性断裂构造系统，既是成矿流体（岩浆、矿浆、岩浆期后热液、地下热水—热卤水、变质热液、混合岩化热液和复合热液等）在构造动力驱动下（构造应力、流体热动力、上覆岩层

静压力)由深部向上运移的通道，又是成矿组分定位、沉淀、富集的空间。成矿流体活动的过程，也是控矿构造系统发生、发展的过程，两者在时空上相互依存、同步发展。

### 一、断裂构造导矿、布矿、容矿作用的构造—地球化学前提

在漫长的地质历史时期中，构造运动和不同方式、不同方向、不同量级构造动力作用，在一定的温度、压力条件下，是导致地壳岩石矿物组成发生形变、相变和化学元素迁移、聚散以及成矿组分三维空间定位、富集成矿的主控因素，甚至一定程度上影响着地幔岩石产状与岩浆组分和含矿性的演化。

在一定规模、一定强度的构造动力作用的条件下，在垂向上，由深部至浅部，由塑性变形带至脆性变形带，岩石常发生塑性流动和碎裂流动。在塑性流动阶段和部位，常导致有用元素活化，并向高应变区迁移、汇聚；当岩石向碎裂流动转变时，有用元素则进一步向应力集中区或相对扩容区富集成矿。在构造动力作用(构造应力、上覆岩层静压力、流体热动力)条件下，岩石由塑性流动向脆性流动转变的过程，实际上就是成矿元素迁移、富集成矿的过程，其可通过元素地球化学特征与赋存形式、矿物组合和矿石结构—构造等标型特征及岩石化学、岩石力学等进行研究与鉴别。

#### (一)岩石流动导致的形变相变机制

岩相学、岩石化学和稀土分配模式的对比研究表明：岩石在塑性流动条件下，随应变量加大往往发生相变，即由原岩向初糜棱岩、千糜岩转变。璜山金矿位于北东向绍兴—江山韧性剪切带中断，沿之有石英闪长岩体呈透镜状平行产出。该带岩体由中心带向边缘带，塑性流动的剪应变量加大，岩石随之发生相变，即由原岩向糜棱岩、千糜岩转变，形成糜棱岩、千糜岩带，并环绕石英闪长岩透镜体边缘产出，而所有的已知璜山型金矿都产在岩体边缘的糜棱岩和千糜岩带中。

(1)石英闪长岩—糜棱岩系列岩石具有极好的相似性，都为左高右低轻稀土富集，只是依绿片岩、石英闪长岩、糜棱岩稀土元素含量有降低之势。这反映出糜棱岩与石英闪长岩同源，并由之演变而成。

(2)通过对石英闪长岩—千糜岩系列岩相学及岩石进行化学分析可知，在金丰度较高的石英闪长岩糜棱岩化过程中，长石因发生水解作用，含量减少，粒径变小，此时可溶成分 $SiO_2$、$K^+$ 大量损耗而进入流体中，导致容积损耗(约60%)。$K^+$ 随流体在高应变区聚集形成新生白云母，$SiO_2$ 随流体迁移至相对扩容区聚集生成微细条带状石英集合体或石英质糜棱岩(动力分异型石英脉)。金和相伴的相对不可溶元素呈残留相在糜棱岩、千糜岩中浓集，生成由载金矿物和一些暗色矿物聚集成的糜棱

叶理。由于在韧性变形期间，流体、变质反应、碎裂流动和晶体塑性流动之间复杂的相互作用，造成了韧性剪切带型金矿带具有糜棱岩与石英脉相间出现的构造特征。

（3）从变形显微构造古应力计测定的区域古构造应力场图和差应力值曲线图可以看出：

①在平面上的最大剪应力值区位于石英闪长岩透镜体的边缘带及缩颈区，此为石英闪长岩体的相变带即糜棱岩、千糜岩带的产出部位，也是璜山型金矿的集中区。

②在剖面上最大应力值区为糜棱岩、千糜岩带产出的部位，是金的高丰度区。可见金丰度较高的石英闪长岩发生塑性流动的最大剪应力值区，是最大相变区（相变为糜棱岩、千糜岩），亦即金的集中区。

### （二）岩石流动导致元素活化迁移聚散

通过矿物微观分析，可揭示有用元素的富集部位、赋存状态与岩石流动之间的关系，阐明岩石流动导致元素聚散的微观形变相变机制。

（1）岩石塑性流动的高应变区为金矿体赋存的部位，其相对扩容区碎裂流动的应力集中区为金矿富集的有利空间。

（2）金矿带即为糜棱岩、千糜岩带。带内矿物都发生了塑性变形，并以位错蠕变机制为特征，金元素是在岩石塑性流动条件下向其高应变区聚集的。

通过红外光谱分析和透射电镜观测发现，矿带内石英的塑性变形量越大，即位错密度越高，那么石英包体 $CO_2$ 与 $H_2O$ 的光密度比值越大，金的丰度也越高。因此，岩石塑性流动晶格位错是导致金元素向高应变区迁聚集的超微观机制。

（3）岩石由塑性流动向碎裂流动转变过程中，矿石结构有从条带状、透镜状向香肠状、压力影再向脉状、碎裂、碎斑、角砾状构造演变的特征。金的品位也随之有升高的趋势。

（4）岩石由塑性流动向碎裂流动转变过程中，金的赋存形式也发生变化。在早期岩石塑性流动阶段，黄铁矿以条带状、条纹状细粒集合体形式出现，金矿物以乳滴状、浑圆状显微金和超显微金的形式赋存于黄铁矿中。在后期岩石碎裂流动阶段，黄铁矿粒度变大，出现显微破裂纹，金矿物则以裂隙状、网脉状嵌布于载金矿物中。黄铁矿粒度越细、位错密度越高、自形程度越差、后期碎裂程度越高，金的品位就越高。

### 二、断裂构造多级控矿与导矿、布矿和容矿

不同方式、不同方向、不同规模构造动力作用条件下，岩石的塑性流动转变为碎裂流动，是决定成矿元素迁移、富集成矿的构造变形与元素活化迁移的重要过程与原因。国内外大量实际的成矿地质事实表明，不同级序的构造多级控矿是毋庸置疑的客观事实与规律。尽管它们均起源于同一区域动力场或区域性构造运动，但由

于受力岩块或地块区域应力场有序的时空演变和岩块或地块内部先成构造格局作为受力构造几何边界条件而导致局部应力场的有序产生与变形，从而构成了依控关系清晰、多级序构造组成的构造变形图像和构造多级控矿的成矿图案。

### (一) 大型 (巨型) 构造及其控岩、控矿作用与意义

大型 (巨型) 构造按空间尺度而言，通常是指长度为 100km～1000km 或大于 1000km，深度达几十千米至百余千米的地质构造，其控制着洋、陆沉积，岩浆活动，变质作用和流体的运动。

大型构造不是单一的构造形迹，而是由与其有成因联系和时空关系的伴生或派生的一系列构造要素组合而成的。

大型构造通常均具有长期活动的历史，普遍经历了不同时代、不同强度、不同应力—应变体制的构造活动过程，促使了大型构造内部结构的复杂性与规律性。

大型构造通常贯通地壳，穿切地壳不同圈层，甚至深及地幔，其中地幔热柱的发生、发展与形成就属其例，其不但促进了壳—幔作用和成矿组分富集，而且还致使含矿幔源岩浆与成矿流体到达地壳浅层直接成矿。

综上可知，大型构造即大陆、大洋裂谷，同生断层，变质变杂岩构造，陆内大型推覆构造，转换断层和大型走滑断层，地幔柱，大型韧性剪切带等不仅是决定区域构造格局重要的构造前提与因素，而且还是岩石流动—成矿组分活化、迁移的主要通道和沉淀富集的重要空间与场所。

### (二) 断裂构造的导矿、布矿、容矿作用与多级序控矿

含矿流体 (岩浆、矿浆、岩浆期后热液、变质热液、混合岩化热液、地下水热液、复合热液等) 在深部由高温、高压向温压较低的浅部区域或空间定向上升运移、定位，是流体热动力、上覆岩层静压力和构造动力综合作用的结果。其中，是构造动力既是岩石和岩层发生塑性流动、碎裂流动和成矿组分或有用元素活化迁移的重要因素，又是含矿流体上升侵位的主要通道和成矿组分沉淀、富集成矿的主要赋存空间和场所，且大型或巨型构造的不同级序的断裂构造系统对成矿流体又分别起着导矿、布矿、容矿作用及矿体、矿床、矿田规律、有序的时空定位与展布。

1. 导矿构造与导矿作用

导矿构造多属大型或巨型构造的高级别、高序次压—压扭性断裂构造系统，通常长数千米至数十千米，部分可达百余千米；深数百米至数千米，最深可达数十千米，宽数米至几十米；宽者可达百余米至数百米。鉴于该系列断裂规模大，岩石破碎程度高，有利于含矿流体的上升、运移，而不利于含矿热流体和成矿组分的分异、沉淀及富集形成工业矿体与矿床。但成矿围岩蚀变和矿化却沿断裂带定向断续分布，

并控制了工业矿体、矿床，甚至矿田的沿带分布。该系列断裂多属深断裂和区域性大断裂。

但值得注意的是，两相邻同方向的控矿区域性大断裂和深大断裂，是不同级别构造单元的分界断裂，而且它们产状组合的差异性，又直接影响着矿体、矿床、矿田的空间定位及其疏密程度与规律。

鉴于上述控矿断裂系统多属造山运动的产物，多表现为压性—压扭性的力学属性和变形特征。因此，上述控矿断裂如两者相向外倾产出，由于压性—压扭性断裂良好的遮挡性能，就构成了对成矿极为有利的封闭—半封闭区域构造环境，促使特大型、大型、中小型工业矿床、矿田和次级矿带的沿带云集与产出，并形成大型、特大型甚至超大型矿田和成矿带，矿体、矿床甚至矿田则多沿带产于区域性控矿（导矿）大断裂带低级次断裂构造带中。

2. 布矿—容矿构造特征与控矿

布矿—容矿构造多属不同级别导矿断裂的伴生和派生的低级序构造，其直接控制着矿体和矿床的产出与分布。

布矿—容矿构造既可以是成矿期新生的构造系统，也可以是成矿期再活动的构造组成，但后者却是最重要的布矿—容矿构造系统。

### 三、控矿断裂的三维空间分带与成矿三维空间分带时空关系

地壳上，构成地壳主要构造格局的区域构造带主要有东西向、南北向、北东—北北东向和北西—北北西向构造带。它们在不同时代均属压性和以压为主兼扭性的压扭性构造带，但几次经历构造运动的叠加与改造，各方向控矿断层和断层带无不带上扭动的痕迹。

因此，压扭性主控矿断裂带或压扭性断裂控矿是大陆上地壳的一个普遍的现象。其中，韧性剪切带或韧性断裂就是力学性质属于压性—压扭性特征的高应变线性流变带转变至脆性变形带的一种特殊而常见的构造类型，构造垂向分带特征明显，由上而下，由弹性、脆性变形带逐渐过渡为准塑性、韧性破裂带，后者主要构造岩为粒度极细的各类糜棱岩，其大幅增加了岩石表面积和成矿蚀变与成矿组分富集的强度，其主要特征如下。

（1）韧性剪切带是地壳较深层次的构造变形带，通常长度在数十千米至数百千米，宽度数百米至几十千米，长者可达上千千米，延深可达地壳下部或穿切岩石圈，常与挤压（或压扭）造山带及其逆冲推覆带相伴而生。大型、超大型韧性剪切带常控制着大型、特大型金矿，胶东西北部隆起区韧性剪切带对金矿的控制就属其例。

（2）韧性剪切变形变质带无例外地均含有高应变流变带，不均匀变形变质作用和流体作用而形成的岩石组合，为其主要特征与标志。

（3）岩石在韧性剪切变形变质条件下，强烈地流动变形和重结晶而形成的叶理；高应变流变带中深层次（高角闪岩相或麻粒岩相）发育的条带状构造；韧性变形变质带中，由矿物及其集合体构成的拉伸线理或伸长线理，是韧性剪切带重要的构造标志；高应变流变带中韧性剪切变质岩，因具有强烈的塑性流动性，从而导致褶皱构造的普遍发育；韧性剪切带演化晚期的膝折带与剪切条带。

（4）云母鱼、压力影等细微构造，是韧性剪切带重要、常见的标志构造。

韧性剪切带是地壳内普遍发育的线性高应变带，是成矿热流体活动的重要通道，也是成矿组分富集、沉淀的重要赋矿空间，在韧性剪切变形过程中，破裂封闭是成矿热流体的重要驱动力。因每个显微破裂面上都有一定的压力梯度，并从围岩中加速驱动成矿热流体，把成矿组分运移到相应的破碎空间，当成矿热流体压力达到平衡时，就开始沉淀并富集成矿。因此，韧性剪切变形的动力作用是矿物质迁移、富集的主要机理。

# 第五节　推覆构造与成矿

巨型推覆构造是大陆地壳或大陆板块—造山带中主要的构造变形类型，研究巨（大）型推覆构造已成为大陆动力学前沿研究领域的关键问题之一。

20 世纪 70 年代中期，利用大陆反射剖面—深地震反射探测等新技术在美国南阿巴拉契亚山发现了巨型推覆构造以及在落基山逆冲断层带发现了大型油田后，国内外构造地质学领域出现了研究推覆构造的又一次热潮，将推覆构造研究推进到了新的研究阶段——推覆构造成岩与成矿作用。云南腾冲地块巨型推覆构造体系的控岩、控矿和川黔湘巨型推覆构造体系的控矿范例均属其例。

## 一、腾冲地块巨型高黎贡山推覆构造体系与控岩、控矿

腾冲（微）地块历经了裂离、汇聚、增生、闭合复杂演化过程，滇—缅弧形构造系统是印度板块与欧亚板块碰撞的产物，控制了古元古代、古生代以来各类建造的时空分布，是一个长期发育、持续发展的构造系统，为腾冲地块高黎贡山巨型推覆构造体系的形成，奠定了前期的构造基础。

### （一）弧形断裂构造系统形成的构造动力学前提

区域弧形断裂构造系统是控岩—控矿高黎贡山巨型推覆构造体系的主要构造组成，其形成的动力学条件，直接决定着、控制着各时代变质岩系的弧形同步分布、定位和高黎贡山巨型推覆构造体系的发生与发展。弧形断裂构造体系形成的构造动

力起源于印度板块与欧亚板块的碰撞及印度板块向东的侧向挤压，直接决定着腾冲地块及其西部缅甸境内恩梅开江和迈立开江弧形断裂带的同步形成与空间定位，为巨型推覆构造体系的形成提供了极为重要的先成构造前提。

印支期后，高黎贡山巨型弧形基底滑脱构造形成，并将滇缅各级弧形构造系统归并、改造并归属为高黎贡山巨型推覆构造体系的组成部分，而进入新一代(中—新生代)构造—岩浆—成矿热事件的活动和成岩与成矿演化演变进程中。

### (二) 怒江—瑞丽巨型基底滑脱构造带 (弧形联合构造带) 的厘定

怒江断裂是限定珠峰—腾冲型高黎贡山群、晚石炭世铺门前组、香山组和宝山型两种冰山沉积相区的边界，但在燕山晚期—喜马拉雅期，高黎贡山—瑞丽弧形断裂带基本上是沿 SN 向怒江断裂和 NE 向龙陵—瑞丽断裂的软弱带发育，因构造联合作用而形成的弧顶向 SE 突出的巨型弧形基底滑脱构造系统。基底滑脱面上形成了数百米宽的糜棱岩带，基底滑脱上盘发育有韧性剪切带、弧形整合的混合岩、"眼球状"片麻岩等具流变特征的岩类，向上过渡为韧脆性至脆性变形构造带。由西向东混合花岗岩、伟晶岩的大量同位素年龄数据也集中地反映了始新世—渐新世、晚白垩世末、早晚白垩世热事件的由西向东有序的演化历史与规律。其中，察隅地区的同位素年龄为 10~20Ma 这一事实，也客观地表明了构造—岩浆地质热事件的年代已持续到中上新世。

基底滑脱面之下，从畹町、道街、察瓦龙、洛龙保存着弧形延展的盆地和潞西、八宿等地残存有燕山期构造的超基性岩碎片，其地层的有序性、变质程度低的建造特征，与基底滑脱的上盘形成了鲜明的对照。

上述弧形基底滑脱—推覆构造系统的发生与发展，直接决定着滇西地区主要含 W、Sn、Mo、Bi 等的腾冲—梁河花岗岩带 (槟榔江亚带—古永亚带—东河亚带) 自东向西，从老到新依次演化及岩浆源深度、侵位方式、深部分异及就地演化的相应差异。但上述花岗岩带 (亚) 的时空迁移与演变的规律性，均是由统一联合应力场作用条件下高黎贡山基底滑脱及其上的弧形推覆断裂系统的演化机制所制约的。

造山带是地球表面普遍发育的构造、地貌单元，是大陆表面巨大而狭长的强变形、强变质、强岩浆活动的线形构造活动带。

巨型、大型推覆构造是造山带重要区域构造变形类型之一。它们沿走向，长度可达数百千米至数千千米，宽度达数十千米至数百千米，不但导致盖层的强烈变形，而且还会引起基底或更深地壳的再活动与再变形。这一事实客观地表明巨型推覆构造或巨型逆冲推覆构造控制着构造变形与相关建造 (岩浆建造、变质建造、成矿建造) 的形成与发展及其空间定位 (不同时代、不同岩类的岩浆建造—动力变质岩带—相关矿产资源) 和时空有序的规律演变与演化。

高黎贡山巨型推覆构造系统属单向纯剪切挤压型巨型推覆构造系统，滑脱构造带以上的同产状浅部逆冲断裂或韧性剪切推覆带，向深部均消失于滑脱构造带或壳内软弱层中；滑脱构造带之下的深部主断裂面—韧性推覆剪切带与浅部主断裂面—韧性推覆剪切带倾斜方向相反，切割莫霍面的壳幔韧性剪切带，呈楔形体楔入造山带或巨型推覆体的深部，不但导致莫霍面的增厚和山根构造的发育，而且也是决定弧形推覆带前缘发育幔源基性—超基性岩带的主要原因。国外纽芬兰阿帕拉契亚造山带、不列颠加里东造山带、比利牛斯造山带、科迪勒拉造山带等均属其例。

### (三) 高黎贡山巨型推覆构造体系的组成与分带

推覆构造体系是指时空上运动学和动力学上具有密切联系的两个或两个以上推覆构造的构造组合系统，通常呈线性延展于造山带内，并构成了造山带的主体构造系统。例如，川中地块东西缘的江南巨型推覆构造体系，包括川东—湘西北滑脱构造、雪峰山推覆构造、九岭推覆构造、罗霄山推覆构造等。

推覆构造（nappe tectonics）又称逆冲推覆构造（thrust—nappe tectonics）。朱志澄（1989）认为推覆构造或逆冲推覆构造是由主拆离带（滑脱带）、中央逆冲—推覆体带、后缘挤压—伸展变形带和前陆逆冲—叠瓦褶断带组成。这种对推覆构造的广义理解，有利于对造山带整体变形的分析和对造山过程及成岩—成矿作用过程及分带性的认识。

1. 主拆离带（怒江—瑞丽基底滑脱构造带）

主拆离带是分隔推覆构造外来岩（席）系与下伏岩系的主滑脱面或主断裂面，通常总体倾角较小，但位移显著，是推覆构造强变形构造带；也是剪切摩擦的最主要热聚带和热流体场与壳重熔花岗岩的定位带；是上、下地壳之间规模巨大的剪切拆离滑动带，常消失于软弱层中。

2. 中央逆冲—推覆带（怒江—腾冲中央逆冲—推覆带）

中央逆冲—推覆带是推覆构造或逆冲推覆构造内部，由主拆离带（面）以上的外来岩系组成的构造成分，是变形、滑动最强烈的地区之一。主拆离带（面）以上，被次一级逆冲断层分隔开来，形成具有相当厚度的外来岩体称为推覆体或逆冲岩席，是逆冲—推覆带的主要组成部分。

3. 后缘挤压—伸展变形带（苏典—槟榔江后缘挤压—伸展带）

包括根带在内的后缘挤压—伸展变形带，是推覆构造逆冲推覆作用起始发育部位，分布范围广，多发育在造山带的中心部位。该带前期以塑性变形为主，表现为强烈挤压，常见韧性剪切带；晚期以伸展变形为主，并在早期挤压构造上叠加伸展构造，构成先压后张的复合型构造系统。

4. 前陆 (缘) 逆冲—叠瓦褶断带

前陆 (缘) 逆冲—叠瓦褶断带是主拆离带以下的下伏岩系强烈变形的地带。高黎贡山巨型推覆构造体系，同样由上述四个构造带组成，其特点如下。

(1) 在前期构造 (古特提斯陆内海槽和新特提斯弧后海盆) 闭合基础上，再次强烈挤压形成大型变质基底滑脱。

(2) 滑脱面上下盘均为大陆性陆壳，两者在变质程度、变形特征、地史特征上差别极大。

(3) 滑脱面上盘地层和岩石，随滑脱机制的发生与发展，形成了一套时空分布规律有序的弧顶 SE 外凸的弧形逆冲断层群或推覆构造系统，并控制着壳重熔高侵位各花岗岩亚带规律的时空演化与迁移。

(4) 弧形滑脱面的弧心 (弧形内凹部位) 构成 "热点"，控制着板内基性—中性火山活动和花岗质岩浆的有序侵位，由于地壳物质的强烈变形，使典型的幔源火山岩遭受地壳物质的严重污染，并促使幔源岩浆的分异与熔离和相关成矿组分的迁移与富集。

(5) 陆内造山带是区域壳源花岗岩发育的构造前提，并导致了滇西 Sn、W、Mo、铁、稀土等矿产资源的形成与规律有序的时空定位。

**(四) 高黎贡山巨型推覆构造体系与花岗岩成因和成矿**

造山带花岗岩的成因、运移和侵位动力学是当前大陆构造动力学和造山带研究的前沿课题。研究岩浆作用与变形作用的关系是揭露花岗岩成因、运移和侵位过程的关键。

1. 花岗岩体与推覆构造的空间关系

高黎贡山推覆构造的前缘叠瓦褶断带、中央推覆体带、后缘挤压—伸展变形带均同步发育着燕山—喜山期不同时代、不同类型的岩浆侵入体和喷发岩。其由 E 至 W，按前缘叠瓦褶断带、中央推覆体带、后缘挤压—伸展带的次序演化；成岩时代按燕山早中期、燕山晚期、喜山期的次序演化。岩石类型和岩石化学特征也相应依次变化和演变，并同步导致不同推覆构造带矿床和矿床组合类型 (Fe、Cu、Pb、Zn、W、Sn、Bi → W、Sn、Bi、Mo、Nb、Ta、Li 等 → W、Sn、Pb、Zn) 的定向有序变化。

2. 花岗岩体与推覆构造的时空耦合关系

高黎贡山推覆构造是燕山期—喜山期连续活动的东西向挤压与南北向直扭联合动力场，在南北向构造与北东向构造的先成构造几何边界条件下形成的弧顶 SE 外凸的弧形推覆构造系统，由前缘推覆逆冲带、中央推覆体带、后缘挤压—伸展变形带，依次发展，并控制着相应时代弧形展布的花岗岩及矿产资源，两者形成与演变时代一致，客观地揭示了两者的高度耦合与依控关系，为探究花岗岩体形成与成因提供了重要的构造信息和岩石学、岩石地球化学依据。

3. 花岗岩浆物质来源与推覆构造关系

腾冲—龙陵的燕山期—喜山期花岗岩，尽管岩石类型众多，但花岗岩浆物质主要来源于陆壳，多属陆壳重熔型花岗岩。

（1）陆壳重熔花岗岩浆原岩中，存在着较多地壳岩石成分。

（2）从区域地球化学角度分析，腾冲—龙陵地区区域燕山期—喜山期花岗岩体的成分普遍含有该地区中上地壳的组分，这是岩浆岩成分主要来源于地壳的重要依据。

Taylar 和 Mclennan 通过地球化学和实验岩石学的研究认为大量花岗岩形成于地壳构造环境中，不可能直接来自地幔，这也是区别大洋地壳的重要标志。

Leake 通过大量实验岩石学研究也同样认为陆壳以下地幔橄榄质岩石的局部熔融不可能获得地壳广为分布的巨量的花岗岩浆，岩浆的侵位空间如果没有地壳物质的参与，形成地壳巨量花岗岩体的侵位是不可能的。

Pitcher 认为花岗岩仅大量出现于大陆地壳造山带和强变形带中，现今大洋地壳中，几乎不存在花岗岩体。

我国东秦岭造山带花岗岩包裹体测温和实验岩石学资料也同样表明这一观点，该区中生代花岗岩浆同样均在陆壳温压条件下形成。

东江口二长花岗岩体中石英包裹体爆裂法测温为 $645 \sim 775℃$（张国伟等，1989）；华山花岗闪长岩体中石英包裹体爆裂法测温为 $550 \sim 700℃$；啜岭二长花岗岩体中石英包裹体爆裂法测温为 $550 \sim 615℃$；石家湾花岗斑岩熔融实验所获，在 1.5kb 条件下，花岗斑岩初熔温度为 $748℃$。

综上可知，东秦岭造山带中生代花岗岩浆主要来自硅铝质陆壳岩石的局部熔融，大陆地壳广为发育的硅铝质岩石，为中生代花岗岩浆的形成提供了足够的物质基础。同时，上述事实也客观地揭示了地壳上广为分布的花岗岩和研究区域花岗岩与地壳物源和强构造变形活动的成因联系。

4. 花岗岩浆形成的热源，主要是构造推覆的剪切摩擦热源

研究表明，地壳中存在三种热源，即放射性热、地幔传导热和构造摩擦剪切热。石耀霖等人、朱元清等人的研究表明：放射性热和地幔传导热是地壳中两种重要的热源，但通常情况下不能直接引起地壳物质的重熔和大面积成带分布的巨量花岗岩浆的形成，只有在高达几十千米至数百千米，甚至数千千米的超长距离推覆剪切摩擦，才有可能在推覆滑脱面上下，尤其是滑脱面上部的地壳物质发生重熔——陆壳硅铝质岩石的局部重熔。因此，逆冲推覆构造的长距离摩擦剪切热和变形热才是陆壳硅铝质岩石局部重熔的主要热源和原因。地壳深部的硅铝质岩石发生局部熔融，形成花岗岩，必须具有以下三个条件。

（1）局部熔融体发生在陆壳 15km ~ 20km 深处的主拆离带（滑脱面）附近，该部

具有最优的物理—化学和动力学条件。

（2）主拆离带以上有着巨厚的沉积岩系和变质岩系，导热率低，形成了隔热或热扩散的遮挡层或屏障。

（3）主拆离带附近的硅铝质岩（层）石，岩石熔点低，且由于主拆离带及其附近地带，通常存在着丰富的水溶液或含热溶液构成的热流体场，进一步促使岩石熔点的降低。因此，当温度集聚到 $650 \sim 800℃$ 时，在深部热流体的参与下，中上地壳硅铝质岩石以及低熔点岩石发生局部熔融，并形成花岗岩浆，高黎贡山巨型推覆构造带花岗岩系列就属其例。

综上可知，韧性推覆剪切带向深部延伸的主拆离带通过地段，尤其是在有低熔点岩石或热流体场存在的条件下，通常会发生岩石的局部熔融，形成花岗岩浆。因此，花岗岩浆的源区，主要位于韧性剪切带向深部延伸的主拆离带附近的符合上述条件的地段或地带；其也是导致区域巨型推覆构造体系—高黎贡山巨型推覆构造体系控制不同时代、不同岩石类型、不同成矿特征的花岗岩类含矿侵入体时空定位的主要原因。但对腾冲地块这一特定的地质构造背景而言，中—新生代以来地幔热柱活动也应是壳幔重熔和地壳重熔的一个重要影响因素，是核幔元素（W、Sn、Mo、Bi、Fe、Cr、Ni、Co、V 等）在腾冲地块弧形成带分布并富集成矿的重要原因。

## 二、川、黔、湘西巨型推覆构造体系与成矿

川、黔、湘西地区的相关矿产资源（锶矿、重晶石—萤石矿、汞铜铅锌多金属矿）与高黎贡山巨型推覆构造体系相似，均为相应逆冲推覆断裂构造系统所控制，且控矿断层力学性质多属以压为主兼扭性的压扭性断层构造系列，成矿期也同属中—新生代，但前者形成于海洋环境，后者形成于大陆环境。成矿物源：前者来自海洋沉积，后者来自岩浆活动；矿产种类：前者以锶矿（$SrSO$）和重晶石（$BaSO_4$）—萤石（$CaF_2$）矿为主，后者以多金属、稀有金属为主；矿床成因类型：前者为层控矿床，后者为岩浆和岩浆期后热液矿床。从上可知巨型推覆构造体系，控岩、控矿是普遍的，但随着构造环境和成矿地质背景的差异，形成的矿产资源也随之而异。

川、黔、湘西巨型推覆构造体系发育于上扬子古生代—三叠纪坳陷中心。渝、黔地区，建造特征基本一致。在前震旦纪变质基底上的震旦系—寒武系—奥陶系深黑色页岩和碳酸盐地层与岩石是该区域主要的富矿—赋矿层位与岩石。前震旦基底变质岩系属富氟和多金属元素岩系，而富钡、氟、钙的寒武系—奥陶系地层与岩石是停滞性的静水还原海盆和海相酸性火山活动的产物与物源。其富矿—赋矿地层的上覆志留系地层为低孔隙度、低渗透率的砂泥质岩层所组成的塑性地层与岩石，构成了成矿热流体上涌的区域性遮挡层，也是其下寒武系—奥陶系地层主要赋矿层位的重要原因。同时大气降水对该岩层的淋滤作用也是成矿组分再富集的另一因素。

在推覆构造体系形成过程中，低级次压扭性断层系统，规律而有序地控制着重晶石—萤石矿的产出与时空分布，而西部华蓥山一带，三叠纪处于萨布哈环境，导致该带 $SrSO_4$ 成矿组分的明显富集，在推覆构造体系形成与发育过程中，由于深部热流体和构造动力叠加改造，形成规模巨大的华蓥山锶矿带。

## 第六节　控岩、控矿构造系统的综合识别信息与标志

### 一、地质研究的方法与思路

断裂作为地质—地球物理—地球化学的三维地质实体，其研究必然是多元、多方位、多学科的。因此，在地质上必然广泛涉及沉积作用、岩浆作用和变质作用。在研究断裂构造及其与控矿关系时，必须遵循断裂发生、发展及其形成的演变过程；各类元素和成矿组分的再调整、再分配和迁移富集规律的内在联系；构造—地球化学机制的研究和构造变形机制的分析与相应物质组分演化机理的研究相结合；断裂控矿三维分带特征的研究与时序演化的分析相结合；先成断裂特征的研究与其后控矿断裂叠加改造规律的判析相结合；力学分析与地质历史分析的方法相结合的原则。只有进行综合地质分析研究，才有可能使研究成果或分析结果更贴近或接近实际的地质事实。

### 二、地球物理方法的信息与标志

地球物理学与其他自然科学一样，正处于一个伟大的变革时代。无论在理论上、仪器设备上还是找矿实践上，近几十年来均取得了显著的进展。

地球物理方法，是根据地下岩石、矿体和构造等物理性质差异所引起的地表物理现象（异常现象）去判析地质构造或矿体的一种找矿方法。它包括重力测量、地磁测量、地热测量、放射性测量和地震测量等。但值得指出的是，物探方法结果具有多解性，这是由于在不同的地质背景条件下，不同地质体既可形成不同的物理场，有时也可出现相同或相似的物理场。另外，地质体的规模、形状、深度、产状等参数的不同组合，也可引起物探异常的相似性和差异性及"解"的多解性。因此，在使用地球物理方法找矿时，不但要与所获地质事实密切配合、科学解释，而且应尽可能多学科、多方法手段（遥感地质信息、地球化学信息、各类成矿地质信息和相关地球物理信息）密切配合、相互渗透，才有可能得出接近实际地质事实的科学分析成果。

### (一) 重力场特征与构造和成矿

牛顿发现一切物质之间均具有相互吸引的作用，这种物质之间的相互吸引是地球上物质的一种重要物理现象与性质。实验表明：物体下落的速度是逐渐增加的，这个速度递增率称为重力加速度；但伽利略的实验表明：地表上任何一点，所有物体的重力加速度是相同的，而地球上各点的重力加速度是不同的。地球上地表重力分布的变化，主要取决于地球的形状和地球内部密度的分布，重力测量是研究地下岩石 (或成矿组分) 密度横向差异的重力变化，以提供岩石、矿产资源和构造等各种地质信息。地表引起的重力变化，称为重力异常。重力异常的规模、形状和强度，取决于具有密度差物体的大小、形状和埋藏深度。以分析、研究、寻找地下各类地质体 (岩石、矿产、构造等) 物理性质变化而引起的重力异常，是地质找矿中一种重要的地球物理手段。

重力异常是通过密度分布间接反映地质体和地质构造的，通常是根据重力异常的特征和岩石、矿物密度资料结合区域地质特征和矿产分布规律，来研究引起重力异常的地质因素，以确定地质体和矿产的空间定位、埋深、形状和规模。

### (二) 航磁场特征与构造和成矿

航磁测量是我国区域性物探方法中应用最为广泛的一种快速地球物理普查方法。在金属、非金属、石油、煤炭、地层、构造、岩浆岩的判断与预测中得到了广泛应用。

(1) 航空磁法测量是厘定基底构造方向、构造格架、构造体系和构造空间定位的重要方法、手段。

(2) 航磁场是划分造山活动带、地台区和两者界限大地构造单元的重要依据。

(3) 利用航磁轴向及其分布规律是厘定构造体系的重要地球物理方法与手段。腾冲地块控岩、控矿弧形构造系统的厘定就属其例。

(4) 结晶基底、褶皱基底、沉积盖层是三类不同磁性强度的地层系统，利用磁测结果厘定三大岩类的空间定位规律性，并计算各类岩系或地层的顶面深度，为大地构造及相应矿产资源研究提供重要的地球物理信息。

(5) 航磁测量中发现的大量磁异常，除一部分由磁铁矿引起外，多数是由各种不同成分的磁性侵入体，尤其是基性、超基性侵入体所引起的，在大面积掩盖地区发现磁异常，是预测隐伏岩体或成矿隐伏岩体的重要依据。与老象坑铁矿同成因类型的河北岩浆熔离晚期贯入型磁铁矿就属其例。

腾冲地区区域航磁正、负异常，揭示着正磁异常带，尤其是高磁异常带，无论是异常的形态特征还是异常的空间定位，都与实际的弧形展布的构造格局和基性一超基性火山岩、侵入岩的空间分布高度对应，协调一致。值得说明的是，高磁异常带中与喜山期同走向延展的燕山晚期二长花岗岩，在北北西向断裂构造带，均有隐伏—半隐伏磁铁矿顶部特征的表生期铁的红色—红褐色氧化淋滤带的同步发育，其不但是该区磁铁矿（$Fe_3O_4$）的重要找矿标志，同时也暗示了与成矿密切相关的高密度地幔物质（基性—超基性岩浆）的上隆和侵位。

### 三、地球化学测量方法的信息与标志

地壳和岩石圈地幔的元素丰度是地球化学研究的最基本信息，也是分析成矿条件的化学背景资料。元素丰度一般是通过对研究区域中各类基岩、土壤和水系沉积物进行地球化学测量而获得的，地球化学测量可清晰地显示一种或多种元素在区域中的分布状况与规律，一定程度上可揭示矿体或矿化体的空间定位及其与控矿断层的依控关系。

### 四、遥感技术方法的信息与标志

20世纪70年代以来，空间科学、信息科学、计算机科学、物理学等科学技术的发展，为遥感技术奠定了必需的技术基础。鉴于地质科学不断地向深度和广度进展和隐伏—半隐伏各类矿产资源的寻找与预测的需要，完全依赖地质现场的直接调研成果已明显感到不足，地质、地球化学、地球物理和遥感技术的综合研究已势在必行，也只有这样才能保证研究的完整性和科学性。地质学者通过数十年的探索与努力，通过航空航天遥感技术，获得了大量、大范围的遥感信息图像和实时动态的地质资源信息，为矿产资源预测与寻找，尤其是隐伏—半隐伏矿产资源空间定位研究与预测，提供了极为重要的信息与依据。笔者和合作者们在研究相关矿产资源与资源预测过程中运用遥感技术信息均取得了可喜的成果。

遥感是从远处（天空至外层空间）通过传感仪探测和接收来自目标物体的信息（电场、磁场、电磁波、地震波等），经过信息传输、加工处理和分析解译，识别物体和现象的属性及其空间分布等特征与变化规律的理论和技术。遥感能够对全球进行多层次、多视角、多领域的观测，已成为获得地球资源与环境信息的重要手段。

遥感是通过建立各类地质体和地质现象的影像解译标志，达到了定性、定量分析和识别地物的目的；揭示了地质体或矿体空间产出状态、组合规律及成因联系等地质信息；分析了成矿有利地段和矿体、矿化体与矿带的时、空定位。

遥感解译是根据地物在影像上显示的形状、大小、色调、影纹等系列影像特征或遥感解译标志进行解译的。

# 参考文献

[1] 鲍玉学 . 矿产地质与勘查技术 [M]. 长春：吉林科学技术出版社，2019.

[2] 郭斌，高丽萍，马飞敏 . 矿产地质勘探与地理环境勘测 [M]. 北京：中国商业出版社，2021.

[3] 张晶，孟广路，王斌，等 . 西北地区矿产资源潜力地球化学评价 [M]. 武汉：中国地质大学出版社，2021.

[4] 池顺都 . 金属矿产系统勘查学 [M]. 武汉：中国地质大学出版社，2019.

[5] 张彩华，张洪培，刘飚 . 矿产勘查学实习教程 [M]. 长沙：中南大学出版社，2022.

[6] 张立明 . 固体矿产勘查实用技术手册 [M]. 合肥：中国科学技术大学出版社，2019.

[7] 鲍玉学 . 固体矿产勘查实训指导书 [M]. 长春：吉林科学技术出版社，2019.

[8] 彭练红，邓新，徐大良，等 . 武当—桐柏—大别成矿带地质构造过程与成矿 [M]. 北京：科学出版社，2023.

[9] 刘飚，曹荆亚，吴堃虹，等 . 钨锡成矿系统中构造—岩浆—成矿的耦合研究——以湖南锡田为例 [M]. 长沙：中南大学出版社，2022.

[10] 江西省地质矿产勘查开发局，杨明桂，余忠珍，等 . 中国矿产地质志华南洋—滨太平洋构造演化与成矿 [M]. 北京：地质出版社，2020.

[11] 于城，松权衡，庄毓敏，等 . 吉林省重要矿产资源预测研究 [M]. 武汉：中国地质大学出版社，2021.

[12] 吴淦国 . 闽中裂谷带构造演化与成矿规律 [M]. 北京：地质出版社，2019.

[13] 王怀洪 . 山东省富铁矿构造环境和成矿规律 [M]. 北京：地质出版社，2021.

[14] 周平 . 煤矿地质构造异常体的探测研究 [M]. 长春：吉林科学技术出版社，2022.

[15] 王权，米广尧，张玉生，等 . 山西省成矿地质条件 [M]. 武汉：中国地质大学出版社，2021.

[16] 杨坤光，袁晏明 . 地质学基础 [M]. 武汉：中国地质大学出版社，2019.

[17] 李新民 . 新形势下地质矿产勘查及找矿技术研究 [M]. 北京：原子能出版社，2020.

[18] 王永和，高晓峰 . 西北地区大地构造环境与成矿 [M]. 武汉：中国地质大学出版社，2020.

[19] 万天丰 . 亚洲大地构造与成矿作用 [M]. 北京：地质出版社，2020.

[20] 梁一鸿 . 成矿构造分析方法 [M]. 北京：地质出版社，2021.

[21] 李超，周锃杭，曹立扬 . 地质勘查与探矿工程 [M]. 长春：吉林科学技术出版社，2020.

[22] 方传棣 . 矿产资源开发与经济环境协调发展及政策研究 [M]. 武汉：中国地质大学出版社，2022.

[23] 王金山，邢文进，周伟伟 . 地质勘查与资源利用 [M]. 长春：吉林科学技术出版社，2022.

[24] 焦裕敏，张立刚，杨丽 . 地质勘查与环境资源保护 [M]. 西安：西安地图出版社，2022.

[25] 师明川，王松林，张晓波 . 水文地质工程地质物探技术研究 [M]. 北京：文化发展出版社，2020.

[26] 沈铭华，王清虎，赵振飞 . 煤矿水文地质及水害防治技术研究 [M]. 哈尔滨：黑龙江科学技术出版社，2019.

[27] 鲁海峰，孙尚云，姚多喜 . 两淮（极）复杂水文地质类型煤矿防治水现状研究 [M]. 合肥：中国科学技术大学出版社，2021.

[28] 中国煤炭工业安全科学技术学会安全培训专业委员会，应急管理部信息研究院 . 煤矿探放水作业 [M]. 北京：煤炭工业出版社，2019.

[29] 刘洪立，俞志宏，李威逸 . 地质勘探与资源开发 [M]. 北京：北京工业大学出版社，2021.

[30] 鲁岩，李冲 . 矿山资源开发与规划 [M]. 徐州：中国矿业大学出版社，2021.

[31] 周泽 . 浅埋岩溶矿区采动裂隙发育及地表塌陷规律研究 [M]. 徐州：中国矿业大学出版社，2019.

[32] 霍丙杰，李伟，曾泰，等 . 煤矿特殊开采方法 [M]. 北京：煤炭工业出版社，2019.

[33] 陈雄 . 煤矿开采技术 [M]. 重庆：重庆大学出版社，2020.

[34] 夏志永，刘兴智，史秀美 . 岩土工程技术与地质勘查安全研究 [M]. 长春：吉林科学技术出版社，2023.

[35] 杨丹辉 . 稀有矿产资源开发利用的国家战略研究 [M]. 北京：中国社会科学出版社，2022.

[36] 成金华，孙涵，王然，等 . 长江经济带矿产资源开发生态环境影响研究 [M]. 北京：中国环境出版集团有限公司，2021.

[37] 赵鹏大.矿产勘查理论与方法 [M].武汉：中国地质大学出版社，2023.

[38] 中央纪委宣教室.矿产勘查学简明教程 [M].北京：中国方正出版社，2023.

[39] 刘益康.探路密钥：矿产勘查随笔 [M].北京：地质出版社，2022.